# 食品检验技术

主　编　袁静宇　王淑艳
副主编　王　芳　李光耀　高宇萍
　　　　徐　敏　任　霆　马　泽
主　审　张延明

北京理工大学出版社
BEIJING INSTITUTE OF TECHNOLOGY PRESS

## 内 容 简 介

本书为新型数字化课程思政教学改革类教材，依据食品检验岗位能力要求，体现"岗课赛证"高度融合，将食品检测内容以"项目－任务"的形式进行编写，力求建立"以项目为核心，以任务为载体"的教学模式。主要内容包括食品常规指标检测操作及规范、食品微生物检测操作及规范、食品添加剂检测操作及规范、食品有毒有害物质检测操作及规范 4 个模块。

本书可作为食品检验检测技术、食品质量与安全等相关专业高职院校教材，也可供食品安全检测机构、食品质量与安全管理部门、食品企业等的从业人员参考使用。

### 图书在版编目（C I P）数据

食品检验技术／袁静宇，王淑艳主编． -- 北京：
北京理工大学出版社，2024.3
ISBN 978 - 7 - 5763 - 3750 - 1

Ⅰ．①食… Ⅱ．①袁… ②王… Ⅲ．①食品检验
Ⅳ．①TS207.3

中国国家版本馆 CIP 数据核字（2024）第 066000 号

---

**责任编辑：** 白煜军　　　**文案编辑：** 白煜军
**责任校对：** 周瑞红　　　**责任印制：** 施胜娟

---

**出版发行** ／ 北京理工大学出版社有限责任公司
**社　　址** ／ 北京市丰台区四合庄路 6 号
**邮　　编** ／ 100070
**电　　话** ／ （010）68914026（教材售后服务热线）
　　　　　　　（010）68944437（课件资源服务热线）
**网　　址** ／ http://www.bitpress.com.cn

---

**版 印 次** ／ 2024 年 3 月第 1 版第 1 次印刷
**印　　刷** ／ 三河市天利华印刷装订有限公司
**开　　本** ／ 787 mm×1092 mm　1/16
**印　　张** ／ 21
**字　　数** ／ 482 千字
**定　　价** ／ 128.00 元

# 编 委 会

袁静宇　包头轻工职业技术学院　教授

王淑艳　包头轻工职业技术学院　副教授

王　芳　包头轻工职业技术学院　高级工程师

李光耀　包头轻工职业技术学院　副教授

高宇萍　包头轻工职业技术学院　副教授

徐　敏　安徽粮食工程职业学院　副教授

任　霆　包头轻工职业技术学院　讲师

马　泽　包头轻工职业技术学院　讲师

邬　婧　北京市朝阳区食品药品安全监控中心　工程师

赵　珺　内蒙古化工职业学院　副教授

于志伟　包头轻工职业技术学院　高级实验师

郭春辉　内蒙古路易精普检测科技有限公司　检测部部长、工程师

李海英　内蒙古路易精普检测科技有限公司　技术负责人

# 前　言

随着人们生活水平和对食品质量安全关注度的提高，以及人们对食品需求观念的更新，食品质量控制成为食品生产和加工过程中的重要环节。党的二十大报告将食品安全纳入国家安全体系，食品检测专业有着助力产业健康持续发展、推动食品产业高质量发展的任务，并以"零容忍"的态度坚决守护食品安全。

食品检验技术是食品类专业，尤其是食品检验检测技术专业的专业核心课程。为适应以就业为导向的高等职业教育的需求，培养学生对食品检验岗位（群）的适应性，编者依据食品检验检测技术专业人才培养模式转型的教学教改成果，本着"以职业技能培养为核心，以职业素养养成为主线，以职业知识教育为支撑"的原则编写了本书，校企结合优化课程内容，把专业知识、专业技能、职业素养融为一体，突出了基础理论的应用性，着力培养学生的创新精神和实践能力。

本书依据食品检验岗位能力的要求，对接职业标准、食品检验检测技术专业人才培养方案，结合全国农产品质量安全检测大赛和 1 + X 食品合规管理、农产品食品检验员技能等级证书考核要求，体现了"岗课赛证"的高度融合，将检测内容以"项目 - 任务"的形式进行编写，力求建立"以项目为核心，以任务为载体"的教学模式。主要内容包括食品常规指标检测操作及规范、食品微生物检测操作及规范、食品添加剂检测操作及规范、食品有毒有害物质检测操作及规范 4 个模块。本书为新型数字化课程思政教学改革类教材，每个工作任务以相关食品安全实际发生案例导入专业理论知识，并设有检测依据、材料和工具、检测程序、工作实施等循序渐进的技能学习单元，最后通过任务考核，实现完整的技能培养目标，以提升育人效果，推进职普融通、产教融合。

本书由包头轻工职业技术学院袁静宇、王淑艳担任主编，包头轻工职业技术学院王芳、李光耀、高宇萍、任霆、马泽，安徽粮食工程职业学院徐敏，北京市朝阳区食品药品安全监控中心邬婧，内蒙古化工职业学院赵珺，内蒙古路易精普检测有限公司郭春辉、李海英参与了编写工作。

本书在编写过程中参考了大量相关资料，在此对这些作者表示感谢。

限于编者的学识和水平，书中不当或疏漏之处恐仍难免，望广大学生和同行随时指正，以待日后再版时改正。

# 目　录

# 模块 3　食品添加剂检测操作及规范

# 模块 4　食品有毒有害物质检测操作及规范

模块 1

# 食品常规指标检测操作及规范

# 项目 1　食品感官检测

**知识目标**

1. 了解食品感官检测实验室建立的要求。
2. 熟悉食品感官检测实验室建立的方法。
3. 掌握食品感官检测样品采集的方法。
4. 掌握食品感官检测样品制备与呈送的方法。
5. 掌握常见民生消费食品感官检测的方法。

**能力目标**

1. 能够正确进行食品感官检测样品的采集。
2. 能根据食品的性质正确进行样品制备。
3. 能够合理设计样品感官检测评价表，正确进行样品呈送。
4. 能正确应用食品感官检测方法进行食品感官检测，规范填写评价表并编制实验报告。
5. 能够正确处理实验废弃物，自觉遵守实验安全操作规程。

**素养目标**

1. 了解食品感官检测的环境要求，掌握常见民生消费食品感官检测的规范操作，提升职业素养。
2. 食品感官检测过程中通过参加讨论、师生互动，增强表达能力和团队协作力。
3. 在信息化的环境中，通过自主学习、合作探究、展示交流，具备独立检测的能力。
4. 发挥专业优势，关注国计民生，为提高国民的生活质量贡献力量。

## 任务 1　食品感官检测实验室的建立

### ◎ 案例导入

食品伙伴网推出"如何筹建食品感官检测实验室"的主题讨论，邀请企业优秀代表和所有对食品感官检测感兴趣的同行梳理在食品感官检测实验室筹建中，评价小组如何招聘、培训和维护；探讨在建立食品感官检测实验室的标准要求下，如何实现食品感官检测实验室建设的标准化、特色化。了解食品感官检测技术是一门涉及多学科基础的复杂检测技术，应尽量创造有利的检测环境，保证食品感官检测的顺利进行。

## ◎ 问题启发

分享生活中食品感官检测的案例。食品的感官检测是不是随时随地都可以进行？是否有食品感官检测实验室建立的标准？如何解读国家相关标准中对食品感官检测实验室建立的条件要求？

## ◎ 食品安全检测知识

### 一、范围

食品感官检测实验室建立的依据是 GB 13868—2009/ISO 8589：2007《感官分析　建立感官分析实验室的一般导则》。标准规定了建立感官分析实验室的一般条件，实验室区域(检验区、准备区和办公室等)的布局，以及不同区域的建设要求和应达到的效果。

食品感官检测
实验室的建立

该标准的规定不专门针对某种产品检验类型。

注：感官分析实验室既适用于食品的感官评价，也适用于非食品的感官评价。针对特定的用途，实验室需要进行调整。对于特定的检验产品或检验类型，尤其是对于非食品的感官评价，实验室设计常需要进行修改。

虽然许多基本原理是类似的，但该标准未涉及产品检验中的专项检查或企业内部品质控制等对检验设施的要求。

### 二、原则

实验室的设计应：

——保证感官评价在已知和最小干扰的可控条件下进行；

——减少生理因素和心理因素对评价员判断的影响。

### 三、食品感官检测实验室的建立

食品感官检测实验室的建立应根据是否为新建实验室或是利用已有设施改造而有所不同。

1. 典型的实验室一般包括的设施

——供个人或小组进行感官评价工作的检验区；

——样品准备区；

——办公室；

——更衣室和盥洗室；

——供给品储藏室；

——样品储藏室；

——评价员休息室。

2. 实验室至少应具备区域

——供个人或小组进行感官评价工作的检验区；

——样品准备区。

食品感官检测实验室宜建立在评价员易于到达的地方，且除非采取了减少噪声和干扰的措施，应避免建在交通流量大的地段(如餐厅附近)，应考虑采取合理措施以使残疾人易于到达。

评价员在进入评价间之前，实验室最好能有一个集合或等待的区域。此区域应易于清洁以保证良好的卫生状况。

## 四、检验区

1. 一般要求

(1)位置。检验区应紧邻样品准备区，以便于提供样品。两个区域应隔开，以减少气味和噪声等干扰。

各功能区内及功能区之间布局应合理，以使样品准备的工作流程便捷、高效。

准备区内应保证空气流通，以利于排除样品准备时的气味及来自外部的异味。地板、墙壁、天花板和其他设施所用材料应易于维护、无味、无吸附性。准备区建立时，水、电、气装置的放置空间要有一定余地，以备将来位置的调整。为避免对检验结果带来偏差，不允许评价员进入或离开检验区时穿过准备区。

(2)温度和相对湿度。检验区的温度应可控。如果相对湿度会影响样品的评价时，检验区的相对湿度也应可控。除非样品评价有特殊条件要求，检验区的温度和相对湿度都应尽量让评价员感到舒适。

(3)噪声。检验期间应控制噪声。宜使用降噪地板，最大限度地降低因步行或移动物体等产生的噪声。

(4)气味。检验区应尽量保持无气味。一种方式是安装带有活性炭过滤器的换气系统，需要时，也可利用形成正压的方式减少外界气味的侵入。检验区的建筑材料应易于清洁，不吸附和不散发气味。检验区内的设施和装置(如地毯、椅子等)也不应散发气味干扰评价。根据实验室用途，应尽量减少使用织物，因其易吸附气味且难以清洗。

使用的清洁剂在检验区内不应留下气味。

(5)装饰。检验区墙壁和内部设施的颜色应为中性色，以免影响对被检样品颜色的评价，宜使用乳白色或中性浅灰色(地板和椅子可适当使用暗色)。

(6)照明。感官评价中照明的来源、类型和强度非常重要。应注意所有房间的普通照明及评价小间的特殊照明。检验区应具备均匀、无影、可调控的照明设施。尽管不要求，但光源应是可选择的，以产生特定照明条件。例如，色温为6 500 K的灯能提供良好的中性照明，类似于"北方的日光"；色温为5 000~5 500 K的灯具有较高的显色指数，能模仿"中午的日光"。

进行产品或材料的颜色评价时，特殊照明尤其重要。为掩蔽样品不必要的、非检验变量的颜色或视觉差异，可能需要特殊照明设施。可使用的照明设施包括：

——调光器；

——彩色光源；

——滤光器；

——黑光灯；

——单色光源，如钠光灯。

在消费者检验中，通常选用日常使用产品时类似的照明。检验中所需照明的类型应根据具体检验的类型而定。

（7）安全措施。应考虑建立与实验室类型相适应的特殊安全措施。若检验有气味的样品，应配置特殊的通风橱；若使用化学药品，应建立化学药品清洗点；若使用烹调设备，应配备专门的防火设施。

无论何种类型的实验室，应适当设置安全出口标志。

2. 评价小间

（1）一般要求。许多感官检验要求评价员独立进行评价。当需要评价员独立评价时，通常使用独立评价小间以在评价过程中减少干扰和避免相互交流。

（2）数量。根据检验区实际空间的大小和通常的检验类型确定评价小间的数量，并保证检验区内有足够的活动空间和提供样品的空间。

（3）设置。推荐使用固定的评价小间，也可使用临时的、移动的评价小间。

若评价小间是沿着检验区和准备区的隔墙设立的，则宜在评价小间的墙上开一窗口以传递样品。窗口应装有静音的滑动门或上下翻转门等。窗口的设计应便于样品的传递并保证评价员看不到样品准备和样品编号的过程。为方便使用，应在准备区沿着评价小间外壁安装工作台。

需要时应在合适的位置安装电器插座，以供特定检验条件下需要的电器设备方便使用。

若评价员使用计算机输入数据，要合理配置计算机组件，使评价员集中精力于感官评价工作。例如，屏幕高度应适合观看，屏幕设置应使眩光最小，一般不设置屏幕保护。在令人感觉舒适的位置，安置键盘和其他输入设备，且不影响评价操作。

评价小间内宜设有信号系统，以使评价员准备就绪时通知检验主持人，特别是准备区与检验区有隔墙分开时尤为重要。可通过开关打开准备区一侧的指示灯或者在送样窗口下移动卡片，样品按照特定的时间间隔提供给评价小组时例外。

评价小间可标有数字或符号，以便评价员对号入座。

（4）布局和大小。评价小间内的工作台应足够大以容纳以下物品：

——样品；

——器皿；

——漱口杯；

——水池（若必要）；

——清洗剂；

——问答表、笔或计算机输入设备。

同时工作台也应有足够的空间，能使评价员填写问答表或操作计算机输入结果。

工作台长最少为 0.9 m、宽 0.6 m。若评价小间内需增加其他设备时，工作台尺寸应相应加大。工作台高度要合适，以使评价员可舒适地进行样品评价。

评价小间侧面隔板的高度至少应超过工作台表面 0.3 m，以部分隔开评价员，使其专心评价。隔板也可从地面一直延伸至天花板，从而使评价员完全隔开，但同时要保证空气流通和清洁，也可采用固定于墙上的隔板围住就座的评价员。

评价小间内应设一舒适的座位，高度与工作台表面相协调，供评价员就座。若座位不能调整或移动，座位与工作台间的距离至少为 0.35 m。可移动的座位应尽可能安静地移动。

评价小间内可配备水池，但要在卫生和气味得以控制的条件下才能使用。若评价过程中需要用水，水的质量和温度应是可控的。抽水型水池可处理废水，但也会产生噪声。

如果相关法律法规有要求，应至少设计一个高度和宽度适合坐轮椅的残疾评价员使用的专用评价小间。

（5）颜色。评价小间内部应涂成无光泽的、亮度因数为 15% 左右的中性灰色（如孟塞尔色卡 N4 至 N5）。当被检样品为浅色和近似白色时，评价小间内部的亮度因数可为 30% 或者更高（如孟塞尔色卡 N6），以降低待测样品颜色与评价小间之间的亮度对比。

（6）照明

符合"1. 一般要求"中照明要求。

### 3. 集体工作区

（1）一般要求。感官分析实验室常设有一个集体工作区，用于评价员之间以及与检验主持人之间的讨论，也用于评价初始阶段的培训，以及任何需要讨论时使用。

集体工作区应足够宽大，能摆放一张桌子及配置舒适的椅子供参加检验的所有评价员同时使用。桌子应较宽大以能放置以下物品：

——供每位评价员使用的盛放答题卡和样品的托盘或其他用具；

——其他的物品，如用到的参比样品、钢笔、铅笔和水杯等；

——计算机工作站（必要时）。

桌子中心可配置活动的部分，以有助于传递样品。也可配置可拆卸的隔板，以使评价员相互隔开，进行独立评价。最好配备图表或较大的写字板以记录讨论的要点。

（2）照明。符合"1. 一般要求"中照明要求。

## 五、准备区

### 1. 一般要求

准备样品的区域（或厨房）要紧邻检验区，避免评价员进入检验区时穿过样品准备区而对检验结果造成偏差。

各功能区内及功能区之间布局应合理，以使样品准备的工作流程便捷、高效。

准备区内应保证空气流通，以利于排除样品准备时的气味及来自外部的异味。

地板、墙壁、天花板和其他设施所用材料应易于维护、无味、无吸附性。

准备区建立时，水、电、气装置的放置空间要有一定余地，以备将来位置的调整。

### 2. 设施

准备区需配备的设施取决于要准备的产品类型。通常主要有：

——工作台；

——洗涤用水池和其他供应洗涤用水的设施；

——必要设备，包括用于样品的储存、样品的准备和准备过程中可控的电器设备，以及用于提供样品的用具(如容器、器皿、器具等)。设备应合理摆放，需校准的设备应于检验前校准。

　　——清洗设施；

　　——收集废物的容器；

　　——储藏设施；

　　——其他必需的设施。

　　用于准备和储存样品的容器以及使用的烹饪器具和餐具，应采用不会给样品带来任何气味或滋味的材料制成，以避免污染样品。

## 六、办公室

### 1. 一般要求

办公室是要感官检测中从事文案工作的场所，应靠近检验区并与之隔开。

### 2. 大小

办公室应有适当的空间，以能进行检验方案的设计、问答表的设计、问答表的处理、数据的统计分析、检验报告的撰写等工作，需要时也能用于与客户讨论检验方案和检验结论。

### 3. 设施

根据办公室内需进行的具体工作，可配置以下设施：办公桌或工作台、档案柜、书架、椅子、电话、用于数据统计分析的计算器和计算机等。

也可配置复印机和文件柜，但不一定放置在办公室中。

## 七、辅助区

　　若有条件，可在检验区附近建立更衣室和盥洗室等，但应建立在不影响要感官检测的地方。设置用于存放清洁和卫生用具的区域非常重要。

　　新建或改建检验区之前，应对区域依次编码，并在有所改变时进行标注。

# 任务2　食品感官检测样品的制备与呈送

## ◉ 案例导入

　　四分法。食品分析中，四分法取样是一种常见的样品切割方法，其原理是将样品分成4个等份，取对角线上的2份混匀后得到一个代表整个样品的样品。具体步骤如下：①将待测试的食品样品制备成充分混合的状况。②取适量的样品，通过切割或称重等方法，将其分成4个等份。③分别取对角线上的2份混合，得到一个代表样品的样品，这个样品能够代表整个样品的特征。④对这个样品进行进一步的分析和测试。四分法取样的原理是基于食品样品的均匀性假设，即整个样品中的各个部分都具有相同的特征和组成。通过四分法取样，可以提高检测的精确度和可靠性，减小因材料不均匀而引起的误差。食品感官检测工作中，样品采集与制备应遵循：①所采集的样品对总体应具有充分的代表性。②对于特定的检验目的，应采集具有典型性的样品。例如，对于食物中毒食品、掺伪食品及污染或疑似污染食品，应采集可疑部分作为样品。③采样过程中应尽量保持食品原有的理化性质，防止待测成分的损失或污染。

## ◎ 问题启发

不同状态的食品样品采样方法是否相同？四分法作为常用的采样方法，具体如何操作？食品感官检测过程中样品采集与制备应遵循哪些原则？特定的实验是否应该采集可疑部分作为待测样品？

## ◎ 食品安全检测知识

### 一、样品制备

样品是食品感官检测的受体，样品制备的方式及制备好的样品呈送至评价人员的方式，对食品感官检测能否获得准确而可靠的结果有着重要影响。在食品感官检测中，必须规定样品制备的要求和控制样品制备及呈送过程中的各种外部影响因素。

食品感官检测
样品的制备与呈送

#### （一）样品制备常用的器皿与用具

在食品感官检测的样品制备中，经常会使用的仪器和工具有量筒、天平、温度计、秒表等。准备过程中还会用到一些大的容器，用来混合或存放某些样品。这些容器应该是用陶瓷、玻璃或不锈钢制成的，尽量避免使用易带有气味的塑料器具。

食品感官检测所用器皿应符合实验要求，同一实验内所用器皿最好外形、颜色和大小相同。器皿本身应无气味或异味。实验器皿和用具的清洗应慎重选择涤剂。不应使用会遗留气味的洗涤剂。清洗时应小心清洗干净并用不会给器皿留下毛屑的布或毛巾擦拭干净，以免影响下次使用。

#### （二）样品量

样品量对食品感官检测的影响体现在两个方面，即评价员在一次实验所能检测的样品个数及实验中提供给每个评价员的样品数量。考虑到评价员的感官和精神上的疲劳等因素，每一阶段提供给评价员的样品有数量的限制，通常啤酒为 6~8 瓶，饼干上限为 8~10 块，气味重的样品每次只能提供 1~2 个，含乙醇的饮料和带有强刺激感官特性（如辣味）的样品，可评价样品数应限制在 3~4 个。对于只进行视觉检测的产品，每次可提供的样品数可为 20~30 个。呈送给每个评价员的样品分量应随实验方法和样品种类的不同而分别控制。通常，对需要控制用量的差别实验，每个样品的分量控制在液体 30 mL、固体 28 g 左右为宜。嗜好实验的样品分量可比差别实验高 1 倍。描述性实验的样品分量可依据实际情况而定。

（三）样品的均一性

样品的均一性是食品感官检测样品制备中最重要的因素。所谓均一性就是指制备的样品除所要检测的特性外，其他特性应完全相同。样品在其他感官质量上的差别会造成对所要检测特性的影响，甚至会使检测结果完全失去意义。在样品制备中要达到均一的目的，除精心选择适当的制备方式以减少出现特性差别的概率外，还应选择一定的方法以掩盖样品间的某些明显的差别。对不希望出现差别的特性，可采用不同方法消除样品间该特性上的差别。例如在评价某样品风味时，就可使用无味的色素物质掩盖样品间的色差，使感官评价员能准确分辨出样品间的味差。样品本身性质、样品温度、摆放顺序、呈送顺序均会影响均一性。

（四）直接感官检测样品的制备

样品制备方法应根据样品本身的情况及所关心的问题来定，如片状产品检测时不应将其均匀化；对风味做差别检测时应掩蔽其他特性，以避免可能存在的交互作用。样品制备过程应注意保持食品的风味不受外来气味和味道的影响。同种样品的制备方法应一致。制备好的样品在呈送时要处于最佳温度。

（五）不能直接进行食品感官检测样品的制备

有些样品由于食品风味浓郁或物理状态（黏度、颜色、粉状度等）原因而不能直接进行食品感官检测，如香精、调味品、糖浆等。为此，需根据检测目的进行适当稀释，或与化学组分确定的某一物质进行混合，或将样品添加到中性的食品载体中，而后按照直接食品感官检测样品的制备方法进行制备与呈送。不能直接进行食品感官检测样品的制备有两种方法。

1. 评估样品本身的性质

（1）与化学组分确定的物质混合。根据检测目的，确定稀释载体最适温度。将均匀定量的样品用一种化学组分确定的物质（如水、乳糖、糊精等）稀释或在这些物质中分散样品。每一个检测系列的每个样品应使用相同的稀释倍数或分散比例。由于这种稀释可能改变样品的原始风味，因此配制时应避免改变其所测特性。当确定风味剖面时，对于相同样品有时推荐使用增加稀释倍数和分散比例的方法。

（2）添加到中性的食品载体中。在选择样品和载体混合的比例时，应避免二者之间的拮抗或协同效应。将样品定量的混入选用的载体中或放在载体（如牛奶、油、面条、大米饭、馒头、菜泥、面包、乳化剂和奶油等）上面。在检测系列中，被检测的每种样品应使用相同的样品/载体比例。根据检测的样品种类和选择制备样品的温度，但检测时，同一检测系列的温度应与制备样品的温度相同。

载体必须使样品的特性得以充分体现：在口中能同样均匀分散样品；没有强的风味，不能影响样品性质，载体风味与样品具有一定适合程度；载体必须简便，制备时间短，是常见物，尽可能是熟食并且在室温下即食，刺激小可开胃；载体应该容易得到，这样可以保证实验结果的重现性；载体的最主要特点在于具有适宜的物质特性，并使它发挥应有的作用，样品与载体在唾液作用下同样溶解或互溶，载体温度与样品品尝温度不能冲突。

2. 检测食物制品中样品的影响

通常是一个较复杂的制品，样品混于其中。在这种情况下，样品将与其他风味竞争。

在同一检测系列中检测的每个样品使用相同的样品/载体比例。制备样品的温度应与检测时的正常温度相同(如冰淇淋处于冰冻状态)同一检测系列的样品温度也应相同。

## 二、样品呈送

### 1. 盛放样品的容器

样品呈送容器的选择很难进行严格的统一规定。一般使用一次性容器,如各种规格的杯子或碟子。当然,也可以使用非一次性容器,只要保证每一次检测使用的容器外形、颜色和大小相同。同时要确保容器不会对样品的感官性质产生影响,如对热饮进行感官检测时,就不能使用塑料的容器,因为塑料会对热饮的风味产生负面影响。

### 2. 样品的大小、形状

如果样品是固体,即使评价员没有近察到样品大小的差异,样品的大小仍会影响样品各项感官性质的得分,如果评价员能够明显察觉到样品之间大小的差异,那么检测结果就更会受到影响。所以,固体样品的大小形状一定要尽可能保持一致;如果样品是液体,则含量要相同。

### 3. 样品的混合

如果需要检测的样品是几种物质的混合物,混合的时间和程度需一致。

### 4. 样品的温度

样品被检测的温度应是通常情况下该样品被食用的温度。检测所用样品在检测前有的都放在冰箱或冷库中储存,在检测开始前,样品要提前取出,有的样品要升温到室温,如水果;有的需要加热,如比萨饼;有的需要解冻并保持一定低温,如冰淇淋;有的要保持一定非室温的温度,如茶等饮料。总之,按照该食品正常食用温度即可,但要保证每个评价员得到的样品温度是一致的。

### 5. 样品的编号

样品在呈送之前必须编号,不适当的样品编号通常会对评价员产生某种暗示作用。编号时应注意以下几点。

(1) 用字母编号时,应避免使用字母表中相邻字母或开头与结尾字母,双字母最好,以防产生记号效应。

(2) 用数字编号时,最好采用三位数以上的随机数字,但同次检测中各个编号的位数应一致。数字编号比字母编号干扰小。一般在给样品编号时不,能够代表产品公司的数字、字母或地区号码也不用来作为编号。

(3) 不要使用人们忌讳的数字或字母。

(4) 人们具有倾向性的编号也尽量避免。

(5) 同次检测中所用编号位数应相同。同一个样品应编几个不同号码,保证每个评价员所拿到的样品编号不重复。

(6) 在进行较频繁的检测时,必须避免使用重复编号数,以免使评价员联想起以前同样编号的样品,产生干扰。

### 6. 样品的摆放位置和提供顺序

样品的摆放顺序也会对食品感官检测结果产生影响,应避免产生顺序效应和位置效应。

（1）顺序效应。顺序效应是指由于样品的提供顺序对感官检测产生的影响，如在比较两种样品滋味时，往往对最初的刺激评价过高，这种倾向称为正顺序效果，反正称为负顺序效果。

一般品尝两种样品的间隔时间越短越容易产生正顺序效果；间隔时间越长，负顺序效果产生的可能性越大。为避免这种倾向：一是可在品尝每一种试样后都应用蒸馏水漱口，二是将可能排定的顺序安排的一样多。

（2）位置效应。位置效应是指将检测样品放在与检测质量无关的特定位置时，往往会多次选择特定位置上样品的现象。

在样品之间的感官质量特性差别很小或评价员经验较少的情况下，位置效应特别显著。

## 三、样品呈送的注意事项

### 1. 检测样品多时应避免所给样品的判断连续性和对称性倾向

如果选择样品质量好坏时，如样品连续都是质量差的，评价员就会怀疑自己能力而认为其中一个有质量好的。样品好坏和好坏的对称排列也会使评价员对自己的评价结果产生怀疑。

例如，品尝一组样品的浓度次序从高到低，评价员无须品尝后面的样品便会察觉出样品浓度排列顺序而引起判断力的偏差，所以从样品上即可领会出一些暗示的现象称为预期效应。

### 2. 检测样品时应减少外界因素的干扰

检测过程中对每一个样品进行绝对性检测时，即使采用评估和分等方法，也不能完全独立的判断某一样品。例如，对于 A 样品进行检测时，ABCD 样品组与 AEFG 样品组对于 A 样品的检测结果不可能完全一致，这种现象称为感官检测样品判断的相对性。可以采用以下方式减少检测时对于外界因素产生的干扰，保证检测的可信度。

（1）使品尝提供的样品在某个位置出现次数相同。

（2）每次重复的检测配置顺序随机化。

（3）递送样品尽量避免直线摆放，最好是圆形摆放。

# 任务3　常见民生消费食品的感官检测

## 🄯 案例导入

在食品工业中，感官检测已深入其方方面面，从前期研究、产品开发、产品质量控制到市场和销售营运。食品感官检测作为一种独立的工具，特别是在消费性食品产品的研发中，包括产品的改进、开发、评价和基础研究等所有活动，直接为食品工业企业及时解决生产问题，并持续改进现有的产品而形成相对竞争对手的优势，因此已成为食品工业企业的决策基础之一。

生活中常见的食品是否可以通过感官检测判断其质量？如何对食品进行感官检测？对食品进行感官检测是否有国标作为检测依据？

◉ **食品安全检测知识**

# 工作任务1 全脂乳粉的感官检测(评分检验法)

## 一、检测依据

全脂乳粉的感官检测主要依据是 GB/T 19644—2010《食品安全国家标准 乳粉》。对于乳粉而言，感官检测应除了检测色泽是否正常、质地是否均匀细腻、滋味是否纯正，同时应留意杂质、沉淀、有无结块等情况，以便做出综合性评价。乳粉感官特征上的变化可以反映出乳粉的原辅料、加工过程及包装等生产环节，运输及储存等条件是否出现问题。

常见民生消费
食品的感官检测

## 二、工作准备

### (一) 全脂乳粉的感官要求

全脂乳粉的感官检测包括四大项：色泽、滋味和气味、组织状态、冲调性，具体的感官要求，见表1-1。

**表1-1　全脂乳粉感官要求**

| 项目 | 要求 |
|------|------|
| 色泽 | 呈均匀一致的乳黄色 |
| 滋味和气味 | 具有纯正的乳香味 |
| 组织状态 | 干燥均匀的粉末 |
| 冲调性 | 经搅拌可迅速溶解在水中，不结块 |

### (二) 全脂乳粉感官检测的方法

1. 评分检验法

(1) 评分检验法。评价员把样品的品质特性以数字标度形式来评价的检验称为评分检验法，即按预先设定的评价基准，对样品的特性和嗜好程度以数字标度进行评定，然后换算成得分的一种评价方法。在评分检验法中所使用的数字标度为等距标度或比率标度。

(2) 应用领域和范围。评分检验法可同时检测二种或多种产品的一个或几个指标的强度及其差异，所以应用较为广泛，尤其用于检测新产品。

(3) 对评价员要求。对相关评价员要进行筛选、培训。评价员应该熟悉所评样品的性质、操作程序，具有区别性质细微差别的能力。参加评定的评价员人数应在 8 人以上。

2. 评分标准

全脂乳粉根据感官指标评分表进行感官检测，评分表见 1 – 2。

表 1 – 2　全脂乳粉感官指标评分表

| 项目 | 特征 | | 分数/分 |
|---|---|---|---|
| 色泽<br>（10 分） | 色泽均一，呈乳黄色或浅黄色，有光泽 | | 10 |
| | 色泽均一，呈乳黄色或浅黄色，略有光泽 | | 9～8 |
| | 黄色特殊或带浅白色；基本无光泽 | | 7～6 |
| | 色泽不正常 | | 5～4 |
| 组织状态<br>（20 分） | 颗粒均匀、适中、松散、流动性好 | | 20 |
| | 颗粒较大或稍大、不松散，有结块或少量结块，流动性较差 | | 19～16 |
| | 颗粒细小或稍小，有较多结块，流动性较差；有少量肉眼可见的焦粉粒 | | 15～12 |
| | 粉质粘连，流动性非常差，有较多肉眼可见的焦粉粒 | | 11～8 |
| 冲调性<br>（30 分） | 下沉时间<br>（10 分） | ≤10 s | 1 |
| | | 11～20 s | 9～8 |
| | | 21～30 s | 7～6 |
| | | ≥30 s | 5～4 |
| | 挂壁和小白点<br>（10 分） | 小白点≤10 个，颗粒细小；杯壁无小白点和絮片 | 10 |
| | | 有少量小白点，颗粒细小；杯壁上的小白点和絮片≤10 个 | 9～8 |
| | | 有少量小白点，周边较多，颗粒细小；杯壁有少量小白点和絮片 | 7～6 |
| | | 有大量小白点和絮片，中间和四周无明显区别；杯壁有大量小白点和絮片而不下落 | 5～4 |
| | 团块/个<br>（10 分） | 0 | 10 |
| | | 1≤团块≤5 | 9～8 |
| | | 5＜团块≤10 | 7～6 |
| | | 团块＞10 | 5～4 |
| 滋味和气味<br>（40 分） | 浓郁的乳香味 | | 40 |
| | 乳香味不浓、无不良气味 | | 39～32 |
| | 夹杂其他异味 | | 31～24 |
| | 乳香味不浓同时明显夹杂其他异味 | | 23～16 |

（三）材料与工具

除非另有说明，本方法所用试剂均为分析纯，水为 GB/T 6682 规定的三级水。

（1）透明洁净的 200 mL 烧杯一个，透明小杯若干。

（2）蒸馏水若干、大号塑料勺、黑色塑料盘、秒表各一只。

（3）对于检测所用器皿为了不会对感官检测结果产生影响，一般采用玻璃材质，也可采用没有其他异味的一次性塑料或纸杯作为实验用器皿。

（4）天平：感量为 1 mg。

## 三、检测程序

评分检验法乳粉感官检测的程序见图 1-1。

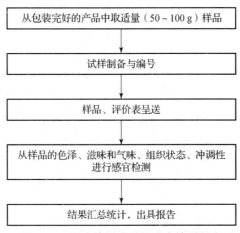

图 1-1　评分检测法乳粉感官检测程序

## 四、工作实施

1. 方案制定及准备

通过相关知识学习，解读国标，小组完成检测方案的设计(表 1-3)，并依据方案完成工作准备。

表 1-3　检测方案设计

| 组长 | | | 组员 | |
|---|---|---|---|---|
| 学习项目 | | | 学习时间 | |
| 依据标准 | | | | |
| 准备内容 | 仪器和设备<br>（规格、数量） | | | |
| | 试剂和耗材<br>（规格、浓度、数量） | | | |
| | 样品 | | | |
| 任务分工 | 姓名 | | 具体工作 | |
| | | | | |
| | | | | |
| | | | | |
| 具体步骤 | | | | |

## 2. 检测过程(表1-4)

表1-4 检测过程

| 任务 | 具体实施 | | 要求 |
|---|---|---|---|
| | 实施步骤 | 实验记录 | |
| 试样制备 | 从包装完好的产品中取适量(50~100 g)的样品放于敞口透明容器中,不得与有毒、有害、有异味或是影响样品风味的物品放在一起,检测温度为6~10 ℃。<br><br>将样品、评分表放在托盘内,随机呈送给评价员,评价员通过品尝、感觉、嗅闻等方式从左至右依次评定样品,也可以重复评价样品以提高实验的准确度 | 采集的样品必须贴上标签,明确标记品名、来源、数量、采样地点、采样人及采样日期等内容,现场编号一定要与检测样品及留样编号一致。<br><br>样品编号: _____ | 1. 严格执行实验室管理制度,实验台面整齐,着实验服,仪表整洁。<br>2. 样品在检测前,不得受到污染,发生变化。<br>3. 样品抽样后,应迅速送检测室进行分析。<br>4. 盛样容器可根据要求选用硬质玻璃或聚乙烯制品。<br>5. 采样时通常考虑样品的代表性、典型性、时效性及样品检测的程序性 |
| 试样测定 | 色泽、组织状态的评定:在充足的日光或白炽灯光下,将待检乳粉取5 g分别放在硫酸纸上,观察乳粉的色泽和组织状态<br><br>滋味和气味:首先用清水漱口,然后用鼻子闻复原乳的气味,最后喝一口(约5 mL左右)复原乳,仔细品味再咽下<br><br>乳粉冲调性评定通过下沉时间、热稳定性、挂壁及团块来判定。<br>下沉时间:量取 60~65 ℃ 的蒸馏水 100 mL 放入 200 mL 烧杯中,称取13.6 g待检乳粉,将乳粉迅速倒入烧杯的同时启动秒表开始计时。待水面上的乳粉全部下沉结束记时,记录乳粉下沉时间。<br><br>热稳定性、挂壁和团块:检验完乳粉的"下沉时间"后,立即用大号塑料勺沿容器壁按每秒转动2周的速度进行匀速搅拌,搅拌时间为40~50 s。观察复原乳的挂壁情况;将复原乳(2 mL)倾倒在黑色塑料盘中观察小白点情况;最后观察容器底部是否有不溶团块<br><br>收集乳粉感官评价员品评结果记录表并汇总,解除编码密码,统计出各个样品的评定结果 | 记录色泽、组织状态、气味和滋味、冲调性。<br><br>下沉时间: _____<br>挂壁情况: _____<br>团块: _____ | 1. 下沉时间直接反映乳粉的可湿性,质量好的乳粉下沉时间在30 s内。<br>2. 如果乳粉接触水后在表面形成了大的团块,下沉时间超过30 s,认为乳粉的可湿性较差。<br>3. 优质乳粉无挂壁现象,没有或有极少量(不多于10个)小白点,无团块。<br>4. 用统计法分别进行误差分析。<br>5. 讨论协调后,得出每个样品的总体评价 |
| 结束工作 | 实验结束后废弃物及废液应分类收集后,倒入指定容器,统一处置,清理实验台面,清洗感官检测所用的工具及器皿,并全部归位 | | 检测组成员做好工作总结,培养团队协作精神 |

# 工作任务2 饼干的感官检测(排序检验法)

## 一、检测依据

GB/T 20980—2021《饼干质量通则》中明确饼干是以谷类粉(和/或豆类、薯类粉)等为主要原料,添加或不添加糖、油脂及其他原料,经调粉(或调浆)、成型、烘烤(或煎烤)等工艺制成的食品,以及熟制前或和熟制后在产品之间(或表面、或内部)添加其他配料的食品。根据加工工艺的不同将饼干分为13类,包括酥性饼干、韧性饼干、发酵饼干、压缩饼干、曲奇饼干、夹心饼干、威化饼干、蛋圆饼干、蛋卷、煎饼、装饰饼干、水泡饼干及其他饼干。通过对饼干的形态、色泽、滋味与口感、组织状态、杂质感官性质进行评价。

## 二、工作准备

### (一)饼干的感官要求

#### 1. 饼干类型

(1)酥性饼干:以小麦粉、糖、油脂为主要原料,加入膨松剂和其他辅料,经冷粉工艺调粉、辊压或不辊压、成型、烘烤制成的表面花纹多为凸花,断面结构呈多孔状组织,口感酥松或松脆的饼干。

(2)韧性饼干:以小麦粉、糖(或无糖)、油脂为主要原料,加入膨松剂、改良剂及其他辅料,经热粉工艺调粉、辊压、成型、烘烤而成的,一般有针眼,断面有层次,口感松脆的饼干。

(3)发酵饼干:以小麦粉、油脂为主要原料,酵母为膨松剂,加入各种辅料,经调粉、发酵、辊压、成型、烤烤制成的酥松或松脆,具有发酵制品特有香味的饼干。

(4)压缩饼干:以小麦粉、糖、油脂、乳制品为主要原料,加入其他辅料,经冷粉工艺调粉、辊压、成型、烘烤成饼坯后,再经粉碎,添加油脂、糖、营养强化剂或再其他干果、肉松、乳制品等,拌和、压缩制成的饼干。

(5)曲奇饼干:以小麦粉、糖、糖浆、油脂、乳制品为主要原料,加入膨松剂及其他辅料,经冷粉工艺调粉,采用挤注或挤条、钢丝切割或辊印方法中的一种形式成型、烘烤制成的具有立体花纹或表面有规则波纹的饼干。

(6)夹心饼干:在饼干单片之间(或饼干空心部分)添加糖、油脂、乳制品、巧克力酱、各种复合调味酱等夹心料而制成的饼干。

(7)威化饼干:以小麦粉(或糯米粉)、淀粉为主要原料,加入乳化剂、膨松剂等辅料,经调浆、浇注、烘烤制成多孔状的片状、卷状或其他形状的单片饼干,通常在单片或多片之间添加糖、油脂等夹心料的两层或多层的饼干。

(8)蛋圆饼干:以小麦粉、糖、鸡蛋为主要原料,加入膨松剂、香精等辅料,经搅打、调浆、挤注、烘烤制成的饼干。

（9）蛋卷：以小麦粉、糖、鸡蛋为主要原料，添加或不添加油脂，加入膨松剂、改良剂及其他辅料，经调浆、浇注或挂浆、烘烤卷制而成的饼干。

（10）煎饼：以小麦粉(可添加糯米粉、淀粉等)、糖、鸡蛋为主要原料，添加或不添加油脂，加入膨松剂、改良剂及其他辅料，经调浆或挂浆、煎烤制成的饼干。

（11）装饰饼干：在饼干表面涂布巧克力酱、果酱等辅料或喷撒调味料或裱粘糖花而制成的表面有涂层线条或图案的饼干。

（12）水泡饼干：以小麦粉、糖、鸡蛋为主要原料，加入膨松剂，经调粉，多次辊压、成型、热水烫漂、冷水浸泡、烘烤制成的具有浓郁蛋香味的疏松、轻质饼干。

2. 饼干的感官检测指标

各类饼干的形态、色泽、滋味与口感、组织应符合表1-5的规定；且各类饼干应无正常视力可见的外来异物。

表1-5 饼干的感官检测指标

| 饼干类别 | 形态 | 色泽 | 滋味与口感 | 组织 |
|---|---|---|---|---|
| 酥性饼干 | 外形完整，花纹清晰或无花纹，厚薄基本均匀，不收缩，不变形，不起泡，不大或较多的凹底。特殊加工产品表面或中间可有可食颗粒存在(如椰蓉、芝麻、白砂糖、巧克力、燕麦等) | 具有该产品应有的色泽 | 具有产品应有的香味，无异味，口感酥松或松脆 | 断面结构呈多孔状，细密，无大孔洞 |
| 韧性饼干 | 外形完整，花纹清晰或无花纹，一般有针孔，厚薄基本均匀，不收缩，不变形，无裂痕，可以有均匀泡点，不应有较大或较多的凹底。特殊加工产品表面或中间有可食颗粒存在(如椰蓉、芝麻、白砂糖、巧克力、燕麦等) | 具有该产品应有的色泽 | 具有产品应有的香味，无异味，口感松脆 | 断面结构有层次或呈多孔状 |
| 发酵饼干 | 外形完整，厚薄大致均匀，表面一般有较均匀的泡点，无裂缝，不收缩，不变形，不应有较大或较多的凹底。特殊加工产品表面或中间有可食颗粒存在(如果仁、芝麻、白砂糖、食盐、巧克力、椰丝、蔬菜等) | 具有该产品应有的色泽 | 具有发酵制品应有的香味及产品特有的香味，无异味，口感酥松或松脆 | 断面结构有层次或呈多孔状 |
| 压缩饼干 | 块形完整，无严重缺角、缺边 | 具有该产品应有的色泽 | 具有产品特有的香味，无异味 | 断面结构呈紧密状，无孔洞 |
| 曲奇饼干 | 外形完整，花纹(或波纹)清晰或无花纹，同一造型大小基本均匀，饼体摊散适度，无连边。特殊加工产品表面或中间可有可食颗粒存在(如椰蓉、白砂糖、巧克力等) | 具有该产品应有的色泽 | 具有该产品应有的香味，无异味，口感酥松或松软 | 断面结构呈细密的多孔状，无较大孔洞 |

| 饼干类别 | 形态 | 色泽 | 滋味与口感 | 组织 |
|---|---|---|---|---|
| 夹心（或注心）饼干 | 外形完整，边缘整齐，夹心饼干不错位，不脱片，饼干表面应符合饼干单片要求，夹心层厚薄基本均匀，夹心或注心料无明显外溢 | 具有该产品应有的色泽。饼干单片夹心或注心料呈该料应有的色泽 | 应符合产品所调制的香味，无异味，口感酥松或松脆 | 层次分明，饼干单片断面应具有其相应产品的结构 |
| 威化饼干 | 外形完整，块形端正，花纹清晰，厚薄基本均匀，无分离及夹心料溢出现象 | 具有该产品应有的色泽 | 具有产品应有的口味，无异味，口松脆或酥化 | 层次分明，片子断面结构呈多孔状，夹心料均匀 |
| 蛋圆饼干 | 呈冠圆形或多冠圆形，外形完整，大小、薄厚基本均匀 | 具有产品应有的色泽 | 甜味，具有蛋香味及产品应有的香味，无异味，口感松脆 | 断面结构呈细密的多孔状，无较大孔洞 |
| 蛋卷 | 呈多层卷筒形态或产品特有的形态，断面层次分明，外形基本完整，特殊加工产品有可食颗粒存在冠 | 具有产品应有的色泽 | 具有蛋香味及产品应有的香味，无异味、口感松脆或酥松 | — |
| 煎饼 | 外形基本完整，特殊加工产品有可食用颗粒存在 | 具有产品应有的色泽 | 具有产品应有的香味，无异味，口感硬脆、松脆或酥松 | |
| 装饰饼干 | 外形完整，装饰基本均匀 | 具有饼干单片及涂层或糖花应有的色泽 | 具有产品应有的香味，无异味 | 饼干单片断面有其相应产品的结构 |
| 水泡饼干 | 外形完整，块形大致均匀，不得起泡，不得有皱纹、粘连痕迹及明显的豁口 | 呈浅黄色、金黄色或产品应有的颜色 | 味略甜，具有浓郁的蛋香味或产品应有的香味，无异味，口感脆、酥松 | 断面组织微细、均匀，无孔洞 |

### （二）饼干感官检测的方法

1. 排序检验法

（1）排序检验法。排序检验是比较数个样品，按指定特性由强度或嗜好程度排出一系列样品的方法。按其形式可以分为：

①按某种特性（如甜度、黏度等）的强度递增顺序。

②按质量顺序（如竞争食品的比较）。

③赫道尼克（Hedonic）顺序（如喜欢/不喜欢）。

该法只排出样品的次序，不评价样品间差异的大小。

排序检验法的优点在于可以同时比较两个以上的样品。对于样品品种较多或样品之间差别很小时，就难以进行。所以通常在样品需要为下一步的实验预筛或预分类的时候，可应用此方法。排序检验中的评判情况取决于评价员的感官分辨能力和有关食品方面的性质。

（2）应用。排序检验法用于确定由于不同原料、加工、处理、包装和储藏等各环节而造成的产品感官特性差异；用于当样品需要为下一步的实验预筛或预分类，即对样品进行更精细的感官检测之前；用于对消费者或市场经营者订购的产品的可接受性调查；企业产品的精选过程；或评价员的选择和培训。

（3）对评价员要求。对相关评价员要进行筛选、培训。评价员应该熟悉所检测样品的性质、操作程序，具有区别性质细微差别的能力。每10人为一组，每组选出一个小组长，轮流进入检验区。

2. 样品编号

样品制备员给每个样品编出三位数的代码，每个样品给3个编码，作为3次重复检验之用，随机数码取自随机数表。编码实例及供样方案见表1-6、表1-7。

**表1-6 饼干感官检测编码实例**

样品名称：_____ 日期：_____年_____月_____日

| 样品 | 重复检测编码 | | | |
|---|---|---|---|---|
| | 1 | 2 | 3 | 4 |
| A | 463 | 973 | 434 | |
| B | 995 | 607 | 225 | |
| C | 067 | 635 | 513 | |
| D | 695 | 654 | 490 | |
| E | 681 | 695 | 431 | |

**表1-7 饼干感官检测供样方案**

| 评价员 | 供样顺序 | 第1吃检测时号码顺序 |
|---|---|---|
| 1 | CAEDB | 067 463 681 695 995 |
| 2 | ACBED | 463 067 995 681 695 |
| 3 | EABDC | 681 463 995 695 067 |
| 4 | BAEDC | 995 463 681 695 067 |
| 5 | ECCAB | 681 695 067 463 995 |
| 6 | DEACB | 695 681 463 067 995 |
| 7 | DCABE | 695 067 463 995 681 |
| 8 | ABDEC | 463 995 695 681 067 |
| 9 | CDBAE | 067 695 995 463 681 |
| 10 | EBACD | 681 995 463 067 695 |

在做第二次重复检测时，供样顺序不变，样品编码改用表1-6中第二次检验用码，其余类推。

### 3. 样品感官检测评价表

评价员每人都有一张单独的评价表(表1-8)。

**表1-8 饼干感官检测评价表**

| |
|---|
| 样品名称：_____ 日期：_____ 年_____ 月_____ 日 |
| 评价员：_____ |
| 检测内容：请仔细品评您面前的5个饼干样品，如酥性甜饼干，请根据它们的入口酥化程度、甜脆性、香气、综合口感以及外形、颜色等综合指标给它们排序，最好的排在左边第一位，依次类推，最差的排在右边最后一位，将样品编号填入对应横线上 |
| 样品排序(最好)　1　　2　　3　　4　　5(最差) |
| 样品编号　　___　___　___　___　___ |

### （三）材料与工具

除非另有说明，本方法所用试剂均为分析纯，水为 GB/T 6682 规定的三级水。

（1）预备足够量的碟、样品托盘。

（2）提供5种同类型饼干样品，如不同品牌的韧性饼干或酥性饼干。

（3）对于检测所用器皿为不会对感官检测结果产生影响，一般采用玻璃材质，也可采用没有其他异味的一次性塑料或纸盘作为实验器皿。

## 三、检测程序

排序检验法饼干感官检测程序见图1-2。

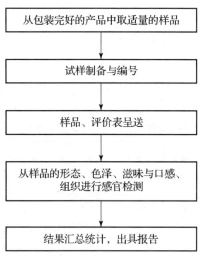

图1-2 排序检验法饼干感官检测程序

## 四、工作实施

### 1. 方案制定及准备

通过相关知识学习,解读国标,小组完成检测方案的设计(表1-9),并依据方案完成工作准备。

表1-9 检测方案设计

| 组长 | | | 组员 | |
|---|---|---|---|---|
| 学习项目 | | | 学习时间 | |
| 依据标准 | | . | | |
| 准备内容 | 仪器和设备<br>(规格、数量) | | | |
| | 试剂和耗材<br>(规格、浓度、数量) | | | |
| | 样品 | | | |
| 任务分工 | 姓名 | | 具体工作 | |
| | | | | |
| | | | | |
| | | | | |
| 具体步骤 | | | | |

### 2. 检测过程

根据表1-10实施检测。

表1-10 检测过程

| 任务 | 具体实施 | | 要求 |
|---|---|---|---|
| | 实施步骤 | 实验记录 | |
| 试样制备 | 从包装完好的产品中取适量的样品放于白瓷盘中,确保样品的形状、大小等尽量一致。将制备好的样品储存于干燥的容器或袋子内,使用前取出,避免吸潮。<br><br>将样品、评分表放在托盘内,随机呈送给评价员 | 采集的样品必须贴上标签,明确标记品名、来源、数量、采样地点、采样人及采样日期等内容,现场编号一定要与检测样品及留样编号一致<br><br>样品编号:_____ | 1. 严格执行实验室管理制度,实验台面整齐,着实验服,仪表整洁。<br>2. 样品在检测前,不得受到污染,发生变化。<br>3. 样品抽取后,应迅速送检测室进行分析。<br>4. 盛样容器保存干净无味。<br>5. 采样时通常考虑样品的代表性、典型性、时效性及样品检测的程序性 |

| 任务 | 具体实施 | | 要求 |
|---|---|---|---|
| | 实施步骤 | 实验记录 | |
| 试样测定 | 色泽、组织状态的评定：在充足的日光或白炽灯光下，目测样品的色泽、状态，检测有无异物。擘开样品，观察其组织结构 | 记录色泽、组织状态、气味、滋味。<br><br>以小组为单位，统计检验结果 | 1. 在两个样品间，请用清水漱口，并吐出所有的样品和水。<br>2. 检测过程要专注。<br>3. 可重复品尝。<br>4. 用统计法分别进行误差分析。<br>5. 讨论协调后，得出每个样品的总体评估 |
| | 气味：嗅闻气味 | | |
| | 滋味：用温开水漱口后评价样品滋味口感 | | |
| | 收集饼干感官评价员品评结果记录表并汇总，解除编码密码，统计出各个样品的评定结果 | | |
| 结束工作 | 实验结束后废弃物及废液应分类收集后，倒入指定容器，统一处置，清理实验台面，清洁电热恒温干燥箱，洗净称量瓶等用具并全部归位 | | 检测组成员做好工作总结，培养团队协作精神 |

# 工作任务3　果酱风味综合评价实验（描述检验法）

## 一、检测依据

GB/T 22474—2008《果酱》对于果酱的感官检测要求：应从色泽、滋味与口感、杂质、组织状态做出综合性的评价。果酱感官特征上的特征可以反映出果酱的原辅料，生产工艺过程及包装等生产环节，运输及储存等条件是否出现问题。

## 二、工作准备

### （一）果酱的感官要求

果酱的感官检测包括四大项：色泽、滋味与口感、杂质、组织状态，具体的感官要求，见表1-11。

**表1-11　果酱感官要求**

| 项目 | 要求 |
|---|---|
| 色泽 | 有该品种应有的色泽 |
| 滋味与口感 | 无异味，酸甜适中，口味纯正，应具有该品种应有的风味 |
| 杂质 | 正常视力下无可见杂质，无霉变 |
| 组织状态 | 均匀，无明显分层和析水，无结晶 |

（二）果酱感官检测的方法

1. 简单描述检验法

（1）简单描述检验法。简单描述检验法要求评价员对构成食品的特征的各个指标进行定性描述，尽量完整地描述出样品品质，具体还可分为风味描述和质地描述法。可用于识别或描述某一特殊样品或许多样品的特殊指标，或将感觉到的特性指标建立一个序列。

（2）应用。简单描述检验法常用于质量控制、产品在储存期的变化或描述已经确定的差异检验，也可用于培训评价员。

简单描述检验法有两种形式，一种是由评价员用任意的词汇，对每个样品的特性进行描述；另一种形式是首先提供指标检查表，使评价员能根据指标检查表进行检测。

评价员完成检测后，由检测小组组织者统计这些结果。根据每一描述性词汇的使用频数得出检测结果，最好对检测结果做出公开讨论。

（3）对评价员要求。参加检测的评价员人数应在 8 人以上。评价员应具备描述食品品质特性和次序的能力；具备描述食品品质特性的专有名词的定义与其在食品中的实质含义的能力；具备对食品的总体印象、总体风味强度和总体差异的分析能力。

2. 样品编号

备样员给每个样品编出三位数的代码，每个样品给 3 个编码，作为 3 个重复检验之用，随机数码取自随机数表。本例中取例见表 1 - 12。

表 1 - 12　果酱感官检测取例

| 样品号 | A(样1) | B(样1) | C(样1) | D(样1) | E(样1) |
|---|---|---|---|---|---|
| 第一次检验 | 743 | 042 | 706 | 654 | 813 |
| 第二次检验 | 183 | 747 | 375 | 365 | 854 |
| 第三次检验 | 026 | 617 | 053 | 882 | 388 |

排定每组评价员的顺序及供样组别和编码，见表 1 - 13（第一组第一次）。

表 1 - 13　果酱感官检测供样顺序及编码

| 评价员（姓名） | 供样顺序 | 第一次检验样品编码 |
|---|---|---|
| 1（×××） | E A B D C | 813，734，042，664，706 |
| 2（×××） | A C B E D | 734，706，042，813，664 |
| 3（×××） | D C A B E | 664，706，734，042，813 |
| 4（×××） | A B D E C | 734，042，664，813，706 |
| 5（×××） | B A E D C | 042，734，813，664，706 |
| 6（×××） | E D C A B | 813，664，706，734，042 |

| 评价员(姓名) | 供样顺序 | 第一次检验样品编码 |
|---|---|---|
| 7(×××) | D E A C B | 664，813，734，706，042 |
| 8(×××) | C D B A E | 706，664，042，734，813 |
| 9(×××) | E B A C D | 813，042，734，706，664 |
| 10(×××) | C A E D B | 706，734，813，664，042 |

供样顺序是备样员内部参考用的，评价员用的检验记录表上看到的只是编码，无 A B C D E 字样。在重复检测时，样品编排顺序不变，如第一号评价员的供样顺序每次都是 E A B D C，而编码的数字则换上第二次检验的编号。其他组、次排定表略。请按例自行排定。

3. 评价表

分发描述性检测记录表，见表 1-14，供参考，也可另自行设计。

**表 1-14　果酱感官检测评价表**

| 描述性检测记录表 | |
|---|---|
| 样品名称：苹果酱 | 评价员： |
| 样品编号(如 813) | 检测日期：　　　年　　月　　日 |
| 项目 | 评定 |
| 色泽 | |
| 甜度 | |
| 酸度 | |
| 甜酸比率(太酸)(太甜) | |
| 苹果香气 | |
| 焦煳香气 | |
| 细腻感 | |
| 不良风味(列出) | |

注：(弱)1、2、3、4、5、6、7、8、9(强)

甜酸比率：(太酸)1、2、3、4、5、6、7、8、9(太甜)

（三）材料与工具

除非另有说明，本方法所用试剂均为分析纯，水为 GB/T 6682 规定的三级水。

（1）预备足够量的碟、匙、样品托盘等。

（2）提供 5 种同类果酱样品(如苹果酱)。

（3）漱口或饮用的纯净水。

（4）对于检测所用器皿为不会对感官检测产生影响，一般采用玻璃材质，也可采用没有其他异味的一次性塑料或纸盘作为感官评鉴实验用器皿。

## 三、检测程序

简单描述检验法果酱感官检测程序见图1-3。

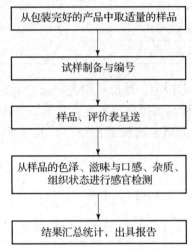

图1-3 简单描述检验法果酱感官检测程序

## 四、工作实施

### 1. 方案制定及准备

通过相关知识学习，解读国标，小组完成检测方案的设计(表1-15)，并依据方案完成工作准备。

表1-15 检测方案设计

| 组长 | | 组员 | |
|---|---|---|---|
| 学习项目 | | 学习时间 | |
| 依据标准 | | | |
| 准备内容 | 仪器和设备<br>(规格、数量) | | |
| | 试剂和耗材<br>(规格、浓度、数量) | | |
| | 样品 | | |
| 任务分工 | 姓名 | 具体工作 | |
| | | | |
| | | | |
| | | | |
| 具体步骤 | | | |

## 2. 检测过程

根据表1-16实施检测。

表1-16 检测过程

| 任务 | 具体实施 | | 要求 |
|------|---------|---------|------|
| | 实施步骤 | 实验记录 | |
| 试样制备 | 从包装完好的产品中取20 g样品放于白瓷盘中，确保样品尽量一致。将制备好的样品储存于干燥的容器或袋子内，使用前取出，避免吸潮。<br><br>将样品、评分表放在托盘内，随机呈送给评价员 | 采集的样品必须贴上标签，明确标记品名、来源、数量、采样地点、采样人及采样日期等内容，现场编号一定要与检测样品及留样编号一致。<br><br>样品编号：_____ | 1. 严格执行实验室管理制度，实验台面整齐，着实验服，仪表整洁。<br>2. 样品在检测前，不得受到污染，发生变化。<br>3. 样品抽取后，应迅速送检测室进行检测。<br>4. 盛样容器保存干净无味。<br>5. 采样时通常考虑样品的代表性、典型性、时效性及样品检测的程序性 |
| 试样测定 | 色泽、组织状态、杂质的评定：在充足的日光或白炽灯光下，观察样品的色泽、组织状态、有无杂质<br><br>气味：嗅闻气味<br><br>滋味：用温开水漱口后评价样品滋味口感<br><br>收集果酱感官评价员品评结果记录表并汇总，得出评定结果 | 记录色泽、组织状态、杂质情况，以及气味和滋味。<br><br>以小组为单位，统计检验结果 | 1. 评价过程中要专注。<br>2. 在两个样品间，请用温开水漱口，并吐出。<br>3. 可重复品尝。<br>4. 用统计法分别进行误差分析。<br>5. 讨论协调后，得出每个样品的总体评估 |
| 结束工作 | 实验结束后将废弃物及废液应分类收集后，倒入指定容器，统一处置，清理实验台面，清洁电热恒温干燥箱，洗净称量瓶等用具并全部归位 | | 检测组成员做好工作总结，培养团队协作精神 |

# 工作任务4 发酵乳的差别检验(成对比较检验法)

## 一、检测依据

GB 19302—2010《食品安全国家标准 发酵乳》对于全脂、脱脂和部分脱脂发酵乳的感官检测要求：应从色泽、滋味气味、组织状态等方面进行综合评价。发酵乳感官特征上的变化可以反映出发酵乳的原辅料，加工过程及包装等生产环节，运输及储存等条件是否出现问题。

## 二、工作准备

### (一)发酵乳的感官要求

发酵乳的感官检测包括：色泽、滋味和气味、组织状态，具体的感官要求见表 1–17。

表 1–17　发酵乳的感官要求

| 项目 | 要求 | |
|---|---|---|
| | 发酵乳 | 风味发酵乳 |
| 色泽 | 色泽一致，呈乳白色或微黄色 | 具有与添加成分相符的色泽 |
| 滋味和气味 | 具有发酵乳特有的滋味和气味 | 具有与添加成分相符的滋味和气味 |
| 组织状态 | 组织细腻、均匀，允许有少量乳清析出，风味发酵乳具有添加成分特有的组织状态 | |

### (二)发酵乳差别检验的方法

1. 差别检验

差别检验只要求评价员评定两个或两个以上的样品中是否存在感官差异(或偏爱其一)。差别检验的结果是以每一类别的评价员数量为基础的。

一般规定不允许"无差异"的回答(即强迫选择)。差别检验中需要注意样品外表、形态、温度和数量等的明显差别所引起的误差。

常用的方法有：成对比较检验法、二 – 三点检验法、三点检验法、"A" – "非 A"检验法、五中取二检验法以及选择检验法和配偶检验法。

2. 成对比较检验法

以随机顺序同时出示两个样品给评价员，要求评价员对这两个样品进行比较，判定整个样品或某些特征强度顺序的一种检测方法称为成对比较检验法或两点试验法。

(1)应用。成对检验法用于确定两种样品之间某种特性是否存在差异，差异方向如何；成对检验法用于偏爱两种样品中的哪一种。(产品和工艺开发、质量控制等方面)。

(2)成对比较检验法实验的注意事项。两点检验法品尝顺序：首先将 A 与 B 比较，然后将 B 与 A 比较，从而确定 AB 间差异，务必让 A 与 B 出现在同一位置的概率相同；确保 A、B 品尝时间尽可能一致；若仍无法确定，等几分钟再次重复进行。

(3)对评价员的要求。参加评定的评价员人数应在 8 人以上。评价员应具备描述食品品质特性和次序的能力；具备描述食品品质特性的专有名词的定义与其在食品中的实质含义的能力；具备对食品的总体印象、总体风味强度和总体差异的分析能力。

2. 样品编号

(1)购买市售的两种不同品牌的发酵乳，使其保持在同一温度下，取等量样品分别装入两个专用的已经编码的品评杯中，品评杯一致且无味，编码可参考计算机品评系统或随机编码。

3. 评价表

成对检验法检测发酵乳样品酸度差异评价表见表 1–18。

**表 1 – 18  成对检验法检测发酵乳样品酸度差异评价表**

| 差别检验法判断两个发酵乳样品酸度差异 |
| --- |
| 样品：　　　　　　方法： |
| 评价员：　　　　　评价时间：　　　　　轮次： |
| 提示：清从左至右品尝你面前的两个样品，在认为较甜的样品编号上标记，可以猜测，但必须做出选择。在两个样品间，请用清水漱口，并吐出所有的样品和水。可重复品尝。 |
| 评价结果：<br>　样品相同＿＿＿＿＿＿＿＿　　　样品不同＿＿＿＿＿＿＿＿＿。<br><br>参考标准：<br>评价心得： |

（三）材料与工具

除非另有说明，本方法所用试剂均为分析纯，水为 GB/T 6682 规定的三级水。

（1）预备足够量的品评杯、匙、样品托盘等。

（2）提供 2 种市售发酵乳。

（3）漱口或饮用的纯净水。

（4）对于检测所用器皿为不会对感官检测产生影响，一般采用玻璃材质，也可采用没有其他异味的一次性塑料或纸杯作为感官评鉴实验用器皿。

## 三、检测程序

成对检验法发酵乳差异检测程序见图 1 – 4。

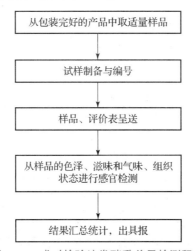

图 1 – 4  成对检验法发酵乳差异检测程序

## 四、工作实施

### 1. 方案制定及准备

通过相关知识学习，解读国标，小组完成检测方案的设计（表 1 – 19），并依据方案完成工作准备。

表1-19 检测方案设计

| 组长 | | | 组员 | |
|---|---|---|---|---|
| 学习项目 | | | 学习时间 | |
| 依据标准 | | | | |
| 准备内容 | 仪器和设备<br>（规格、数量） | | | |
| | 试剂和耗材<br>（规格、浓度、数量） | | | |
| | 样品 | | | |
| 任务分工 | 姓名 | | 具体工作 | |
| | | | | |
| | | | | |
| | | | | |
| 具体步骤 | | | | |

2. 检测过程

根据表1-20实施检测。

表1-20 检测过程

| 任务 | 具体实施 | | 要求 |
|---|---|---|---|
| | 实施步骤 | 实验记录 | |
| 试样制备 | 从包装完好的产品中取适量的样品置于50 mL烧杯中，确保样品均匀。<br>将样品、评分表放在托盘内，随机呈送给评价员 | 采集的样品必须贴上标签，明确标记品名、来源、数量、采样地点、采样人及采样日期等内容，现场编号一定要与检测样品及留样编号一致。<br>样品编号：_____ | 1. 严格执行实验室管理制度，实验台面整齐，着实验服，仪表整洁。<br>2. 样品在检测前，不得受到污染，发生变化。<br>3. 样品抽取后，应迅速送检测室进行检测。<br>4. 盛样容器保存干净无味。<br>5. 采样时通常考虑样品的代表性、典型性、时效性及样品检测的程序性 |

| 任务 | 具体实施 | | 要求 |
|------|----------|----------|------|
| | 实施步骤 | 实验记录 | |
| 试样测定 | 色泽、组织状态的评定：在充足的日光或白炽灯灯光下，观察样品的色泽、组织状态 | 记录色泽、组织状态、气味、滋味。以小组为单位，统计检验结果 | 1. 首先 A 与 B 比较，然后将 B 与 A 比较，从而确定 AB 间差异。<br>2. 确保 A、B 品尝时间尽可能一致。<br>3. 可重复进行。<br>4. 用统计法分别进行误差分析。<br>5. 讨论协调后，得出每个样品的总体评估 |
| | 气味：嗅闻气味 | | |
| | 滋味：用温开水漱口后品尝滋味 | | |
| | 收集发酵乳感官评价员品评结果记录表并汇总，解除编码密码，统计出各个样品的评定结果 | | |
| 结束工作 | 实验结束后废弃物及废液应分类收集后，倒入指定容器，统一处置，清理实验台面，清洁电热恒温干燥箱，洗净称量瓶等用具并全部归位 | | 检测组成员做好工作总结，培养团队协作精神 |

# 任务4  食品感官检测的仪器检测

## ◎ 案例导入

感官检测贯穿于白酒产品整个生命周期，感官质量控制手段在白酒行业运用多年，相对比较成熟，但是也面临很多挑战，随着社会对无损、快速、智能检测技术的需求，为了使白酒在生产、流通过程中有一个严格的评价标准，进一步体现酒类评价的公正性和准确性，可采用智能感官检测仪器辅助人工感官检测，用科学计量上的品质指标来检测白酒及其物料的品质，建立智能感官控制体系已成为白酒品控的新手段。

## ◎ 问题启发

能否举出智能感官技术在感官检测的案例？感官仪器检测有哪些优点？感官仪器检测在食品领域有哪些应用？

## ◎ 食品安全检测知识

### 一、质构仪

1. 食品质构

食品质构是指用力学的、触觉的方法，还包括视觉的、听觉的方法感知食品的流变学特性的综合感觉。食品质构与食品食用时的口感质量、产

食品感官检测的
仪器检测

品的加工过程、风味特性、颜色和外观、产品的稳定性等息息相关。例如，黏度过小的产品充填在面包夹层中很难沉积在面包的表面；一些亲水胶体、碳水化合物及淀粉可通过与风味成分的结合而影响风味成分的释放；低脂产品需要构建合适的黏度来获得合理的口感，但如果产品过黏，则可能很难通过板式热交换器进行杀菌等。

### 2. 质构仪

质构仪（物性仪）作为一种物性分析仪器，主要是模拟口腔的运动，对样品进行压缩、变形，从而能分析出食品的质构，包括硬度、黏性、弹性、回复性、咀嚼性、脆性、黏聚性等指标，在食品学科的发展中发挥着重要的作用。

食品质构的感官分析容易受人为因素的影响，如个人喜好、个人生理状态、个人感官等，结果具有主观性，这导致数据结果的真实性、重复性和稳定性大大受到影响。质构仪不受人为因素的影响，具有客观性，大大提高了数据的真实性、可靠性和重复性。

质构仪不能完全模拟人的口腔运动，但是获得的质构参数或者指标能够很好地反映食品的口感或者质构。质构仪已广泛应用于肉制品、粮油食品、面食、谷物、糖果、果蔬、凝胶、果酱、宠物食品、化妆品、医疗、胶黏剂工业等的物性学中，可以检测食品的嫩度、硬度、脆性、黏性、弹性、咀嚼性、拉伸强度、抗压强度、穿透强度等物性指标。

### 3. 质构仪的应用

质构仪是食品行业中的常用的仪器，在乳制品厂、肉类加工厂、快餐工厂、面包房和许多食品企业实验室中都有广泛应用。从保持谷类食物的松脆到改善黄油的可涂抹性，质构仪对确保产品的质量、开发新产品等都能起到很重要的作用。质构仪提供的质构分析数据，可以为一些常见的加工问题提供有效的解决方案。

## 二、电子舌

### 1. 电子舌

电子舌又称味觉传感器或味觉指纹分析仪，是一种主要由交互敏感传感器阵列、信号采集电路、基于模式识别的数据处理方法组成的现代化定性、定量分析检测仪器。电子舌可以对酸、甜、苦、咸、鲜五种基本味进行检测。电子舌检测获得的不是被测物质气味组分的定性或定量结果，而是物质中挥发性成分的整体信息，即气味的"指纹数据"。它显示了物质的气味特征，从而实现对物质气味的客观检测、鉴别和分析，非常适用于检测含有挥发性物质的气体、液体和固体样品。

### 2. 电子舌的应用

电子舌技术在食品领域的应用研究已非常广泛，主要应用于酒类及饮料、果蔬、肉类产品、乳制品、调味品、油脂等的食品溯源、新鲜度、品质分级和质量安全监控等方面。

（1）酒类及饮料。酒和饮料是人们聚会餐桌上常见的消费品，此类液体味道本就厚重，仅仅靠人为是不能辨别其中的细微差别。利用电子舌技术能很好地识别和区分不同品质的酒水饮料，对市场监管存在重要意义。

有案例表明在研究市售啤酒的滋味品质时，采用电子舌传感技术对其进行综合评价分析，分析数据通过聚类图进行展示，结果发现15个不同品牌和类型的啤酒样品聚为5类，主要成分分析结果表明评价不同啤酒样品的8种滋味指标聚类效果良好，表明电子舌能对不同品牌的啤酒进行准确区分。

利用电子舌对不同品牌的18种绿茶样品进行了分析测定，结果数据客观地反映了各样品的整体信息，且聚类分析和主成分分析结果一致，18种样品大致分为4类，其中各样品的酸味、涩味、鲜味3个味觉的差异性最大，提示这三种滋味是区分不同绿茶饮料的特征指标。电子舌还被应用于不同葡萄酒、啤酒及不同香型的白酒区分中，均能在准确地完成判别。

（2）果蔬。利用电子舌智能感官技术对6个品种的芦笋的主成分和味觉进行了检测分析，结果发现不同品种的芦笋的酸味值、咸味值、鲜味、甜味和苦味均存在不同程度的差异。

为了科学、客观地评价不同采收期的紫菜在滋味方面的差异，采用电子舌技术分析了四种紫菜的滋味组成。结果表明，紫菜滋味主要由鲜味、鲜味回味、咸味和苦味组成。四种紫菜的鲜味强度及苦味物质含量均不相同。早期采收的紫菜鲜味及咸味值高于后期采收。提示不同采收期紫菜的呈味物质含量及其对滋味的贡献程度差异较大。

电子舌技术还被应用于不同产地的荔枝及不同成熟度的草莓等果蔬的区分。

（3）肉类产品。一项研究采用电子舌对牛肉炖煮后的滋味物质进行定性定量的分析，结果发现，不同部位的牛肉（上脑、辣椒条、牛腩、牛臀和腱子肉）的滋味存在明显差异，为炖煮牛肉风味数据库的建立提供了基础和理论参考。

另外通过比较不同养殖密度的斑节对虾的风味差异，探究养殖密度对斑节对虾肌肉品质的影响，电子舌的分析数据结果表明，随着养殖密度的增大，虾肉的水分和灰分含量逐渐升高，而粗蛋白和总糖含量则逐渐降低，滋味上的差异主要表现在鲜味上，从经济角度和肌肉品质综合分析判断，200尾/m²是实际生产中可以推荐的适宜养殖密度。

电子舌技术还能够快速区分各种肉类晶种及产品品质，并可实现对肉质变化的分析，它将是肉类产品质量评价的重要手段。

（4）乳制品。电子舌的高速、高灵敏度使之在乳制品加工业得到广泛的应用，主要用于不同品牌乳制品的识别、品质的检测、掺假的判断等。经过高温处理后，牛奶的风味发生很大变化，并且随着高温处理的时间和程度不同，这种变化呈现出一定的规律性，仅靠天然生物味觉系统可能很难对风味变化进行分析和识别，利用电子舌从样品的响应信号得到"指纹识别数据"，为客观评价提供理论依据，可灵敏地将不同温度和时间处理的牛奶区别出来，并且能对其他牛奶样品的加热程度进行粗略预测。

（5）调味品。有研究采用多频脉冲电子舌技术结合主成分分析（PCA）和判别因子分析（DFA）的统计分析方法对不同品牌的蚝油进行检测辨识，结果表明多频脉冲电子舌技术可以对8种样品进行良好的聚类，实现辨别不同品牌蚝油，具有实际应用价值。

利用电子舌对8个品牌的鱼香调味汁进行检测分析，结合理化指标和感官评价，探究鱼香调味汁在加热前后的滋味变化，结果发现，在加热前8个品牌的鱼香调味汁按地域聚类，加热后，除个别样品外，依然按地域聚类，但样品之间的差异缩小，相似性增加，表面高温加热会减少各样品之间的差异滋味物质。

（6）油脂。电子舌可以作味觉传感器，区分具有不同橄榄油，可作为生物感官分析区分橄榄油的替代和补充，具有实用价值。

电子舌还具有检测未知液体样品的整体特征，短时间内可将样品精确地区分。

## 三、电子鼻

### 1. 电子鼻

电子鼻也称智鼻，是一种20世纪90年代发展起来的新颖的分析、识别和检测复杂嗅味及大多数挥发性成分的仪器，是由一定选择性的电化学传感器阵列和适当的图像识别装置组成的仪器，能够识别单一的或复合的气味，还能够用于识别单一成分的气体/蒸汽或其他混合物。它与普通化学分析仪器，如色谱仪、光谱仪、毛细管电泳仪等不同，得到的不是被测样品中某种或某几种成分的定性与定量结果，而是得出样品中挥发成分的整体信息，也称"指纹"数据。这与人和动物的鼻子一样，"闻到"的是目标物的总体气息。电子鼻采取多传感器交互敏感的设计理念，使得分析检测对象表现出物质的综合本质属性，再结合对应的多元统计分析技术，从物质的特征图谱入手，实现了样品的在线、实时、快速检测。

电子鼻的检测对象主要是挥发性的风味物质。当一种或多种风味物质经过电子鼻时，该风味物质的"气味指纹"可以被传感器感知，并经过特殊的智能模式识别算法提取。利用不同风味物质的不同"气味指纹"信息，就可以来区分、辨识不同的气体样本。另外，某些特定的风味物质恰好可以表征样品在不同的原料产地、不同的收获时间、不同的加工条件、不同存放环境等多变量影响下的综合质量信息。电子鼻非常适用于检测含有挥发性物质的液体、固体样品。电子鼻技术是对电子舌技术的一种传承与创新，也是对整个智能感官技术的丰富与补充。

### 2. 电子鼻的应用

气相色谱法、色谱－质谱联用方法及电化学方法是目前常用的食品检测方法，但这些方法检测费用昂贵，检测周期长，实验难度大，所得的气味图谱与人的嗅觉系统很难做系统化和科学化的对比。与传统的食品检测方法相比，电子鼻有一定的优越性。将电子鼻用于食品检测具有简单、快捷、样品用量少、成本低等特点。

（1）电子鼻在肉制品检测中的应用。电子鼻技术应用于肉制品检测中，不仅可以清晰区分不同饲养方式的猪肉，也可以评价猪肉加工过程中香气的变化。在检测中，样品室中的猪肉样品挥发出的气味被风扇吸入气体收集箱内，与传感器阵列反应后产生信号，经信号调理箱处理，并通过计算机分析判断得到猪肉新鲜度。

（2）电子鼻在乳制品检测中的应用。随着电子鼻技术的迅猛发展，电子鼻在乳制品工业中应用的深度和广度不断扩大，主要体现在：乳制品成熟期和货架期的预测、乳中挥发性物质的分析、乳中微生物的分类、干酪种类的分类和乳制品产地的区分等方面。

（3）电子鼻在烟酒业检测中的应用。电子鼻在酒类品牌的鉴定和异味检测、新产品研发、原料检验、蒸馏酒品质鉴定、制酒过程管理的监控方面有很大的应用价值。电子鼻在烟草行业中，可用于鉴别产品是否合格及等级的分类、生产流程是否稳定与正常及市场商品的真伪，是用于质量保证与质量控制不可缺少的工具之一。

（4）电子鼻在果蔬、油检测中的应用。电子鼻在果蔬检测方而主要用作质量评定、成熟度检测、货架期的识别和种类识别等，以便对果蔬进行分类和分级，满足消费者的需求。在油品检测中，电子鼻技术在植物油分类、优劣的区分、掺假，以及储藏过程中植物油的氧化等方面的检测大有用武之地。

除此之外，电子鼻技术还能辨别食品的新鲜度，依靠"电子鼻"可以辨识食品中"气味指纹"，检测食品新鲜程度的准确性，较传统培菌检测法有较大进步。随着时代的进步、科技的发展，电子鼻技术在食品检测中的作用将会日益加强。

## 检查与评估

学生完成本项目的学习，通过学生自评、小组互评以检查自己对本任务学习的掌握情况。指导教师在整个教学过程中，关注每个小组的检测过程及小组成员的动手能力，并对小组成员动手能力进行评估，学生对所学的各项任务进行抽签决定考核的内容。将具体的检查与评估填入表1-21。评价表对应工作任务1。

表1-21　乳粉感官检测的工作实施评价表

| 项目 | 评价标准 | 分值/分 | 学生自评 | 小组互评 | 教师评价 |
|---|---|---|---|---|---|
| 方案设计与准备 | 认真负责、一丝不苟进行资料查阅，确定检测依据 | 5 | | | |
| | 协同合作，设计方案并合理分工 | 5 | | | |
| | 相互沟通，完成方案诊改 | 5 | | | |
| | 正确清洗及准备工具 | 5 | | | |
| | 正确取样 | 5 | | | |
| 样品制备 | 规范操作，进行样品制备 | 10 | | | |
| | 规范呈送样品、评价表 | 10 | | | |
| 样品检测 | 规范操作，进行色泽、组织状态检测 | 10 | | | |
| | 规范操作，进行气味和滋味检测 | 10 | | | |
| | 规范操作，进行乳粉冲调性检测 | 10 | | | |
| | 完成评价表，出具检测报告 | 10 | | | |
| 结束工作 | 检测结束后倒掉废弃物，清理台面，洗净用具并归位 | 5 | | | |
| | 规范操作、正确归位 | 5 | | | |
| | 合理分工，按时完成工作任务 | 5 | | | |

## 学习思考

1. 填空题

（1）当需要评价员独立评价时，通常使用_____以在评价过程中减少干扰和避免相互交流。

（2）以随机顺序同时出示两个样品给评价员，要求评价员对这两个样品进行比较，判定整个样品或某些特征强度顺序的一种评价方法称为_____法或_____法。

（3）在样品制备中要达到_____的目的，除精心选择适当的制备方式以减少出现特性差别的机会外，还应选择一定的方法以掩盖样品间_____。

（4）一般品尝两种样品的间隔时间越短越容易产生_____效果；间隔时间越长，_____效果产生的可能性越大。

（5）依据 GB/T 15682—2008，取一定量的样品，在＿＿＿＿＿条件下蒸煮成米饭，评价员感官检测米饭的＿＿＿＿＿、＿＿＿＿＿、＿＿＿＿＿、＿＿＿＿＿和＿＿＿＿＿，评价结果以评价员的综合评分的平均值表示。

2. 简答题

（1）如何进行乳粉冲调性检测？

（2）什么是简单描述检验法？

（3）电子舌在食品领域有哪些应用？

# 项目 2　相对密度的测定

知识目标

　　1. 了解密度瓶和比重计的结构原理。

　　2. 了解测定食品相对密度的意义。

　　3. 掌握密度、相对密度的概念和关系。

　　4. 掌握常用密度瓶和比重计的使用方法。

能力目标

　　1. 能正确查阅食品相对密度检测相关标准，解读相对密度测定的国家标准并正确选用检测方法。

　　2. 能够整理分析资料并设计检测方案。

　　3. 能正确使用密度瓶测定液态食品的相对密度。

　　4. 能正确选用并熟练操作合适的比重计测定液态食品的相对密度。

　　5. 能对相对密度的测定结果进行校正。

　　6. 能根据待测食品的相对密度判定食品的质量。

素养目标

　　1. 加强对专业的认知和知识的运用，强调操作的规范性，培养理论联系实际的思想和求实精神、耐心细致的工作作风和严肃认真的工作态度。

　　2. 培养职业道德、职业态度、职业技能、职业行为、职业作风、职业意识等职业素养。

## 任务　食品相对密度的测定

◎ **案例导入**

　　生鲜奶通常也叫生乳，是未经杀菌、均质等工艺处理的原奶的俗称。市场上有少量生鲜奶以散装形式出售，消费者购买后一般需沸饮用。市售的盒装、袋装等预包装的纯乳，与生鲜奶是不同的，它是将生鲜奶经过冷却、原料乳检验、除杂、标准化、均质、杀菌（巴氏杀菌或超高温灭菌）等工艺制成的，是符合国家有关标准要求的产品。

　　食品安全是重大民生问题，责任重于泰山。要坚决贯彻习近平总书记关于食品安全工作的重要论述，加强全过程安全监管，切实维护人民群众的生命安全。为了加强乳品质量安全监督管理，我国制定颁布了《乳品质量安全监督管理条例》和相关法规标准等。乳制品生产过程中使用的原料乳是生鲜奶，乳品企业在收购生鲜奶时均需按照国家标准要求进行合格性检验，不合格的原乳是不允许进入生产环节的。GB 19301—2010《食品安全国家标准 生乳》中规定，生乳的相对密度≥1.027，与其脂肪含量、总乳固体含量有关，脱脂乳的相对密度会升高，掺水乳的相对密度会降低。因此，通过测定生乳的相对密度，可以检验其纯度和浓度，判断生乳的质量。

## ◉ 问题启发

你知道的生乳、乳制品有哪些？如何判定生乳中是否掺杂、变质？如何正确测定生乳的相对密度？

## ◉ 食品安全检测知识

### 一、相对密度

1. 密度

密度是指在一定温度下，单位体积物质的质量，以符号 $\rho$ 表示，其单位为 g/mL。

2. 相对密度

相对密度又称比重，是指一物质的质量与同体积同温度纯水质量的比值，以 $d$ 表示。不同温度下物质的相对密度不同，一般情况下水温为 4 ℃时物质的相对密度最小。

### 二、食品相对密度测定的意义

当液态食品的成分及浓度发生改变时，其相对密度也随之改变。因此，通过测定液态食品的相对密度，可以确定食品的纯度和浓度，进而判断食品的质量。当液态食品中的水分被完全蒸发，干燥至恒重时，所得到的剩余物称为干物质或固形物。液态食品的相对密度与其固形物含量具有一定的数学关系，因此测定液态食品的相对密度，通过换算或查专用的经验表可确定其可溶性固形物或总固形物的含量。

例如，正常牛乳 20 ℃时的相对密度为 1.028 ~ 1.032，当由掺杂、变质等原因引起其组织成分发生异常变化时，会导致相对密度发生变化，掺水牛乳的相对密度会降低，而脱脂乳的相对密度会增高。检查牛乳是否掺水的方法是测试乳清的相对密度，因为乳清的主要成分是含量较恒定的乳糖和矿物质，当乳清的相对密度降至 1.027 以下则有掺杂嫌疑。正常新鲜鸡蛋的相对密度为 1.05 ~ 1.07，可食蛋的相对密度在 1.025 以上，劣质蛋相对密度在 1.025 以下，所以可借助相对密度的测定判断禽蛋的新鲜度。菜籽油的相对密度为 0.911 0 ~ 0.917 5。油脂的相对密度与其脂肪组成有密切关系，不饱和脂肪酸含量越高，脂肪酸不饱和程度越高，脂肪的相对密度越高；游离脂肪酸含量越高，相对密度越低；酸败的油脂的相对密度会升高。在制糖工业中，以溶液的相对密度近似地测定溶液中可溶性固形物含量的方法，得到了普遍的应用。

通过测定食品的相对密度，可以指导生产过程、保证产品质量及鉴别食品组成、确定食品浓度、判断食品的纯净程度及品质，是生产管理和市场管理不可缺少的方便而快捷的监测手段。

### 三、食品相对密度测定的方法

GB 5009.2—2024《食品安全国家标准　食品相对密度的测定》规定了液态食品相对密度的测定方法。密度瓶法和比重计法较常用。

### 四、食品相对密度测定的注意事项

（1）测定时，密度瓶内容物的温度达到 20 ℃后，盖上瓶盖，支管液面必须与标线相切。

（2）测定食品相对密度，液体必须装满密度瓶，并使液体充满毛细管，瓶内不得有气泡。

（3）食品相对密度测定过程中，水浴中的水必须清洁无油污，防止污染瓶外壁。

# 工作任务　密度瓶法测定食品的相对密度

### 一、检测依据

GB 5009.2—2024《食品安全国家标准　食品相对密度的测定》规定，在 20 ℃时分别测定充满同一密度瓶的水及试样的质量，由水的质量可确定密度瓶的容积即试样的体积，根据试样的质量及体积可计算试样的密度，试样密度与水密度比值为试样的相对密度。

食品相对密度
的测定

### 二、任务准备

**仪器**

（1）密度瓶：精密密度瓶 25 mL 或 50 mL（带温度计塞），见图 1-5。

（2）恒温水浴锅。

（3）分析天平：感量 0.1 mg。

### 三、检测程序

密度瓶法测定食品相对密度的检测程序见图 1-6。

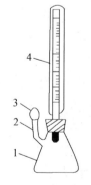

图 1-5　密度瓶

1—密度瓶；2—支管标线；

3—支管上小帽；4—附温度计的瓶盖

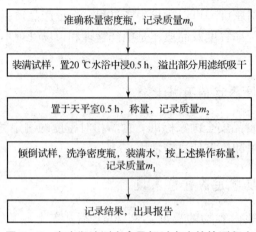

図 1 −6　密度瓶法测定食品相对密度的检测程序

## 四、任务实施

1. 方案制定及准备

通过相关知识学习，解读国标，小组完成检测方案的设计（表 1 −22），并依据方案完成任务准备。

表 1 −22　检测方案设计

| 组长 | | 组员 | |
|---|---|---|---|
| 学习项目 | | 学习时间 | |
| 依据标准 | | | |
| 准备内容 | 仪器和设备<br>（规格、数量） | | |
| | 试剂和耗材<br>（规格、浓度、数量） | | |
| | 样品 | | |
| 任务分工 | 姓名 | 具体工作 | |
| | | | |
| | | | |
| | | | |
| 具体步骤 | | | |

2. 检测过程

根据表 1 −23 实施检测。

表 1-23　检测过程

| 任务 | 具体实施 | | 要求 |
|---|---|---|---|
| | 实施步骤 | 实验记录 | |
| 试样制备 | 取洁净、干燥、恒重、准确称量的密度瓶，待测，记录 $m_0$ | $m_0$：密度瓶的质量，g。<br>$m_0$： | 1. 严格执行实验室管理制度，实验台面整齐，着实验服，仪表整洁。<br>2. 正确使用密度瓶及分析天平 |
| 试样测定 | 将准确称量的密度瓶，装满试样后，置 20 ℃水浴锅中浸 0.5 h，使内容物的温度达到 20 ℃±1 ℃ | $m_2$：密度瓶加液体试样的质量，g。<br>$m_1$：密度瓶加水的质量，g。<br>$m_2$：<br>$m_1$： | 1. 正确使用恒温水浴锅，掌握仪器操作及维护的方法。<br>2. 准确记录内容物的温度。<br>3. 计算结果正确，按照要求进行数据修约。<br>4. 天平室内温度保持 20 ℃±1 ℃。<br>5. 精密度：在重复性条件下获得的两次独立测定结果的绝对差值不得超过算术平均值的 5% |
| | 盖上瓶盖，并用细滤纸条吸去支管标线上的试样，盖好小帽后取出，用滤纸将密度瓶外擦干，置天平室内 0.5 h，称量，记录 $m_2$ | | |
| | 再将试样倾出，洗净密度瓶，装满水，置 20 ℃水浴锅中浸 0.5 h，使内容物的温度达到 20 ℃±1 ℃，盖上瓶盖，并用细滤纸条吸去支管标线上的试样 | | |
| | 盖好小帽后取出，用滤纸将密度瓶外擦干，置天平室内 0.5 h，称量，记录 $m_1$ | | |
| | 根据公式，试样在 20 ℃时的相对密度：$$d = \frac{m_2 - m_0}{m_1 - m_0}$$ | $d$：试样在 20 ℃时的相对密度<br>$d$： | |
| 结束工作 | 实验结束后废弃物及废液应分类收集后，倒入指定容器，统一处置。清理实验台面，清洁恒温水浴锅，洗净密度瓶并做好分析天平检查、使用、维护工作 | | 严格规范操作，团队进行工作总结，养成团队合作意识 |

# 知识拓展　天平法测定食品的相对密度

## 一、检测依据

检测依据为 GB 5009.2—2024《食品安全国家标准　食品相对密度的测定》。20 ℃时，分别测定玻锤在水及试样中的浮力，由于玻锤所排开的水的体积与排开的试样的体积相同，根据玻锤在水中与试样中的浮力可分别计算水和试样的密度，试样密度与水密度的比值为试样的相对密度。

## 二、任务准备

**仪器**

（1）韦氏相对密度天平，见图 1-7。

（2）分析天平：感量为 1 mg。

（3）恒温水浴锅。

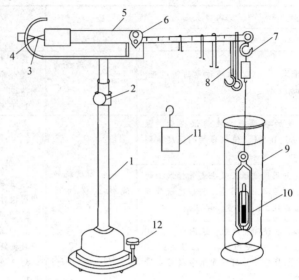

图 1-7　韦氏相对密度天平

1—支架；2—升降调节旋钮；3，4—指针；5—横梁；6—刀口；7—挂钩；
8—游码；9—玻璃圆筒；10—玻锤；11—砝码；12—调零旋钮

## 三、检测过程

根据表 1-24 实施检测。

表 1-24　检测过程

| 任务 | 具体实施 | | 要求 |
|------|----------|----------|------|
| | 实施步骤 | 实验记录 | |
| 试样测定 | 测定时将支架置于平面桌上，横梁架于刀口处，挂钩处挂上砝码，调节升降旋钮至适宜高度，旋转调零旋钮，使两指针吻合 | $P_1$：玻锤浸入水中时游码的读数，g。<br>$P_2$：玻锤浸入试样中时游码的读数，g。<br>$P_1$：_____<br>$P_2$：_____ | 1. 正确使用韦氏相对密度天平，掌握仪器操作及维护的方法。<br>2. 记录正确、完整、美观。<br>3. 计算结果正确，按照要求进行数据修约。<br>4. 放置支架的桌面必须水平。<br>5. 测量过程中液体温度必须恒定在 20 ℃。<br>6. 两次测量玻锤的浸入深度应相同。<br>7. 计算结果表示到韦氏相对密度天平精度的有效数位（精确到 0.001）。<br>8. 精密度：在重复性条件下获得的两次独立测定结果的绝对差值不得超过算术平均值的 5% |
| | 取下砝码，挂上玻锤，在玻璃圆筒内加水至 4/5 处，放入恒温水浴锅，使玻璃圆筒内水温在 20 ℃ ±1 ℃，使玻锤沉于玻璃圆筒内，调节水温至 20 ℃（即玻锤内温度计指示温度），试放四种游码，至横梁上两指针吻合，读数为 $P_1$ | | |
| | 将玻锤取出擦干，加待测试样于干净圆筒中，放入恒温水浴锅，使玻璃圆筒内水温在 20 ℃ ±1 ℃，使玻锤浸入至以前相同的深度，试放四种游码，至横梁上两指针吻合，记录读数为 $P_2$。（注：玻锤放入圆筒内时，勿使碰及圆筒四周及底部） | | |
| | 根据公式，计算试样的相对密度：<br>$$d = \frac{P_2}{P_1}$$ | $d$：试样的相对密度。<br>$d$：_____ | |
| 结束工作 | 实验结束后清理实验台面、清洁恒温水浴锅、洗净玻璃圆筒、归位，做好韦氏相对密度天平的维护 | | 注重培养学生耐心细致的工作作风和严肃认真的工作态度 |

学生完成本项目的学习，通过学生自评、小组互评以检查自己对本任务学习的掌握情况。指导教师在整个教学过程中，关注每个小组的检测过程及小组成员的动手能力，并对小组成员动手能力进行评价，学生对所学的各项任务进行抽签决定考核的内容。将具体的检查与评价填入表 1-25。评价表对应工作任务。

表 1-25  食品相对密度测定的任务实施评价表

| 项目 | 评价标准 | 分值/分 | 学生自评 | 小组互评 | 教师评价 |
|---|---|---|---|---|---|
| 方案设计与准备 | 查阅资料确定检测依据 | 5 | | | |
| | 设计方案并合理分工 | 5 | | | |
| | 方案诊改 | 5 | | | |
| | 仪器清洗及检查 | 5 | | | |
| | 取样 | 5 | | | |
| 试样处理 | 试样处理 | 5 | | | |
| 试样测定 | 密度瓶清洗、烘干至恒重 | 10 | | | |
| | 内容物温度达到 20 ℃ ±1 ℃，恒温 | 10 | | | |
| | 天平室内温度保持 20 ℃ ±1 ℃，恒温 | 10 | | | |
| | 原始数据记录 | 5 | | | |
| | 记录正确、完整 | 5 | | | |
| | 公式正确、计算结果正确，按照要求进行数据修约，精密度符合要求 | 10 | | | |
| | 完成检测报告 | 5 | | | |
| 结束工作 | 结束后倒掉废液、清理台面、洗净用具并归位 | 5 | | | |
| | 规范操作分析天平、恒温水浴锅等，实验结束后正确归位 | 5 | | | |
| | 合理分工，按时完成工作任务 | 5 | | | |

## 学习思考

1. 填空题

（1）食品相对密度检测依据的国家标准为_____。

（2）测定相对密度时，当密度瓶装满试样后，置_____℃水浴中浸_____h，使内容物的温度达到_____℃。

（3）将试样加入密度瓶时，密度瓶内不应有_____。

（4）内容物的温度达到 20 ℃ ±1 ℃后，盖上瓶盖，支管液面必须与_____相切。

（5）测量食品相对密度时，玻锤内温度计指示温度必须恒定在_____℃。

2. 简答题

（1）什么是食品相对密度？

（2）什么是恒重？

（3）简述使用密度瓶时的注意事项。

# 项目 3　水分的测定

**知识目标**

1. 熟悉测定食品中水分含量的意义。
2. 掌握水在食品中的作用及其存在状态。
3. 掌握蒸发、干燥、恒重的概念和知识。
4. 掌握直接干燥法、减压干燥法测定食品中水分含量的原理、适用范围。

**能力目标**

1. 能够正确使用电热恒温干燥箱、分析天平、干燥器、真空干燥箱等仪器。
2. 能够根据食品的性质选择合适的方法测定食品中的水分含量。
3. 能够正确查阅食品检测相关标准，整理分析资料、选用正确检测方法并进行检测方案设计。
4. 能正确进行食品中水分含量的测定，对实验结果进行记录、分析和处理，并编制实验报告。
5. 能够正确处理实验废弃物，建立环保意识，自觉遵守安全操作规程。

**素养目标**

1. 加强对专业的认知和知识运用，培养良好的学习习惯。
2. 强化对主流价值观的认识，提升职业意识、职业习惯等职业素养。
3. 强化操作的规范性，养成严谨的科学态度和精益求精的学习作风。

## 任务　食品中水分的测定

### 案例导入

　　饼干是以谷类粉(和/或豆类、薯类粉)等为主要原料，添加或不添加糖、油脂及其他原料，经调粉(或调浆)、成型、烘烤(或煎烤)等工艺制成的食品，以及熟制前或熟制后在产品之间(或表面、或内部)添加奶油、蛋白、可可、巧克力等的食品。饼干的含水量控制很重要，直接影响其感官性状，成品含水量一般应低于6%，如果水分含量超标就容易促使细菌繁殖，发生氧化，严重缩短产品的实际保质期；在烘烤过程中如内部残留水分过多，饼干冷却后会变软、不松脆，影响口感；若水分、奶、油脂等液体原料过少，会使饼干发脆，导致饼干易碎。另外，水分还可以防止油脂与促进氧化的微量物质的接触，从而产生抑制作用，故饼干吸潮还软后不易变质。

## ◎ 问题启发

分享生活中你对饼干的喜好。饼干中的水分含量为什么是其质量判定的重要指标？如何评价饼干水分含量是否符合要求？食品水分含量对其包装、储存有什么影响？如何测定食品中的水分含量？

## ◎ 食品安全检测知识

### 一、食品中的水分

1. 水分

水分是食品中最重要的成分之一。水在生物体内的分布是不均匀的，在脊椎动物中，肌肉、肝、肾、脑等水分含量为70%~80%，皮肤水分含量为60%~70%，骨骼水分含量为12%~15%，血液水分含量80%以上。在植物中，水分含量不但与部位有关，还与种类、发育状况有关。一般来说，根、茎叶等营养器官水分含量较高，为鲜重的70%~90%，甚至更高，例如，果蔬中的番茄、黄瓜、苹果、梨、葡萄、西瓜、白菜叶、莴苣叶等，其水分含量为鲜重的90%~95%，某些藻类水分含量可达鲜重的98%，但植物的繁殖器官种子水分含量常在12%~15%。食品的水分含量、分布和存在状态对食品的外观、质量、风味、新鲜程度都产生极大的影响。

2. 水分存在的状态

食品中水的存在分别为游离态和结合态两种形式，即游离水和结合水。

(1) 游离水，又称自由水，存在于细胞间隙，具有水的一切物理性质，即100 ℃时沸腾，0 ℃以下结冰，并且易汽化。游离水是食品的主要分散剂，可以溶解糖、酸、无机盐等。在烘干食品时容易汽化，在冷冻食品时会冻结，故可用简单的热力方法除去。游离水会促使腐蚀食品的微生物繁殖和酶起作用，并加速非酶促褐变或脂肪氧化等化学劣变。游离水可分为不可移动水或滞留水、毛细管水和自由流动水三种形式。滞留水是指被组织中的纤维和亚纤维膜所阻留住的水；毛细管水是指在生物组织的细胞间隙和食品的结构组织中通过毛细管力所系留的水；自由流动水主要指动物的血浆、淋巴和尿液及植物导管和液泡内的水等。

(2) 结合水，又称束缚水，与食物材料的细胞壁或原生质或蛋白质等通过氢键结合或以配价键的形式存在，如在食品中与蛋白质活性基团(—OH、—NH、—COOH、—CONH$_2$)和碳水化合物的活性基团(—OH)以氢键相结合而不能自由运动。根据结合的方式又可分为物理结合水和化学结合水。加热时结合水难汽化，具有低温( -40 ℃或更低)下不易结冰和不能作为溶剂的性质。结合水与食品成分之间的结合很牢固，可以稳定食品的活性基团。迄今为止，从食品化学的角度研究食品中水的存在形式的工作仍在继续。水测定时结合水很难去除。

## 二、食品中水分测定的意义

控制食品的水分含量,对于保持食品的品质,维持食品中其他组分的平衡关系,保证食品具有一定的保存期等起着重要的作用。例如,面包的水分含量若低于30%,其外观形态干瘪,失去光泽,新鲜度严重下降;乳粉要求水分含量为3.0%~5.0%,若将水分含量提高,就会造成乳粉结块,则商品价值会降低,含水量提高后乳粉易变色,储藏期也会降低。另外有些食品水分含量过高,组织状态会发生软化,弹性也会降低或者消失。粉状食品水分含量控制在5%以下,可抑制微生物的生长繁殖,延长保存期。食品原料或产品中水分含量的高低,对加工、运输成本核算等也具有重要意义,是工艺过程设计的重要依据之一。

水分含量还是进行其他食品化学成分比较的基础。如某种食品蛋白质含量为40 g/100 g,水分含量为30 g/100 g,另一种食品蛋白质含量为25 g/100 g,水分含量为60 g/100 g,并不能直观地认为前者蛋白质的含量高于后者,应折算成干物质后进行比较。水分含量还是产品品质与价格的决定因素。非加工需要而故意人为“注水”的产品应属伪劣产品范畴。食品中水分含量的测定是食品检测的重要项目之一。

## 三、食品中水分测定的方法

GB 5009.3—2016《食品安全国家标准 食品中水分的测定》规定了食品中水分含量测定的方法。标准中直接干燥法适用于在101~105 ℃下,蔬菜、谷物及其制品、水产品、豆制品、乳制品、肉制品、卤菜制品、粮食(水分含量低于18%)、油料(水分含量低于13%)、淀粉及茶叶类等食品中水分含量的测定,不适用于水分含量小于0.5 g/100 g的样品。减压干燥法适用于高温易分解的样品及水分含量较多的样品(如糖、味精等食品)中水分含量的测定,不适用于添加了其他原料的糖果(如奶糖、软糖等食品)中水分含量的测定,不适用于水分含量小于0.5 g/100 g的样品(糖和味精除外)。蒸馏法适用于油脂、香辛料等水分含量的测定。卡尔·费休法适用于食品中含微量水分的测定,不适用于含有氧化剂、还原剂、碱性氧化物、氢氧化物、碳酸盐、硼酸等食品中水分含量的测定。适用于水分含量大于$1.0 \times 10^{-3}$ g/100 g的样品。

## 四、食品中水分测定的注意事项

(1)在测定水分含量时,必须预防操作过程中所产生的水分损失误差,或尽量将其控制在最低范围内。因此,任何样品都需要尽量缩短其暴露在空气中的时间,并尽可能地减少样品在碾碎过程中产生的摩擦热,否则会影响样品的水分含量,造成不必要的误差。

(2)直接干燥法测定水分含量,称量时前后两次称得的重量之差不超过2 mg即为恒重。恒重时,两次恒重值在最后的计算中,取质量较小的一次称量值。

(3)直接干燥法不能完全排除食品中的结合水,因此直接干燥法不可能测出食品中真正的水分含量。

（4）直接干燥法所用设备和操作简单，时间较长，不适用于胶体、高脂肪高糖食品以及含有较多在高温中易氧化和易挥发物质的食品（糖果、巧克力、油脂、乳粉和脱水蔬菜类等样品的水分含量测定）。

（5）干燥器内一般用硅胶作为干燥剂，硅胶吸潮后会使干燥效果降低。当干燥器中硅胶蓝色减退或变红，说明硅胶已失去吸水作用，应及时更换，或于135 ℃左右烘2~3 h，可使其再生后再使用。

（6）在干燥过程中，一些食品原料可能易形成硬皮或结块，从而造成不稳定或错误的水分含量测量结果。为避免这种情况，可以使用清洁、干燥的海砂和试样一起搅拌均匀，再将试样加热干燥直至恒重。加入海砂的作用是防止食品结块，同时增大受热与蒸发面积，加速水分蒸发，缩短测定时间。

# 工作任务　直接干燥法测定食品中的水分

## 一、检测依据

食品中水分的测定

GB 5009.3—2016《食品安全国家标准　食品中水分的测定》规定，利用食品中水分的物理性质，在101.3 kPa（一个大气压）、101~105 ℃下采用挥发方法测定样品中干燥减失的重量，包括吸湿水、部分结晶水和该条件下挥发的物质，再通过干燥前后的称量数值可计算出水分的含量。

## 二、任务准备

（一）试剂

除非另有说明，本方法所用试剂均为分析纯，水为GB/T 6682规定的三级水。

（1）盐酸溶液（6 mol/L）：量取50 mL盐酸，加水稀释至100 mL。

（2）氢氧化钠溶液（6 mol/L）：称取24 g氢氧化钠，加水溶解并稀释至100 mL。

（3）海砂：取用水洗去泥土的海砂、河砂、石英砂或类似物，先用盐酸溶液（6 mol/L）煮沸0.5 h，用水洗至中性，再用氢氧化钠溶液（6 mol/L）煮沸0.5 h，用水洗至中性，经105 ℃干燥备用。

（二）仪器

（1）扁形铝制或玻璃制称量瓶。

（2）电热恒温干燥箱。

（3）干燥器：内附有效干燥剂。

（4）分析天平：感量为0.1 mg。

## 三、检测程序

直接干燥法测定食品中水分的检测程序见图1-8。

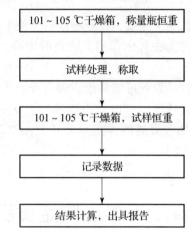

图1-8 直接干燥法测定食品中水分的检测程序

## 四、任务实施

### 1. 方案制定及准备

通过相关知识学习，解读国标，小组完成检测方案的设计（表1-26），并依据方案完成任务准备。

表1-26 检测方案设计

| 组长 | | | 组员 | |
|---|---|---|---|---|
| 学习项目 | | | 学习时间 | |
| 依据标准 | | | | |
| 准备内容 | 仪器和设备<br>（规格、数量） | | | |
| | 试剂和耗材<br>（规格、浓度、数量） | | | |
| | 样品 | | | |
| 任务分工 | 姓名 | | 具体工作 | |
| | | | | |
| | | | | |
| | | | | |
| 具体步骤 | | | | |

## 2. 检测过程

根据表 1-27 实施检测。

表 1-27　检测过程

| 任务 | 具体实施 | | 要求 |
|---|---|---|---|
| | 实施步骤 | 实验记录 | |
| 试样制备 | 固体试样：<br>(1) 取洁净铝制或玻璃制的扁形称量瓶，置于 101~105 ℃干燥箱中，瓶盖斜支于瓶边，加热 1.0 h，取出盖好，置干燥器内冷却 0.5 h，称量，并重复干燥至前后两次质量差不超过 2 mg，即为恒重，记录 $m_3$。<br>(2) 将混合均匀的试样迅速磨细至颗粒小于 2 mm，不易研磨的样品应尽可能切碎，称取 2~10 g 试样（精确至 0.000 1 g），放入称量瓶。试样厚度不超过 5 mm，如为疏松试样，厚度不超过 10 mm，加盖，称量，记录 $m_1$ | $m_1$：称量瓶（加海砂、玻棒）和试样的质量，g。<br>$m_3$：称量瓶的质量，g。<br>$m_1$：_____<br>$m_3$：_____ | 1. 严格执行实验室管理制度，实验台面整齐，着实验服，仪表整洁。<br>2. 正确使用称量瓶、分析天平、电热恒温干燥箱，正确进行分析天平检查、使用、维护和保养。<br>3. 正确规范进行试样处理。固体试样应迅速研磨，以防止水分损失 |
| | 半固体或液体试样：<br>(1) 取洁净的称量瓶，内加 10 g 海砂（实验过程中可根据需要适当增加海砂的质量）及一根小玻棒，置于 101~105 ℃干燥箱中，干燥 1.0 h 后取出，放入干燥器内冷却 0.5 h 后称量，称量，并重复干燥至恒重，记录 $m_3$。<br>(2) 称取 5~10 g 试样（精确至 0.000 1 g），置于称量瓶中，称量，记录 $m_1$ | | |
| 试样测定 | 固体试样：将精密称量后的称量瓶和试样置于 101~105 ℃干燥箱中，瓶盖斜支于瓶边，干燥 2~4 h 后，盖好取出，放入干燥器内冷却 0.5 h 后称量。然后放入 101~105 ℃干燥箱中干燥 1 h 左右，取出，放入干燥器内冷却 0.5 h 后再称量。并重复以上操作至前后两次质量差不超过 2 mg，即为恒重，记录 $m_2$。<br>注：两次恒重值在最后计算中，取质量较小的一次称量值 | $m_2$：称量瓶（加海砂、玻棒）和试样干燥后的质量，g。<br>$m_2$：_____ | 1. 实验数据记录正确、完整、美观。<br>2. 计算结果正确，按照要求进行数据修约。<br>3. 水分含量≥1 g/100 g 时，计算结果保留三位有效数字。<br>4. 水分含量<1 g/100 g 时，计算结果保留两位有效数字。<br>5. 精密度：在重复性条件下获得的两次独立测定结果的绝对差值不得超过算术平均值的 10% |
| | 半固体或液体试样：将精密称量后的称量瓶和试样，用小玻棒搅匀放在沸水浴上蒸干，并随时搅拌，擦去称量瓶瓶底的水滴，置于 101~105 ℃干燥箱中干燥 4 h 后盖好取出，放入干燥器内冷却 0.5 h 后称量。然后再放入 101~105 ℃干燥箱中干燥 1 h 左右，取出，放入干燥器内冷却 0.5 h 后再称量。并重复以上操作至前后两次质量差不超过 2 mg，即为恒重，记录 $m_2$ | | |
| | 根据公式，计算试样中水分的含量：<br>$$X = \frac{m_1 - m_2}{m_2 - m_3} \times 100$$<br>式中：<br>100——单位换算系数 | $X$：试样中水分的含量，g/100 g<br>$X$：_____ | |

| 任务 | 具体实施 | | 要求 |
|---|---|---|---|
| | 实施步骤 | 实验记录 | |
| 结束工作 | 实验结束后废弃物及废液应分类收集后，倒入指定容器，统一处置，清理实验台面，清洁电热恒温干燥箱，洗净称量瓶、干燥器等用具并全部归位 | | 实验组成员做好工作总结，培养团队协作精神 |

# 知识拓展　减压干燥法食品中的水分

## 一、检测依据

GB 5009.3—2016《食品安全国家标准　食品中水分的测定》规定，利用食品中水分的物理性质，在达到 40～53 kPa 压力后加热至 60 ℃±5 ℃，采用减压烘干方法去除试样中的水分，再通过烘干前后的称量数值可计算出水分的含量。

## 二、任务准备

**仪器**
（1）扁形铝制或玻璃制称量瓶。
（2）真空干燥箱。
（3）干燥器：内附有效干燥剂。
（4）分析天平：感量为 0.1 mg。

## 三、检测过程

根据表 1–28 实施检测。

表 1–28　检测过程

| 任务 | 具体实施 | | 要求 |
|---|---|---|---|
| | 实施步骤 | 实验记录 | |
| 试样制备 | 取洁净铝制或玻璃制的扁形称量瓶，置于 101～105 ℃干燥箱中，瓶盖斜支于瓶边，加热 1.0 h，取出盖好，置干燥器内冷却 0.5 h，并重复干燥至前后两次质量差不超过 2 mg，即为恒重，待测，记录 $m_3$<br>粉末和结晶试样直接称取，记录 $m_1$<br>较大块硬糖经研钵研碎，混匀备用，称取 2～10 g（精确至 0.000 1 g）试样，置于称量瓶中，记录 $m_1$ | $m_3$：称量瓶的质量，g<br>$m_1$：称量瓶（加海砂、玻棒）和试样的质量，g<br>$m_1$：——<br>$m_3$：—— | 1. 严格执行实验室管理制度，实验台面整齐，着实验服，仪表整洁。<br>2. 正确使用称量瓶、分析天平、真空干燥箱、干燥器。<br>3. 正确规范进行试样处理 |

| 任务 | 具体实施 | | 要求 |
|---|---|---|---|
| | 实施步骤 | 实验记录 | |
| 试样测定 | 将称量瓶和试样放入真空干燥箱内，将真空干燥箱连接真空泵，抽出真空干燥箱内的空气（所需压力一般为 40~53 kPa），并同时加热至所需温度为 60 ℃ ±5 ℃ | 记录真空干燥箱的温度和压力 | 1. 实验数据记录正确、完整、美观。<br>2. 计算结果正确，按照要求进行数据修约。<br>3. 减压干燥时，自烘箱内部压力降至规定真空度时起计算烘干时间。<br>4. 真空干燥箱内各部位温度要均匀一致，若干燥时间较短，更应严格控制。<br>5. 精密度：在重复性条件下获得的两次独立测定结果的绝对差值不得超过算术平均值的10% |
| | 关闭真空泵上的活塞，停止抽气，使真空干燥箱内保持一定的温度和压力，经 4 h 后，打开活塞，使空气经干燥装置缓缓通入至真空干燥箱内，待压力恢复正常后再打开 | | |
| | 取出称量瓶，放入干燥器中 0.5 h 后称量，并重复以上操作至前后两次质量差不超过 2 mg，即为恒重，记录 $m_2$ | $m_2$：称量瓶和试样干燥后的质量，g。<br>$m_2$：_____ | |
| | 试样水分含量计算同工作任务 | 同工作任务 | |
| 结束工作 | 实验结束后废弃物及废液应分类收集后，倒入指定容器，统一处置，清理实验台面，清洁真空干燥箱、干燥器，做好天平的清洁、检查、维护和保养，洗净称量瓶等用具并全部归位 | | 安全、规范操作并完成工作总结，培养团队协作精神，养成严谨的科学态度 |

## 检查与评价

　　学生完成本项目的学习，通过学生自评、小组互评以检查自己对本任务学习的掌握情况。指导教师在整个教学过程中，关注每个小组的检测过程及小组成员的动手能力，并对小组成员动手能力进行评价，学生对所学的各项任务进行抽签决定考核的内容。将具体的检查与评价填入表 1-29。评价表对应工作任务。

表 1-29　食品中水分测定的任务实施评价表

| 项目 | 考核内容 | 分值/分 | 学生自评 | 小组互评 | 教师评价 |
|---|---|---|---|---|---|
| 方案设计与准备 | 认真负责、一丝不苟进行资料查阅，确定检测依据 | 5 | | | |
| | 协同合作，设计方案并合理分工 | 5 | | | |
| | 相互沟通，完成方案诊改 | 5 | | | |
| | 正确清洗及检查仪器 | 5 | | | |
| | 合理领取药品 | 5 | | | |
| | 正确取样 | 5 | | | |
| 试样制备 | 规范操作清洗、烘干、恒重称量瓶 | 5 | | | |
| | 根据试样类型正确操作，准确称量 | 10 | | | |

| 项目 | 考核内容 | 分值/分 | 学生自评 | 小组互评 | 教师评价 |
|------|---------|---------|---------|---------|---------|
| 试样测定 | 规范操作，准确进行试样干燥、冷却称量至恒重 | 10 | | | |
| | 数据记录正确、完整 | 10 | | | |
| | 正确计算结果，按照要求进行数据修约 | 10 | | | |
| | 规范编制检测报告 | 5 | | | |
| 结束工作 | 结束后倒掉废弃物，清理台面，洗净用具并归位 | 5 | | | |
| | 预热分析天平、电热恒温干燥箱等 | 5 | | | |
| | 规范操作、正确归位 | 5 | | | |
| | 合理分工，按时完成工作任务 | 5 | | | |

## 学习思考

1. 填空题

(1) 食品中水分的存在形式有_____。

(2) 食品中水分的测定(直接干燥法)属于_____分析法。

(3) 减压干燥常用的称量器皿是_____。

(4) 干燥器内常放入的干燥剂是_____。

(5) 干燥法测定食品中水分的前提条件是_____。

2. 简答题

(1) 在干燥过程中加入干燥的海砂的目的是什么？

(2) 水分测定的各种方法的适用范围是什么？

(3) 食品中水分测定的意义是什么？

# 项目4 酸的测定

**知识目标**

1. 了解食品总酸度的概念及测定食品总酸的意义。
2. 掌握食品总酸的国标测定方法、检测方法的原理、检测仪器的使用及注意事项。
3. 掌握酸度计和自动电位滴定仪的使用方法。
4. 掌握氢氧化钠标准溶液的配制和标定方法。

**能力目标**

1. 能够正确查阅食品酸的检测相关标准，并正确选用检测方法。
2. 能够整理分析资料并设计检测方案。
3. 能够对自动电位滴定仪、酸度计等设备进行维护保养。
4. 能够对实验结果进行记录、分析和处理，并编制报告。
5. 能够正确处理实验废弃物，建立环保意识，自觉遵守安全操作规程。

**素养目标**

1. 强化对主流价值观的认识，提高食品岗位的职业素养。
2. 强化操作的规范性，养成严谨的科学态度。
3. 提升自主学习能力，建立标准意识。
4. 培养团队合作精神和不断创新的能力。

## 任务1　食品中总酸的测定

◎ **案例导入**

食醋是我国劳动人民创造发明的传统酸性调味品，据记载起源于周朝，距今已有三千多年的历史。我国食醋的花色品种繁多，著名的有山西陈醋、镇江香醋、福建红曲醋、四川麸醋、上海米醋等，同时围绕着醋产生了许多有意思、有内涵的典故、词语和人生哲思。中国食醋酿造工艺经历了酒糟的再利用、糖化法及目前固态、稀态发酵方法等。其间，手工作坊的加工方式在历史上存在了三千多年之久，对中国醋和醋文化的历史影响重大。1949年以后，中国食醋生产的科学与技术发生了重大改变，取得了巨大发展。今天，中国食醋不仅真正成了中国大众家庭生活的必不可少的调味品，而且具有增进食欲、帮助消化、软化血管等作用，正在逐渐被世界各地所接受。

## ◉ 问题启发

分享生活中对食醋的喜好。食醋的工艺有哪些？如何判断真假食醋？总酸为什么是食醋质量判定的重要指标？如何测定食品中的总酸？

## ◉ 食品安全检测知识

### 一、食品的总酸

食品的总酸是指食品中所有酸性成分的总量。它包括未离解的酸的浓度和已离解的酸的浓度，其大小可借标准碱溶液滴定来测定，总酸度也称可滴定酸度，是果蔬制品、饮料、饮料酒和调味品等产品的重要指标参数。总酸是食醋的品质指标，也是反映其特色的重要特征性指标之一。对酿造食醋来说，酸度越高说明发酵程度越高，食醋的酸味也就越浓，质量也就越好。总酸含量未达标的原因，可能是生产过程工艺控制不严或未按标准执行，产品与标签标注等级不匹配等造成。

### 二、食品中总酸测定的意义

食品中总酸度包括有效酸度和挥发酸度。食品中酸度测定可保证食品的保存期限，酸度低了，食品偏酸，口感不好，有的食品会产生酸败现象；酸度高了，食品容易变质，如牛乳及其制品、番茄制品、啤酒、饮料等，当总酸含量过高时，说明这些制品已经酸败。食品中有机酸影响着食品的色、香、味及稳定性。食品中有机酸的种类和含量是判断其质量好坏的一个重要指标。此外，有机酸的含量和糖含量之比，还可以判断某些果蔬的成熟度。

### 三、食品中总酸测定的方法

GB 12456—2021《食品国家标准 食品中总酸的测定》规定了果蔬制品、饮料、酒类和调味品中总酸的测定方法。标准中酸碱指示剂滴定法适用于果蔬制品、饮料（澄清透明类）、白酒、米酒、白葡萄酒、啤酒和白醋中总酸的测定。pH计电位滴定法适用于果蔬制品、饮料、酒类和调味品中总酸的测定。

### 四、食品中总酸测定的注意事项

（1）碱式滴定管使用前需先检查是否漏液，需要用待装液润洗2~3次，滴定前必须把管内尖端部分的气泡去除。

（2）碱式滴定管读数时，视线、刻度、液面的凹面最低点必须在同一水平线上。

（3）固体试样制备时，需用无二氧化碳的蒸馏水。

（4）食品中的有机酸均为弱酸，在用强碱滴定时，其滴定终点偏碱（一般在 pH 值 8.3 左右），故选用酚酞作终点指示剂。

# 工作任务　酸碱指示剂滴定法测定食品中的总酸

## 一、检测依据

检测依据为 GB 12456—2021《食品安全国家标准　食品中总酸的测定》。根据酸碱中和原理，用碱液滴定试液中的酸，以酚酞为指示剂确定滴定终点，按碱液的消耗量计算食品中的总酸含量。

食品中总酸的
测定

## 二、任务准备

（一）试剂

除非另有说明，本方法所用试剂均为分析纯，水为 GB/T 6682 规定的二级水。

（1）氢氧化钠标准滴定溶液（0.1 mol/L）：吸取 5.6 mL 氢氧化钠饱和溶液，加适量的新煮沸过的冷水至 1 000 mL，摇匀，然后做氢氧化钠标准溶液的标定，或购买经国家认证并授予标准物质证书的标准滴定溶液。

氢氧化钠标准溶液的标定：称取 0.6 g 于 105～110 ℃电烘箱中干燥至恒重的工作基准试剂邻苯二甲酸氢钾，加 50 mL 无二氧化碳的水溶解，加 2 滴酚酞指示液（10 g/L），用配制好的氢氧化钠溶液滴定至溶液呈粉红色，并保持 30 s，同时做空白实验。

（2）氢氧化钠标准滴定溶液（0.01 mol/L）：用移液管吸取 100 mL 0.1 mol/L 氢氧化钠标准滴定溶液，用水稀释至 1 000 mL，现用现配。

（3）氢氧化钠标准滴定溶液（0.05 mol/L）：用移液管吸取 50 mL 0.1 mol/L 氢氧化钠标准滴定溶液，用水稀释至 100 mL，现用现配。

（4）酚酞指示剂（10 g/L）：称取 1 g 酚酞溶于 95% 的乙醇中，并用 95% 的乙醇稀释至 100 mL。

（5）无二氧化碳的蒸馏水：将水煮沸 15 min，逐出二氧化碳，冷却，密闭。

（二）仪器

（1）分析天平：感量为 0.001 g。

（2）碱式滴定管：容量 10 mL 最小刻度为 0.05 mL、容量 25 mL 刻度为 0.1 mL。

（3）水浴锅。

（4）锥形瓶：100 mL、150 mL、250 mL。

（5）移液管：25 mL、50 mL、100 mL。

（6）均质器。

（7）超声波发生器。

（8）研钵。

（9）组织捣碎机。

## 三、检测程序

酸碱指示剂滴定法测定食品中总酸的检测程序，见图1－9。

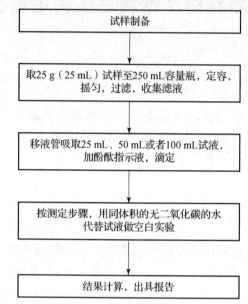

图1－9 酸碱指示剂滴定法测定食品中总酸的检测程序

## 四、任务实施

### 1. 方案制定及准备

通过相关知识学习，解读国标，小组完成检测方案的设计(表1－30)，并依据方案完成任务准备。

表1－30 检测方案设计

| 组长 | | 组员 | |
|---|---|---|---|
| 学习项目 | | 学习时间 | |
| 依据标准 | | | |
| 准备内容 | 仪器和设备<br>（规格、数量） | | |
| | 试剂和耗材<br>（规格、浓度、数量） | | |
| | 样品 | | |

| 任务分工 | 姓名 | 具体工作 |
|---|---|---|
| | | |
| | | |
| | | |
| | | |

| 具体步骤 | |
|---|---|
| | |

2. 检测过程

根据表 1 – 31 实施检测。

表 1 – 31　检测过程

| 任务 | 具体实施 | | 要求 |
|---|---|---|---|
| | 实施步骤 | 实验记录 | |
| 试样制备 | 液体样品：<br>（1）不含二氧化碳的样品：充分混合均匀，置于密闭容器内；<br>（2）含二氧化碳的样品：至少取 200 g 试样（精确到 0.01 g），置于 500 mL 烧杯中，在减压下摇动 3~4 min，以除去二氧化碳 | 样品的名称、采集时间、数量、采样人员等采样信息 | 1. 桌面整洁，着工作服，仪表整洁<br>2. 正确使用吸量管、锥形瓶、量筒等玻璃仪器及分析天平，正确进行分析天平检查、使用、维护。<br>3. 正确、规范使用研钵或组织捣碎机。<br>4. 能正确制备无二氧化碳水 |
| | 固体样品：取有代表性的试样至少 200 g（精确到 0.01 g），置于研钵或组织捣碎机中，加入与试样等量的无二氧化碳水，用研钵或组织捣碎机捣碎，混匀成浆后至于密闭玻璃容器内 | | |
| | 固液混合样品：按样品的固、液比例至少取 200 g（精确到 0.01 g），用研钵或组织捣碎机捣碎，混匀成浆后至于密闭玻璃容器内 | | |
| 待测溶液的制备 | 液体样品：称取 25 g 或用移液管移取 25 mL 试样至 250 mL 容量瓶中，用无二氧化碳的水定容至刻度，摇匀。用快速滤纸过滤，收集滤液，用于测定，记录 $m$ | $m$：称取的试样质量，g 或移取试样的体积，mL。<br>$m$：＿＿＿＿＿ | 1. 正确使用吸量管、容量瓶等玻璃仪器及分析天平，正确进行分析天平检查、使用、维护。<br>2. 正确使用滤纸过滤，收集滤液。<br>3. 准确记录实验数据 |
| | 其他样品：移取 25 g 试样（精确至 0.01 g），置于 150 mL 带有冷凝管的锥形瓶中，加入约 50 mL 80 ℃无二氧化碳的水，混合均匀，置于沸水浴中煮沸 30 min（摇动 2~3 次），使试样中有机酸全部溶解于溶液中），取出，冷却至室温，用无二氧化碳的水定容至 250 mL，用快速滤纸过滤，收集滤液，用于测定，记录 $m$ | | |

| 任务 | 具体实施 | | 要求 |
|------|------|------|------|
| | 实施步骤 | 实验记录 | |
| 试样测定 | 　　根据试样总酸可能的含量，用移液管吸取 25 mL、50 mL 或者 100 mL 试液，置于 250 mL 锥形瓶中，加入 2～4 滴（10 g/L）酚酞指示液，用 0.1 mol/L 氢氧化钠标准滴定溶液（若为白酒等样品，总酸≤4 g/kg，可用 0.01 mol/L 或 0.05 mol/L 氢氧化钠滴定溶液）滴定至微红色 30 s 不褪色，记录 $c$、$V$ | $c$：氢氧化钠标准溶液浓度，mol/L<br>$V$：所用氢氧化钠溶液的体积，mL<br>$V_0$：空白实验所消耗氢氧化钠标准溶液的体积，mL<br>$c$：_____<br>$V$：_____<br>$V_0$：_____ | 　　1. 正确使用碱式滴定管，经过试漏、润洗、装液、排空气和调零等步骤，并能够正确读数。<br>　　2. 待测液加酚酞、滴定过程顺序要明确，要与参比溶液颜色一致，操作正确。<br>　　3. 计算结果正确，按照要求进行数据修约，实验报告科学、严谨。<br>　　4. 计算结果以重复性条件下获得的两次独立测定结果的算术平均值表示，结果保留到小数点后两位。<br>　　5. 精密度：在重复性条件下获得的两次独立测定结果的绝对值不得超过算术平均值的 10% |
| | 　　同时做试剂空白实验：按测定步骤操作，用同体积的无二氧化碳的水代替试液做空白实验，记录 $V_0$ | | |
| | 　　根据公式，计算试样中总酸含量：<br><br>$$X = \frac{\left[ c \times (V_1 - V_2) \right] \times k \times F}{m} \times 1\,000$$<br><br>式中：<br>1 000——单位换算系数；<br>$k$——酸的换算系数：苹果酸，0.067；乙酸，0.060；酒石酸，0.075；柠檬酸，0.064；柠檬酸（含一结晶水），0.070；乳酸，0.090；盐酸，0.036；硫酸，0.049；磷酸，0.049 | $X$：试样的总酸含量，g/kg 或 g/L<br>$F$：试样稀释倍数<br>$X$：_____ | |
| 结束工作 | 　　实验结束后清理实验废液，把实验中所用的玻璃仪器清洗干净，清洗研钵或组织捣碎机其他实验器具，并归还到原位，清理实验台面 | | 　　1. 离开实验室前检查实验室水、电、气等，确保实验室安全。<br>　　2. 团队进行工作总结 |

## 检查与评价

　　学生完成本项目的学习，通过学生自评、小组互评以检查自己对本任务学习的掌握情况。指导教师在整个教学过程中，关注每个小组的检测过程及小组成员的动手能力，并对小组成员动手能力进行评价，学生对所学的各项任务进行抽签决定考核的内容。将具体的检查与评价填入表 1-32。评价表对应工作任务。

表 1-32　食品中总酸测定的任务实施评价表

| 项目 | 评价标准 | 分值/分 | 学生自评 | 小组互评 | 教师评价 |
|------|------|------|------|------|------|
| 方案设计与准备 | 认真负责、一丝不苟进行资料查阅，确定检测依据 | 5 | | | |
| | 协同合作，设计方案并合理分工 | 5 | | | |
| | 相互沟通，完成方案诊改 | 5 | | | |
| | 正确清洗及检查仪器 | 5 | | | |

| 项目 | 评价标准 | 分值/分 | 学生自评 | 小组互评 | 教师评价 |
|---|---|---|---|---|---|
| 方案制定<br>与准备 | 合理领取药品 | 5 | | | |
| | 正确取样 | 5 | | | |
| | 准确进行溶液的配制 | 5 | | | |
| 试样制备 | 准确称取或移取试样 | 10 | | | |
| 试样测定 | 正确选择移液管规格 | 5 | | | |
| | 规范加入指示剂 | 5 | | | |
| | 准确判断滴定终点，正确完成滴定 | 10 | | | |
| | 准确、完整记录实验数据 | 5 | | | |
| | 正确计算结果，按照要求进行数据修约 | 10 | | | |
| | 规范编制检测报告 | 5 | | | |
| 结束工作 | 结束后倒掉废液、清理台面、洗净用具并归位 | 5 | | | |
| | 清洗仪器，正确归位，规范操作 | 5 | | | |
| | 合理分工，按时完成工作任务 | 5 | | | |

## 学习思考

1. 填空题

（1）在测定样品的总酸度时，所使用的蒸馏水不能含有二氧化碳，因为_____制备无二氧化碳的蒸馏水的方法是_____。

（2）用氢氧化钠测定食品中的总酸，选用_____作为指示剂，原因是_____。

（3）用酸度计测定溶液的 pH 值可准确到_____单位。

（4）测食品的总酸度时，测定结果一般以样品中_____酸来表示。

（5）测定含二氧化碳的样品时，至少取 200 g 样品，置于 500 mL 烧杯中，在_____条件下摇动 3~4 min，以除去液体样品中的二氧化碳。

2. 简答题

（1）什么是食品中的总酸？

（2）标准中酸碱指示剂滴定法适用于哪些样品总酸的测定？

（3）为什么说总酸是食醋质量重要的指标？

# 任务2　食品 pH 值的测定

## 案例导入

冷鲜肉，又叫冷却肉、排酸肉、冰鲜肉，准确地说应该叫"冷却排酸肉"，是指严格执行兽医检疫制度，对屠宰后的畜胴体迅速进行冷却处理，使胴体温度(以后腿肉中心为测量点)在24 h内降为0~4 ℃，并在后续加工、流通和销售过程中始终保持0~4 ℃范围内的生鲜肉。因为在加工前经过了预冷排酸，使肉完成了"成熟"的过程，所以冷鲜肉看起来比较湿润，摸起来柔软有弹性，加工起来易入味，口感滑腻鲜嫩，冷鲜肉在-2~5 ℃下可保存7 d。酸度对肉质有一定的影响，新鲜牲畜生前肌肉的pH值为7.1~7.2，屠宰后由于肌肉中代谢过程发生改变，肌糖剧烈分解，乳酸和磷酸逐渐聚集，使肉的pH值下降。如宰后1 h的热鲜肉pH值可降到6.2~6.3，经过24 h后，降至5.6~6.0，此pH值在肉品工业中叫做排酸值，它能一直维持到肉品发生腐败分解前。肉品随着放置时间的延长，肉表面的细菌开始繁殖，细菌沿肌肉表面扩散，肉表面有潮湿、轻微发黏等感官变化。此时，由于肌肉中蛋白质在细菌酶的作用下，被分解为氨和胺类化合物等碱性物质。因而，使肉趋于碱性，pH值显著增高，pH值为6.3~6.6，此时的肉品为次新鲜肉。腐败肉如果由于肉品存放不当，细菌在适当的温度、湿度、酸碱度及其他适宜条件下迅速繁殖，且沿肌肉间向深部蔓延，肌肉组织逐渐分解，脂肪发生酸败，产生氨、硫化氢、乙硫醇、丁酸等腐败成分，散发出臭气，此时肉品已经变质，其pH值在6.7以上。

## ◎ 问题启发

影响肉制品品质的因素有什么？肉制品的新鲜度与其pH值有关系吗？对肉制品进行冷处理的方式对其pH值有什么影响？如何测定肉制品的pH值？

## ◎ 食品安全检测知识

### 一、食品的pH值

pH值是化学溶剂的酸碱度值，用来表示溶液的酸碱度，以判断溶液是酸性、中型还是碱性。pH值是一个被广泛应用的重要化学指标，它能便捷地表示出溶液中浓度的大小及酸碱性的强弱，在食品工业中得到了很广泛的应用。pH值常用表示食品的有效酸度。有效酸度是指样品中呈游离状态的氢离子的浓度(准确地说应该是活度)，用pH计测定。pH值的大小与总酸中酸的性质与数量有关，还与食品中缓冲物的质量与缓冲能力有关。

### 二、食品pH值测定的意义

食品和饮料生产中pH值的变化会严重影响最终产品的口感、新鲜度和保质期。对鲜肉中有效酸度的测定，可以判断肉的品质，如新鲜肉的pH值为5.7~6.2，若pH值大于6.7则说明肉已经变质。食品的pH值对其稳定性和色泽也有一定影响，降低pH值可抑制酶的活性和微生物的生长，当pH值小于2.5时，一般除霉菌外大部分微生物的生长都受到抑制。在水果加工过程中，降低介质的pH值可以抑制水果的酶促褐变，从而保持水果的本色。在奶酪制作过程中，监测pH值既能够提高产量，又可以增强奶酪的特色风味。

## 三、食品 pH 值测定的方法

GB 5009.237—2016《食品安全国家标准 食品 pH 值的测定》规定了肉及肉制品、水产品中牡蛎(蚝、海蛎子)及罐头食品 pH 值的测定方法。标准中 pH 计法适用于肉及肉制品中均质化产品的 pH 值测试，以及屠宰后的畜体、胴体和瘦肉的 pH 值非破坏性测试、水产品中牡蛎(蚝、海蛎子)pH 值的测定和罐头食品 pH 值的测定。

## 四、食品 pH 测定的注意事项

(1) pH 计使用之前需用校正，测定过程中注意缓冲溶液的温度。

(2) pH 计复合电极测定后需要仔细清洗，需用饱和氯化钾溶液浸泡。

(3) 使用 pH 计测定 pH 值前，应选择两种 pH 值约相差 3 个单位的标准缓冲液，并使试液的 pH 值处于二者之间。

(4) pH 值标准缓冲液一般可保持 2~3 个月，若发现有浑浊、发霉或沉淀等现象，则不能继续使用。

(5) 使用 pH 计每次更换标准缓冲液，应用水充分洗涤电极，然后将水吸尽，也可用所换的标准缓冲液洗涤。

# 工作任务　pH 计法测定食品 pH 值

## 一、检测依据

检测依据为 GB 5009.237—2016《食品安全国家标准　食品 pH 值的测定》。利用玻璃电极作为指示电极，甘汞电极或银－氯化银电极作为参比电极，当试样或试样溶液中氢离子浓度发生变化时，指示电极和参比电极之间的电动势也随着发生变化而产生直流电势(即电位差)，通过前置放大器输入 A/D 转换器，以达到 pH 值测量的目的。

食品 pH 值的
测定

## 二、任务准备

### (一)试剂

除非另有说明，本方法所用试剂均为分析纯，水为 GB/T 6682 规定的三级水。用于配制缓冲溶液的水应新煮沸，或用不含二氧化碳的氮气排除了二氧化碳。

(1) pH3.57 的缓冲溶液(20 ℃)：酒石酸氢钾在 25 ℃配制的饱和水溶液，此溶液的 pH 值在 25 ℃时为 3.56，而在 30 ℃时为 3.55。或使用经国家认证并授予标准物质证书的标准溶液。

（2）pH4.00 的缓冲溶液（20 ℃）：于 110～130 ℃将邻苯二甲酸氢钾干燥至恒重，并于干燥器内冷却至室温。称取邻苯二甲酸氢钾 10.211 g（精确到 0.001 g），加入 800 mL 水溶解，用水定容至 1 000 mL。此溶液的 pH 值在 0～10 ℃时为 4.00，在 30 ℃时为 4.01。或使用经国家认证并授予标准物质证书的标准溶液。

（3）pH5.00 的缓冲溶液（20 ℃）：将柠檬酸氢二钠配制成 0.1 mol/L 的溶液即可，或使用经国家认证并授予标准物质证书的标准溶液。

（4）pH5.45 的缓冲溶液（20 ℃）：称取 7.010 g（精确到 0.001 g）一水柠檬酸，加入 500 mL 水溶解，加入 375 mL 1.0 mol/L 氢氧化钠溶液，用水定容至 1 000 mL。此溶液的 pH 值在 10 ℃时为 5.42，在 30 ℃时为 5.48。或使用经国家认证并授予标准物质证书的标准溶液。

（5）pH6.88 的缓冲溶液（20 ℃）：于 110～130 ℃将无水磷酸二氢钾和无水磷酸氢二钠干燥至恒重，于干燥器内冷却至室温。称取磷酸二氢钾 3.402 g（精确到 0.001 g）和磷酸氢二钠 3.549 g（精确到 0.001 g），溶于水中，用水定容至 1 000 mL。此溶液的 pH 值在 0 ℃时为 6.98，在 10 ℃时为 6.92，在 30 ℃时为 6.85。或使用经国家认证并授予标准物质证书的标准溶液。

以上缓冲液一般可保存 2～3 月，但发现有浑浊、发霉或沉淀等现象，不能继续使用。

（6）氢氧化钠溶液（1.0 mol/L）：称取 40 g 氢氧化钠，溶于水中，用水稀释至 1 000 mL。或使用经国家认证并授予标准物质证书的标准溶液。

（7）氯化钾溶液（0.1 mol/L）：称取 7.5 g 氯化钾于 1 000 mL 容量瓶中，加水溶解，用水稀释至刻度（若待测试样处在僵硬前的状态，需加入已用氢氧化钠溶液调节 pH 值至 7.0 的 925 mg/L 碘乙酸溶液，以阻止糖酵解）。或使用经国家认证并授予标准物质证书的标准溶液。

（二）仪器

（1）机械设备：用于试样的均质化，包括高速旋转的切割机，或多孔板的孔径不超过 4 mm 的绞肉机。

（2）pH 计：准确度为 0.01。仪器应有温度补偿系统，若无温度补偿系统，应在 20 ℃以下使用，并能防止外界感应电流的影响。

（3）复合电极：由玻璃指示电极和 Ag/AgCl 或 $Hg/Hg_2Cl_2$ 参比电极组装而成。

（4）均质器：转速可达 20 000 r/min。

（5）磁力搅拌器。

三、检测程序

pH 计法测定食品中 pH 值的检测程序见图 1－10。

四、任务实施

1. 方案制定及准备

通过相关知识学习，解读国标，小组完成检测方案的设计（表 1－33），并依据方案完成任务准备。

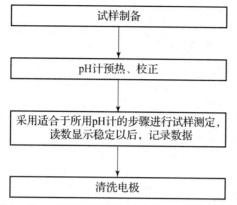

图 1-10 pH 计法测定食品中 pH 值的检测程序

表 1-33 检测方案设计

| 组长 | | 组员 | |
|---|---|---|---|
| 学习项目 | | 学习时间 | |
| 依据标准 | | | |
| 准备内容 | 仪器和设备<br>（规格、数量） | | |
| | 试剂和耗材<br>（规格、浓度、数量） | | |
| | 样品 | | |
| 任务分工 | 姓名 | 具体工作 | |
| | | | |
| | | | |
| | | | |
| 具体步骤 | | | |

2. 检测过程

根据表 1-34 实施检测。

**表 1 - 34　检测过程**

| 任务 | 具体实施 | | 要求 |
|---|---|---|---|
| | 实施步骤 | 实验记录 | |
| 试样制备 | 肉与肉制品：<br>（1）取样：鲜肉取样时，取3～5份胴体或同规格的分割肉上取若干小块混为一份试样，每份样品500～1 500 g；成堆冻肉取样时，在对方空间的四角和中间设采样点，每点分上中下三层取若干小块混为一份试样，每份试样500～1 500 g；包装冻肉随机取3～5包，总量不少于1 000 g；每件500 g以上的肉制品随机从3～5上取若干小块混合，共500～1 500 g；每件500 g以上的肉制品随机取3～5件混合，总量不少于1 000 g。实验室所收到的样品要具有代表性且在运输和储藏过程中没受损或发生变化，取有代表性的试样且根据实际情况使用1～2个不同水的梯度进行溶解。<br>（2）非均质化的试样：在试样中选取有代表性的pH值测试点，进行处理。<br>（3）均质化的试样：使用机械设备将试样均质。注意避免试样的温度超过25 ℃。若使用绞肉机，试样至少通过该仪器两次，将试样装入密封的容器里，防止变质和成分变化。试样应尽快进行分析，均质化后最迟不超过24 h | 样品的名称、采集时间、数量、采样人员等采样信息。<br>记录对水产品中牡蛎（蚝、海蛎子）制备时样品称取量 | 1. 桌面整齐，着工作服，仪表整洁。<br>2. 按要求进行取样，确定所取试样有代表性且不受损。<br>3. 正确对试样进行均质化处理，控制温度。<br>4. 正确规范完成取样并进行试样处理 |
| | 水产品中牡蛎（蚝、海蛎子）：称取 10 g（精确到0.01 g）绞碎试样，加新煮沸后冷却的水至100 mL，摇匀，浸渍30 min后过滤或离心，取约50 mL滤液于100 mL烧杯中 | | |
| | 罐头食品：液态制品混匀备用，固相和液相分开的制品则取混匀的液相部分备用。稠厚或半稠厚制品及难以从中分出汁液的制品，如糖浆、果酱、果（菜）类、果冻等，取一部分试样在混合机或研钵中研磨，如果得到的试样仍太稠厚，加入等量的刚煮沸过的水，混匀备用 | | |
| 试样测定 | pH计的校正：用两个已知精确pH值的缓冲溶液（尽可能接近待测溶液的pH值），在测定温度下用磁力搅拌器搅拌的同时校正pH计。若pH计不带温度补偿系统，应保证缓冲溶液的温度在20 ℃±2 ℃范围内 | pH 值：酸度计所显示的度数 | 1. 正确使用 pH 计，掌握 pH 计的校正方法。<br>2. 正确使用碱式滴定管，经过试漏、润洗、装液、排空气和调零等步骤，并能够正确读数。 |
| | 肉及肉制品样品的测定：<br>（1）在均质化试样中，加入10倍于待测试样质量的氯化钾溶液，用均质器进行均质。<br>（2）均质化试样的测定：取一定量能够浸没或埋置电极的试样，将电极插入试样中，将pH计的温度补偿系统调至试样温度。若pH计不带温度补偿系统，应保证待测试样的温度在20 ℃±2 ℃范围内。采用适合于所用pH计的步骤进行测定，读数显示稳定以后，直接读数，准确至0.01。同一个制备试样至少要进行两次测定 | | |

| 任务 | 具体实施 | | 要求 |
|---|---|---|---|
| | 实施步骤 | 实验记录 | |
| 试样测定 | （3）非均质化试样的测定：用小刀或大头针在试样上打一个孔，以免复合电极破损。将 pH 计的温度补偿系统调至试样的温度。若 pH 计不带温度补偿系统，应保证待测试样的温度在 20 ℃±2 ℃范围内。采用适合于所用 pH 计的步骤进行测定，读数显示稳定以后，直接读数，准确至 0.01。鲜肉通常保存于 0~5 ℃，测定时需要用带温度补偿系统的 pH 计。在同一点重复测定。必要时可在试样的不同点重复测定，测定点的数目随试样的性质和大小而定。同一个制备试样至少要进行两次测定<br><br>罐头制品及水产品中牡蛎：将 pH 计的温度补偿系统调至试样的温度。若 pH 计不带温度补偿系统，应保证待测试样的温度在 20 ℃±2 ℃范围内。采用适合于所用 pH 计的步骤进行测定，读数显示稳定以后，直接读数，准确至 0.01<br><br>电极的清洗：用脱脂棉先后蘸取乙醚和乙醇擦拭电极，最后用水冲洗按生产商要求保存电极<br><br>分析结果表述：<br>（1）非均质化试样：在同一试样上同一点的测定，取两次测定的算术平均值作为结果，pH 值读数准确至 0.05。在同一试样不同点的测定，描述所有的测定点及各自的 pH 值。<br>（2）均质化试样：直接读数，结果精确至 0.05 | pH 计读数：<br>———— | 3. 待测液加水、滴定、加甲醛、再滴定过程顺序要明确，操作正确。<br>4. 记录正确、完整、美观。<br>5. 计算结果正确，按照要求进行数据修约。<br>6. 精密度：在重复性条件下获得的两次独立测定结果的绝对差值不得超过 0.1 pH 值 |
| 结束工作 | 结束后倒掉废液、清理台面、洗净用具并归位。用脱脂棉先后蘸乙醚和乙醇擦拭电极，最后用水冲洗并按生产商的要求保存电极 | | 1. 实验室安全操作。<br>2. 正确放置 pH 计和 pH 复合电极。<br>3. 团队进行工作总结 |

## 检查与评价

学生完成本项目的学习，通过学生自评、小组互评以检查自己对本任务学习的掌握情况。指导教师在整个教学过程中，关注每个小组的检测过程及小组成员的动手能力，并对小组成员动手能力进行评价，学生对所学的各项任务进行抽签决定考核的内容。将具体的检查与评价填入表 1-35。评价表对应工作任务。

表 1-35　食品中 pH 值测定的任务实施评价表

| 项目 | 考核内容 | 分值 | 学生自评 | 小组互评 | 教师评价 |
|---|---|---|---|---|---|
| 方案设计与准备 | 认知负责、一丝不苟进行资料查阅，确定检测依据 | 5 | | | |
| | 协同合作，设计方案并合理分工 | 5 | | | |

| 项目 | 考核内容 | 分值 | 学生自评 | 小组互评 | 教师评价 |
|---|---|---|---|---|---|
| 方案设计与准备 | 相互沟通，完成方案诊改 | 5 | | | |
| | 正确清洗及检查仪器 | 5 | | | |
| | 合理领取药品 | 5 | | | |
| | 正确取样 | 5 | | | |
| | 准确进行溶液的配制 | 5 | | | |
| 试样制备 | 正确完成试样处理 | 5 | | | |
| 试样测定 | 按照说明书预热 pH 计 | 10 | | | |
| | 正确校正 pH 计 | 10 | | | |
| | 规范完成试样测定并读数 | 10 | | | |
| | 正确、完整记录实验数据 | 5 | | | |
| | 正确计算结果，按照要求进行数据修约 | 5 | | | |
| | 规范编制检测报告 | 5 | | | |
| 结束工作 | 结束后倒掉废液、清理台面、洗净用具并归位 | 5 | | | |
| | 按生产商的要求保存电极。规范操作 | 5 | | | |
| | 合理分工，按时完成工作任务 | 5 | | | |

## 学习思考

1. 填空题

（1）酸度计在测定样品之前需要_____。

（2）pH 值是表示溶液中_____的一种方法，是水溶液中氢离子浓度（活度）的常用对数的负值，即_____。

（3）pH 值标准缓冲液一般可保持_____月，若发现有浑浊、发霉或沉淀等现象时，则不能继续使用。

（4）用脱脂棉先后蘸_____和_____擦拭电极，最后用水冲洗并按生产商的要求保存电极。

（5）肉及肉制品样品的测定时，在均质化试样中，加入_____倍于待测试样质量的_____溶液，用均质器进行均质。

2. 简答题

（1）什么是食品的有效酸度？

（2）测定鲜肉的有效酸度有何意义？

（3）pH 计的复合电极是由什么构成的？

# 任务3 食品中酸价的测定

## ◎ 案例导入

食者民之本，民者国之本，油脂与人类的生存息息相关，上古时代我们的祖先通过狩猎捕获动物将油脂分离，实现了"钻燧取火，以化腥臊"；此后在经历了农业时代的农作物栽培及动物饲养，以及工业时代水压机的发明，油脂的提取一直停留在手工作法，直到20世纪螺旋压榨机的发明与离心机相结合才正式跨越到油脂工业化。现阶段的油脂加工可以做到物尽其用，但在可持续发展的现实下仍然面临着环境污染、高温加热及多氯联苯的使用等导致食用油中毒的事件。随着油脂化学结构和油脂营养研究的进展，各种易消化、低热量、高稳定性的油脂和改善流变学特性及脂质代谢的机能性油脂的开发和利用日渐活跃，为古老而年轻的油脂工业谱写新的篇章。目前市场上的食用油品种很多，其加工方法也很多，但无论用什么方法生产，毛油必须经过精炼油，达到国家食用油的新标准(一级、二级、三级和四级油)才可用于烹调各种食物。由于从油脂原料预处理、榨取或浸出制备的毛油，进一步经过一系列复杂的物理和化学过程才能把油脂中除甘油三酸酯以外的所有杂质从油脂中分离出来，从而得到更纯净、更健康的食用油脂。因此，成品油的质量安全受很多因素影响，其中酸价就是一个衡量油脂质量的重要指标。

## ◎ 问题启发

你知道的油脂的种类吗？如何分辨油脂的质量，你知道哪些方法？酸价为什么是衡量油脂质量的重要指标？如何测定食品中酸价？

## ◎ 食品安全检测知识

### 一、酸价

酸价(或称中和值、酸值、酸度)表示中和1 g化学物质所需的氢氧化钾(KOH)的毫克数。酸价是脂肪中游离脂肪酸含量的标志，脂肪在长期保藏过程中，由于微生物、酶和热的作用发生缓慢水解，产生游离脂肪酸。脂肪的质量与其中游离脂肪酸的含量有关。

### 二、食品中酸价测定的意义

油脂酸价的大小与制取油脂的原料、油脂制取与加工的工艺、油脂的储运方法与储运条件等有关。酸价主要反映食品中的油脂酸败的程度，是油脂品质下降，油脂陈旧的指标。油脂在生产、储存运输过程中，如果密封不严、接触空气、光线照射及微生物及酶等作用，会导致酸价升高，超过卫生标准。严重时会产生臭气和异味，俗称"哈喇味"。一般情况下，酸价略有升高不会对人体的健康产生损害，但如发生严重的变质，所产生的醛、酮、酸会破坏脂溶性维生素，并可能对人体的健康产生不利影响。

为了保障油脂的品质和食用安全，GB 2716—2018 对食用植物油酸价有一个统一的最高限量标准，即食用植物油成品油的酸价小于或等于 3 mg/g。在国家其他标准中实行质量分级管理。酸价作为食用油及相关产品的必检项目，也是市场监督管理局抽检食用油类产品的重要指标。

## 三、食品中酸价测定的方法

GB 5009. 229—2016《食品安全国家标准　食品中酸价的测定》规定了各类食品中酸价测定的三种方法。冷溶剂指示剂滴定法适用于常温下能够被冷溶剂完全溶解成澄清溶液的食用油脂样品，适用范围包括食用植物油(辣椒油除外)、食用动物油、食用氢化油、起酥油、人造奶油、植脂奶油植物油料共计 7 类。冷溶剂自动电位滴定法适用于常温下能够被冷溶剂完全溶解成澄清溶液的食用油脂样品和含油食品中提取的油脂样品，适用范围包括食用植物油(包括辣椒油)、食用动物油、食用氢化油、起酥油、人造奶油、植脂奶油、植物油料、油炸小食品、膨化食品、烘炒食品、坚果食品、糕点、面包、饼干、油炸方便面、坚果与籽类的酱、动物性水产干制品、腌腊肉制品、添加食用油的辣椒酱共计 19 类。热乙醇指示剂滴定法适用于常温下不能被冷溶剂完全溶解成澄清溶液的食用油脂样品，适用范围包括食用植物油、食用动物油、食用氢化油、起酥油、人造奶油、植脂奶油共计 6 类。

## 四、食品中酸价测定的注意事项

(1) 测定酸价的试样应为液态、澄清、无沉淀并充分混匀。

(2) 若油脂中水分含量较多，应进行脱水干燥处理。具体方法为：对于无结晶或凝固现象的油脂，以及经过除杂处理并冷却至室温后无结晶或凝固现象的油脂，可按每 10 g 油脂加入 1~2 g 的比例加入无水硫酸钠，并充分搅拌混合吸附脱水，然后用滤纸过滤，取过滤后的澄清液体油脂作为试样。

若油脂样品中的水分含量较高，可先将油脂样品用离心机以 8 000~10 000 r/min 的转速离心 10~20 min，分层后，取上层的油脂样品再用无水硫酸钠吸附脱水。

(3) 若油脂样品不澄清或有沉淀，应进行除杂处理。具体方法为：将油脂置于 50 ℃的水浴或恒温干燥箱内，将油脂的温度加热至 50 ℃并充分振摇以熔化可能的油脂结晶。若此时油脂样品变为澄清、无沉淀，则可作为试样，否则应将油脂置于 50 ℃的恒温干燥箱内，用滤纸过滤不溶性的杂质，取过滤后的澄清液体油脂作为试样，过滤过程应尽快完成。

若油脂样品中的杂质含量较高，且颗粒细小难以过滤干净，可先将油脂样品用离心机以 8 000~10 000 r/min 的转速离心 10~20 min，沉淀杂质。

(4) 测定试样酸价时，试样称量质量应满足实验要求。

(5) 对于深色泽的油脂样品可用百里香酚酞指示剂或碱性蓝 6B 指示剂取代酚酞指示剂。

（6）滴定时，当颜色变为蓝色时为百里香酚酞的滴定终点，碱性蓝 6B 指示剂的滴定终点为由蓝色变红色。

（7）冷溶剂指示剂法测定米糠油（稻米油）的酸价只能用碱性蓝 6B 指示剂。

（8）样品的粉碎

①普通粉碎，先将样品切割或分割小片或小块，再将其放入食品粉碎机中粉碎成粉末，并通过圆孔筛（若粉碎后样品粉末无法完全通过圆孔筛，可用研钵进一步研磨研细再过筛）。取筛下物进行油脂的提取。

②普通捣碎，先将样品切割或分割小片或小块，再将其放入研钵中，然后不断研磨，使样品充分的捣碎、捣烂和混合。也可使用食品捣碎机将样品捣碎、捣烂和混合。对于花生酱、芝麻酱、辣椒酱等流动性样品，直接搅拌并充分混匀即可。

③冷冻粉碎，先将样品剪切成小块、小片或小粒，然后放入研钵中，加入适量的液氮，趁冷冻状态进行初步的捣烂并充分混匀。趁未解冻，将捣烂的样品倒入组织捣碎机的不锈钢捣碎杯中，此时可再向捣碎杯中加入少量的液氮，然后以 10 000 ~ 15 000 r/min 的转速进行冷冻粉碎，将样品粉碎至大部分粒径不大于 4 mm 的颗粒。

④含有调味油包的预包装食品的粉碎，先按照①~③相应的粉碎技术，将预包装食品中含油的、非调味油包的食用部分粉碎，然后依据预包装食品原始最小包装单位中的比例，将调味油包中的油脂同粉碎的含油食用部分一起充分混合。

# 工作任务　冷溶剂指示剂滴定法测定食品中的酸价

## 一、检测依据

检测依据为 GB 5009.229—2016《食品安全国家标准　食品中酸价的测定》。用有机溶剂将油脂试样溶解成样品溶液，再用氢氧化钾或氢氧化钠标准滴定溶液中和滴定样品溶液中的游离脂肪酸，以指示剂相应的颜色变化来判定滴定终点，最后通过滴定终点消耗的标准滴定溶液的体积计算油脂试样的酸价。

食品中酸价的
测定

## 二、任务准备

（一）试剂

除非另有说明，本方法所用试剂均为分析纯，水为 GB/T 6682 规定的三级水。

（1）氢氧化钾或氢氧化钠标准滴定水溶液，浓度为 0.1 mol/L 或 0.5 mol/L，按照 GB/T 601—2016 要求配制和标定，也可购买市售商品化试剂。

（2）乙醚 - 异丙醇混合液：乙醚 + 异丙醇 = 1 + 1 500 mL 的乙醚与 500 mL 的异丙醇充分互溶混合，用时现配。

（3）酚酞指示剂：称取 1 g 的酚酞，加入 100 mL 的 95% 乙醇并搅拌至完全溶解。

（4）百里香酚酞指示剂：称取 2 g 的百里香酚酞，加入 100 mL 的 95% 乙醇并搅拌至完全溶解。

（5）碱性蓝 6B 指示剂：称取 2 g 的碱性蓝 6B，加入 100 mL 的 95% 乙醇并搅拌至完全溶解。

（6）无水硫酸钠：在 105～110 ℃ 条件下充分烘干，然后装入密闭容器冷却并保存。

（7）无水乙醚。

（8）石油醚：30～60 ℃ 沸程。

（二）仪器

（1）10 mL 微量滴定管：最小刻度为 0.05 mL。

（2）分析天平：感量 0.001 g。

（3）恒温水浴锅。

（4）恒温干燥箱。

（5）离心机：最高转速不低于 8 000 r/min。

（6）旋转蒸发仪。

（7）索氏脂肪提取装置。

（8）植物油料粉碎机或研磨机。

## 三、检测程序

冷溶剂指示剂滴定法测定食品中酸价的检测程序见图 1-11。

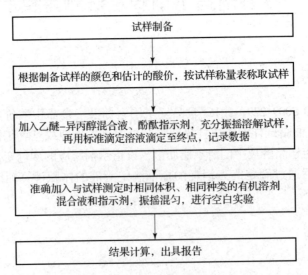

图 1-11　冷溶剂指示剂滴定法测定食品中酸价的检测程序

## 四、任务实施

1. 方案制定及准备

通过相关知识学习，解读国标，小组完成检测方案的设计（表 1-36），并依据方案完成任务准备。

表 1-36　检测方案设计

| 组长 | | | 组员 | |
|---|---|---|---|---|
| 学习项目 | | | 学习时间 | |
| 依据标准 | | | | |
| 准备内容 | 仪器和设备<br>（规格、数量） | | | |
| | 试剂和耗材<br>（规格、浓度、数量） | | | |
| | 样品 | | | |
| 任务分工 | 姓名 | | 具体工作 | |
| | | | | |
| | | | | |
| | | | | |
| 具体步骤 | | | | |

2. 检测过程

根据表 1-37 实施检测。

表 1-37　检测过程

| 任务 | 具体实施 | | 要求 |
|---|---|---|---|
| | 实施步骤 | 实验记录 | |
| 试样制备 | 食用油脂试样：若食用油脂样品常温下呈液态，且为澄清液体，则充分混匀后直接取样，否则应进行除杂和脱水干燥处理；若食用油脂样品常温下为固态，则称取固态油脂样品。置于比其熔点高 10 ℃左右的水浴或恒温干燥箱内，加热，完全熔化固态油脂试样。若熔化后的油脂试样完全澄清，则可混匀后直接取样，若溶化后的样品浑浊或有沉淀，则应进行除杂和脱水干燥处理；若样品为经乳化加工的食用油脂，则应加入试样体积 5~10 倍的石油醚，搅拌至样品完全溶解于石油醚中，充分静置并分层后，取上层有机相提取液，置于水浴温度不高于 45 ℃的旋转蒸发仪内，0.08~0.1 MPa 负压条件下，将其中的石油醚彻底旋转蒸干，取残留的液体油脂作为试样 | 样品的名称、采集时间、数量、采样人员等采样信息 | 1. 桌面整齐，着工作服，仪表整洁。<br>2. 正确使用水浴锅及旋转蒸发仪。 |

| 任务 | 具体实施 | | 要求 |
|------|----------|--|------|
| | 实施步骤 | 实验记录 | |
| 试样制备 | 植物油料试样：先用粉碎机或研磨机把植物油料粉碎成均匀的细颗粒，脆性较高的植物油料（如大豆、葵花籽、棉籽、油菜籽等）应粉碎至粒径为 0.8~3 mm 甚至更小的细颗粒，而脆性较低的植物油料（如椰干、棕榈仁等）应粉碎至粒径不大于 6 mm 的颗粒。取粉碎的植物油料细颗粒装入索氏脂肪提取装置中，再加入适量的提取溶剂（无水乙醚或石油醚），加热并回流提取 4 h。最后收集并合并所有的提取液于一个烧瓶中，置于水浴温度不高于 45 ℃ 的旋转蒸发仪内，0.08~0.1 MPa 负压条件下，将其中的溶剂彻底旋转蒸干，取残留的液体油脂作为试样进行酸价测定。若残留的液态油脂浑浊、乳化、分层和有沉淀，应进行除杂和脱水干燥的处理 | 样品的名称、采集时间、数量、采样人员等采样信息 | 3. 正确规范完成取样并进行试样处理 |
| 试样测定 | 试样称量：根据制备试样的颜色和估计的酸价，按照表 1-38 称量试样。试样称样量和滴定液浓度应使滴定用量为 0.2~10 mL（扣除空白）。若检测后，发现试样的实际称样量与该样品酸价所对应的应有称样量不符，应按照要求，调整称样量后重新检测，记录 $m$ | $m$：试样质量，g $m$：_____ | 1. 根据试样正确选择测定方法。 2. 正确使用碱式滴定管，经过试漏、润洗、装液、排空气和调零等步骤，并能够正确读数。 3. 试样测定过程顺序要明确，规范操作，按规定时间进行。 4. 准确与参比液进行比对，准确判定滴定终点。 5. 记录正确、完整、美观。 6. 计算结果正确，按照要求进行数据修约。 7. 酸价≤1 mg/g，计算结果保留两位小数；1 mg/g<酸价≤100 mg/g，计算结果保留一位小数；酸价>100 mg/g，计算结果保留至整数位 |
| | 试样测定：取一个干净的 250 mL 的锥形瓶，按照试样称量的要求用天平称取制备的油脂试样。加入乙醚-异丙醇混合液 50~100 mL 和 3~4 滴的酚酞指示剂，充分振摇溶解试样。再用装有氢氧化钠或氢氧化钾标准滴定溶液的刻度滴定管对试样溶液进行手工滴定，当试样溶液初现微红色，且 15 s 内无明显褪色时，为滴定的终点，记录 $c$、$V$。 注：对于深色泽的油脂样品，可用百里香酚酞指示剂或碱性蓝 6B 指示剂取代酚酞指示剂，滴定时，当颜色变为蓝色时为百里香酚酞的滴定终点，碱性蓝 6B 指示剂的滴定终点为由蓝色变红色。米糠油（稻米油）的冷溶剂指示剂法测定酸价只能用碱性蓝 6B 指示剂 | $c$：标准滴定溶液的浓度（mol/L） $V$：滴定所消耗的标准滴定溶液的毫升数，mL $c$：_____ $V$：_____ | |
| | 空白滴定：另取一个干净的 250 mL 的锥形瓶，准确加入与试样测定时相同体积、相同种类的有机溶剂混合液和指示剂，振摇混匀。然后再用装有氢氧化钠或氢氧化钾标准滴定溶液的刻度滴定管进行手工滴定，当溶液初现微红色，且 15 s 内无明显褪色时，为滴定的终点，记录 $V_0$ | $V_0$：滴定所消耗的标准滴定溶液的毫升数，mL | |

| 任务 | 具体实施 | | 要求 |
|------|------|------|------|
| | 实施步骤 | 实验记录 | |
| 试样测定 | 注：对于冷溶剂指示剂滴定法，也可配制好的试样溶解液中滴加数滴指示剂，然后用标准滴定溶液滴定试样溶解液至相应的颜色变化且15 s内无明显褪色后停止滴定，表明试样溶解液的酸性正好被中和。然后以这种酸性被中和的试样溶解液溶解油脂试样，再用同样的方法继续滴定试样溶液至相应的颜色变化且15 s内无明显褪色后停止滴定，记录此滴定所消耗的标准溶液的毫升数，为V，无须进行空白实验，即 $V_0 = 0$ | $V_0$：_____ | 8. 精密度：酸价小于1 mg/g时，在重复性条件下获得的两次独立测定结果的绝对差值不得超过算术平均值的15%；当酸价大于或等于1 mg/g时，在重复性条件下获得的两次独立测定结果的绝对差值不得超过算术平均值的12% |
| | 根据公式，计算试样酸价(又称酸值)：$$X_{AV} = \frac{(V - V_0) \times c \times 56.1}{m}$$ 式中：56.1——氢氧化钾的摩尔质量，g/mol | $X_{AV}$：酸价，mg/g $X_{AV}$：_____ | |
| 结束工作 | 实验结束后倒掉废液，清理台面，洗净用具并归位 | | 1. 实验结束后检查实验室水、电等设施，确保实验室安全。 2. 团队进行工作总结 |

**表 1-38　试样称量表**

| 估计的酸价/(mg/g) | 试样的最小称样量/g | 使用滴定液的浓度/(mol/L) | 试样称重的精确度/g |
|------|------|------|------|
| 0~1 | 20 | 0.1 | 0.05 |
| 1~4 | 10 | 0.1 | 0.02 |
| 4~15 | 2.5 | 0.1 | 0.01 |
| 15~75 | 0.5~3.0 | 0.1 或 0.5 | 0.001 |
| >75 | 0.2~1.0 | 0.5 | 0.001 |

# 知识拓展　冷溶剂自动电位滴定法测定食品中酸价

## 一、检测依据

检测依据为 GB 5009.229—2016《食品安全国家标准　食品中酸价的测定》。从食品样品中提取出油脂(纯油脂试样可直接取样)作为试样，用有机溶剂将油脂试样溶解成样品溶液，再用氢氧化钾或氢氧化钠标准滴定溶液中和滴定样品溶液中的游离脂肪酸，同时测定滴定过程中样品溶液 pH 值的变化并绘制相应的 pH - 滴定体积实时变化曲线及其一阶微分曲线，以游离脂肪酸发生中和反应所引起的"pH 突跃"为依据判定滴定终点，最后通过滴定终点消耗的标准溶液的体积计算油脂试样的酸价。

## 二、任务准备

### （一）试剂

除非另有说明，本方法所用试剂均为分析纯，水为 GB/T 6682 规定的三级水。

（1）液氮：纯度大于 99.99%。

（2）中速定性滤纸。

### （二）仪器

（1）自动电位滴定仪：具备自动 pH 电极校正功能、动态滴定模式功能；由微机控制，能实时自动检测和记录滴定时的 pH – 滴定体积实时变化曲线及相应的一阶微分曲线；滴定精度应达 0.01 mL/滴，电信量精度达到 0.1 mV；配备 20 mL 的滴定液加液管；滴定管的出口处配备防扩散头。

（2）非水相酸酸碱滴定专用复合电极：采用 Ag/AgCl 内参比电极，具有移动套管式隔膜和电磁屏能。内参比液为 2 mol/L 氯化锂乙醇溶液。

（3）磁力搅拌器：配备聚四氟乙烯磁力搅拌子。

（4）食品粉碎机或捣碎机。

（5）全不锈钢组织捣碎机：配备 1~2 L 的全不锈钢组织捣碎杯，转速至少达 10 000 r/min。

（6）瓷研钵。

（7）圆孔筛：孔径为 2.5 mm。

## 三、检测过程

根据表 1 –39 实施检测。

表 1 –39　检测过程

| 任务 | 具体实施 | | 要求 |
| --- | --- | --- | --- |
| | 实施步骤 | 实验记录 | |
| 试样制备 | 食用油脂试样：同工作任务 | 样品的名称、采集时间、数量、采样人员等采样信息 | 1. 桌面整齐，着工作服，仪表整洁 |
| | 植物油料试样：同工作任务 | | |
| | 含油食品试样：<br>（1）样品不同部分的分离和去除：对于含有馅料和涂层的食品（如某些种类的面包、糕点、饼干等），先应将馅料和涂层与食品的其他可食用部分分离，分别进行油脂试样的制备。若馅料和涂层仅由食用油脂组成，则按照方法一进行试样的制备，其他种类的馅料、涂层和食品的其他含油可食用部分按照（2）和（3）的要求进行试样的制备，且样品中不含油的部分（如水果、果浆、糖类等）和不可食用的部分（如壳、骨头等）应去除。若含有少量的涂层或馅料，只要其不影响对样品的粉碎和有机溶剂对油脂的提取，可以不做分离处理，一同与食品进行粉碎和油脂提取。 | | |

| 任务 | 具体实施 | | 要求 |
|------|---------|---------|------|
| | 实施步骤 | 实验记录 | |
| 试样制备 | (2) 试样的粉碎:根据样品的硬度的大小,选择合适的方法进行粉碎。一般对于硬度较小的样品(如油炸食品、膨化食品、面包、糕点等)按照普通粉碎的要求粉碎;对于松软或有一定流动性的样品(如馅料、花生酱、芝麻酱等)按照普通捣碎的要求粉碎;对于硬度较大的样品(如动物性水产干制品、腌腊肉制品等)按照冷冻粉碎的要求粉碎;对于含有调味油包的预包装食品(如油炸方便面等)按照含有调味油包的预包装食品的粉碎要求粉碎。<br>(3) 油脂试样的提取、净化和合并:取粉碎的试样(其中油脂的含量能够满足表1的要求),加入试样体积3~5倍体积的石油醚,并用磁力搅拌器充分搅拌30~60 min,使试样充分分散于石油醚中,然后在常温下静置浸提12 h以上。再用滤纸过滤,收集并合并滤液于一个烧瓶内,置于水浴温度不高于45 ℃的旋转蒸发仪内,0.08~0.1 MPa负压条件下,将其中的石油醚彻底旋转蒸干,取残留的液体油脂作为试样进行酸价测定。若残留的液态油脂浑浊、乳化、分层或有沉淀,应进行除杂和脱水干燥的处理。对于经过(1)的分离而分别提取获得的食品不同部分的油脂试样,最后按照原始单个单位食品或包装的组成比例,将从食品不同部分提取的油脂试样合并为该食品样品酸价检测的油脂试样 | 样品的名称、采集时间、数量、采样人员等采样信息 | 2. 正确使用水浴锅及旋转蒸发仪。<br>3. 正确规范完成取样并进行试样处理 |
| 试样测定 | 试样称量:同工作任务<br><br>试样测定:取一个干净的200 mL的锥形瓶,按照样品称量的要求用天平称取制备的油脂试样,记录 $m$。准确加入乙醚–异丙醇混合液50~100 mL,再加入1颗干净的聚四氟乙烯磁力搅拌子,将此烧杯放在磁力搅拌器上,以适当的转速搅拌至少20 s,使油脂试样完全溶解并形成试样溶液,维持搅拌状态。然后,将已连接在自动电位滴定仪上的电极和滴定管插入样品溶液中,注意应将电极的玻璃泡和滴定管的防扩散头完全浸没在试样溶液的液面以下,但又不可与烧杯壁、烧杯底和旋转的搅拌子触碰,同时打开电极上部的密封塞。启动自动电位滴定仪,用标准溶液进行滴定,测定时电位滴定仪的参数条件如下:<br>(1) 滴定速度:启用动态滴定模式控制;<br>(2) 最小加液体积:0.01~0.06 mL/滴(空白实验:0.01~0.03 mL/滴);<br>(3) 最大加液体积:0.1~0.5 mL(空白实验:0.01~0.03 mL);<br>(4) 信号漂移:20~30 mV; | $m$:试样质量,g<br>$c$:标准滴定溶液的浓度,mol/L<br>$V$:滴定所消耗的标准滴定溶液的毫升数,mL<br>$V_0$:滴定所消耗的标准滴定溶液的毫升数,mL | 1. 正确选择测定方法。<br>2. 正确使用碱式滴定管,经过试漏、润洗、装液、排空气和调零等步骤,并能够正确读数。<br>3. 样品测定过程顺序要明确,规范操作,按规定时间进行。<br>4. 准确与参比液进行比对,准确判定滴定终点。<br>5. 记录正确、完整、美观;<br>6. 计算结果正确,按照要求进行数据修约。 |

| 任务 | 具体实施 | | 要求 |
|------|---------|---|------|
| | 实施步骤 | 实验记录 | |
| 试样测定 | (5)启动实时自动监控功能,由微机实时自动绘制相应的pH-滴定体积实时变化曲线及对应的一阶微分曲线。<br><br>注:每个样品滴定结束后,电极和滴定管应用溶剂冲洗干净,再用适量的蒸馏水冲洗后方可进行下一个试样的测定;搅拌子先后用溶剂和蒸馏水清洗干净并用纸巾拭干后方可重复使用 | $m$: _____<br>$c$: _____<br>$V$: _____<br>$V_0$: _____ | 7. 计算结果保留两位有效数字。<br><br>8. 精密度:在重复性条件下获得的两次独立测定结果的绝对差值不得超过算术平均值的10% |
| | 空白滴定:另取一个干净的200 mL的锥形瓶,准确加入与试样测定时相同体积、相同种类的有机溶剂混合液,按照试样测定进行实验,获得空白测定的消耗标准溶液的毫升数,记录 $V_0$ | | |
| | 分析结果表述:同工作任务 | 同工作任务 | |
| 结束工作 | 实验结束后倒掉废液、清理台面、洗净用具并归位 | | 1. 实验结束后检查实验室水、电等设施,确保实验室安全。<br>2. 团队进行工作总结 |

## 检查与评价

学生完成本项目的学习,通过学生自评、小组互评以检查自己对本任务学习的掌握情况。指导教师在整个教学过程中,关注每个小组的检测过程及小组成员的动手能力,并对小组成员动手能力进行评价,学生对所学的各项任务进行抽签决定考核的内容。将具体的检查与评价填入表1-40。评价表对应工作任务。

表1-40 食品中酸价测定的任务实施评价表

| 项目 | 评价标准 | 分值/分 | 学生自评 | 小组互评 | 教师评价 |
|------|---------|---------|---------|---------|---------|
| 方案设计与准备 | 认真负责、一丝不苟进行资料查阅,确定检测依据 | 5 | | | |
| | 协同合作,设计方案并合理分工 | 5 | | | |
| | 相互沟通,完成方案诊改 | 5 | | | |
| | 正确清洗及检查仪器 | 5 | | | |
| | 合理领取药品 | 5 | | | |
| | 正确取样 | 5 | | | |
| | 准确进行溶液的配制 | 5 | | | |
| 试样处理 | 准确判断样品是否可以直接测定 | 5 | | | |
| | 正确按要求进行脱水干燥、除杂处理 | 5 | | | |
| | 正确判断称样量是否合适 | 5 | | | |

| 项目 | 评价标准 | 分值/分 | 学生自评 | 小组互评 | 教师评价 |
|------|----------|---------|----------|----------|----------|
| 试样测定 | 正确加入有机溶剂及指示剂 | 10 | | | |
| | 准确判定终点，完成滴定 | 10 | | | |
| | 准确、完整记录实验数据 | 5 | | | |
| | 正确计算结果，按照要求进行数据修约 | 5 | | | |
| | 规范编制检测报告 | 5 | | | |
| 结束工作 | 结束后倒掉废液、清理台面、洗净用具并归位 | 5 | | | |
| | 清洗仪器，正确归位。文明操作 | 5 | | | |
| | 合理分工，按时完成工作任务 | 5 | | | |

## ◉ 学习思考

1. 填空题

(1) 酸价测定的依据是_____。

(2) 酸价(或称中和值、酸值、酸度)表示中和 1 g 化学物质所需的_____的毫克数。

(3) 关于称样量，若预估的酸价为 0.5 mg/g，则试样的最小称样量为_____，使用标准滴定溶液的浓度为_____，试样称重的精确度为_____。

(4) 关于指示剂，若样品是深色油脂，则使用_____指示剂；若样品为浅色油脂，则使用_____指示剂。

(5) 酸价测定过程中，加入乙醚－异丙醇混合液的作用是_____。

2. 简答题

(1) 对油脂进行酸价测定时，什么样的试样不可以直接测定？

(2) 如何对样品进行脱水干燥？

(3) 对于深色泽的油脂样品，冷溶剂滴定法测定酸价时使用什么指示剂？

# 项目 5　碳水化合物的测定

## 知识目标

1. 熟悉碳水化合物的分类、性质。
2. 了解食品中碳水化合物测定常用的方法及测定意义。
3. 掌握食品中还原糖的操作标准、意义、原理、方法及注意事项。
4. 掌握总糖测定、淀粉测定的方法。

## 能力目标

1. 能够正确查阅相关资料，整理分析资料并设计测定方案。
2. 能够根据样品性质，选择适合的处理方法。
3. 能够根据测定需要，正确选用检测方法。
4. 能够根据实验结果对产品进行正确分析。
5. 能够遵守实验操作规程，正确处理试剂。

## 素养目标

1. 通过自主学习、合作探究、展示交流，具备独立测定能力。
2. 培养自我学习能力和认真勤奋的学习态度。
3. 工作过程中能够坚守岗位，提升吃苦耐劳的劳动精神。
4. 增强专业自豪感，提高职业素养。

## 任务 1　食品中总糖的测定

### 案例导入

中国文化中最重要的概念其实就是两个字——平衡，民以食为天，饮食对我们非常重要，饮食也要讲求平衡。《中国居民膳食指南（2022）》准则四推荐控制添加糖摄入量每天不超过 50 g，最好控制在 25 g 以下。碳水化合物摄入不足会影响蛋白质和脂肪的代谢，会造成生长发育迟缓，体重轻，容易疲劳、头晕等。如果谷类食物摄入不足还会造成 B 族维生素的缺乏；如果膳食纤维缺乏会引起胃肠道构造的损害和功能障碍，增加肥胖、糖尿病、高脂血症、动脉硬化及癌症等疾病的发病率。

## 问题启发

　　碳水化合物是人体必需的营养吗？日常生活中哪些食品中含大量的碳水化合物？减肥就是不吃主食吗？糖在一日三餐中重要吗？糖在食品中的作用是什么？糖都对人体有害吗？如何测定食品中的总糖？

## 食品安全检测知识

### 一、碳水化合物

#### 1. 碳水化合物的概念

　　糖类化合物是由碳、氢和氧三种元素组成，自然界存在最多、具有广谱化学结构和生物功能的有机化合物，可用通式 $C_x(H_2O)_y$ 来表示。由于它所含的氢氧比例为 2∶1，和水一样，故称为碳水化合物。它可以为人体提供热能。食物中的碳水化合物分成两类：人可以吸收利用的有效碳水化合物和人不能消化的无效碳水化合物。碳水化合物是一切生物体维持生命活动所需能量的主要来源。它不仅是营养物质，而且有些还具有特殊的生理活性。

#### 2. 分类

　　根据糖类聚合程度的不同，将糖类分为单糖、双糖、多糖三大类，其中单糖是最简单的碳水化合物，不能再水解成更小单位，易溶于水，可直接被人体吸收利用。双糖是由两个单糖分子组成的糖类化合物，常见的有蔗糖、乳糖、麦芽糖；多糖又称多聚糖，是由许多单糖分子结合而成的高分子化合物，聚合度大于10。一般无甜味，不溶于水。

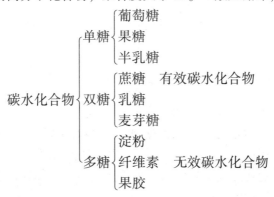

#### 3. 总糖

　　营养学中的"总糖"是指能够被人体吸收、消化及利用的糖类物质的总和，包括单糖、低聚糖和淀粉。在食品生产中常规分析项目"总糖"中，一般指具有还原性的糖（葡萄糖、果糖、乳糖等）和在测定条件下能水解成为还原糖的低聚糖（蔗糖等）的总和，不包括淀粉。

## 二、食品中总糖测定的意义

作为食品生产中的常规分析项目，总糖反映的是食品中可溶性单糖和低聚糖的总量，总糖的含量对产品的感官质量、组织形态、营养价值、成本等有一定影响。实际食品加工中，可以根据食品中总糖的含量来评价其质量、营养及风味，因此许多食品如麦乳精、糕点、果蔬罐头、饮料等的质量指标中总糖都是重要的检测指标，通过准确测定其含量对食品的营养以及食品工艺有着重要意义。

## 三、食品中总糖测定的方法

GB/T 20977—2007《糕点通则》中使用斐林氏容量法对食品总糖进行测定。

## 四、食品中总糖测定的注意事项

（1）斐林溶液要分别配制、分别存放，甲液应避光储存于棕色瓶中，乙液应至少放置2 d后使用。

（2）总糖测定过程中，还原糖与酒石酸钾钠铜作用较缓慢，须在加热条件下进行，并严格控制时间。

（3）滴定过程中，不可离开热源，要保持液面微沸，让蒸汽上升，阻止空气进入。

（4）测定总糖用的指示剂亚甲蓝有氧化性，不能过早加入。

（5）待还原糖完全与酒石酸钾钠铜反应后，过量的一滴才会与指示剂反应，所以，当指示剂蓝色褪去时，表明全部的酒石酸钾钠铜已完全反应。在计算时，指示剂消耗的还原糖已被考虑在误差范围内。

# 工作任务　斐林氏容量法测定食品中的总糖

## 一、检测依据

检测依据为 GB/T 20977—2007《糕点通则》。斐林溶液甲、乙液混合时，生成的酒石酸钾钠铜被还原性的单糖还原，生成红色的氧化亚铜沉淀。达到终点时，稍微过量的还原性单糖将蓝色的次甲基蓝染色体还原为无色的隐色体而显出氧化亚铜的鲜红色。

食品中总糖的
测定

## 二、任务准备

（一）试剂

除非另有说明，本方法所用试剂均为分析纯，水为 GB/T 6682 规定的三级水。

（1）斐林溶液甲液：称取69.3 g 化学纯硫酸铜（$CuSO_4 \cdot 5H_2O$），溶于蒸馏水中并稀释到 1 000 mL。

（2）斐林溶液乙液：称取 346 g 化学纯酒石酸钾钠及 100 g 氢氧化钠，溶于蒸馏水中，并稀释到 1 000 mL，储存于具橡皮塞的玻璃瓶中。

（3）20% 氢氧化钠溶液：称取 20 g 氢氧化钠，加水溶解并稀释至 100 mL。

（4）6 mol/L 盐酸溶液：取 250 mL 浓盐酸（35%～38%），用蒸馏水稀释到 500 mL。

（5）1% 亚甲蓝指示剂：称取 1 g 次甲基蓝，用 100 mL 蒸馏水溶解。

（6）葡萄糖溶液：在天平上精确称取经烘干冷却的分析纯葡萄糖 0.4 g，用蒸馏水溶解并转入 250 mL 容量瓶中，加水至刻度，摇匀备用。

（二）仪器

（1）锥形瓶：150 mL、250 mL。

（2）容量瓶：250 mL。

（3）糖滴管：25 mL。

（4）烧杯：100 mL。

（5）离心机：0～4 000 r/min。

（6）分析天平：感量为 0.001 g，最大量程为 200 g。

（7）可调温电炉。

## 三、检测程序

斐林氏容量法测定食品中总糖的检测程序，见图 1－12。

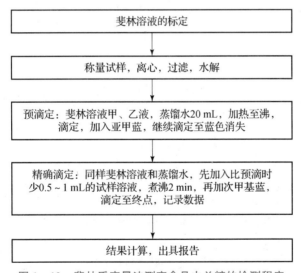

图 1－12　斐林氏容量法测定食品中总糖的检测程序

## 四、任务实施

### 1. 方案制定及准备

通过相关知识学习，解读国标，小组完成检测方案的设计（表 1－41），并依据方案完成任务准备。

表 1-41　检测方案设计

| 组长 | | | 组员 | |
|---|---|---|---|---|
| 学习项目 | | | 学习时间 | |
| 依据标准 | | | | |
| 准备内容 | 仪器和设备<br>（规格、数量） | | | |
| | 试剂和耗材<br>（规格、浓度、数量） | | | |
| | 样品 | | | |
| 任务分工 | 姓名 | | 具体工作 | |
| | | | | |
| | | | | |
| | | | | |
| 具体步骤 | | | | |

## 2. 检测过程

根据表 1-42 实施检测。

表 1-42　检测过程

| 任务 | 具体实施 | | 要求 |
|---|---|---|---|
| | 实施步骤 | 实验记录 | |
| 斐林溶液标定 | 预标定：准确取斐林溶液甲、乙液各 2.5 mL，放入 150 mL 锥形瓶中，加蒸馏水 20 mL，置电炉上加热至沸腾，用配好的葡萄糖溶液滴定至溶液变红色时，加入 1 滴亚甲蓝指示剂，继续滴定至蓝色消失显鲜红色为终点 | $V_0$：滴定时消耗葡萄糖溶液的体积，mL<br>$m_0$：葡萄糖的质量，g<br>$A$：5 mL 斐林溶液甲、乙液相当于葡萄糖的克数<br>$m_0$：_____<br>$V_0$：_____<br>$A$：_____ | 1. 桌面整齐，着工作服，仪表整洁。<br>2. 能选择适当的仪器量取试剂。<br>3. 能够在沸腾状态下，准确滴定。<br>4. 能够按要求控制好温度和时间。<br>5. 根据颜色变化准确判断滴定终点。<br>6. 准确记录实验数据 |
| | 精确标定：先加入比预滴时少 0.5~1 mL 的葡萄糖溶液，置电炉上煮沸 2 min，再加 1 滴亚甲蓝指示剂，继续用葡萄糖溶液滴定至终点，记录 $V_0$ | | |
| | 根据公式，计算：<br>$$A = \frac{m_0 V_0}{250}$$<br>式中：<br>250——葡萄糖溶液的体积，mL | | |

| 任务 | 具体实施 | | 要求 |
|---|---|---|---|
| | 实施步骤 | 实验记录 | |
| 试样处理 | 在天平上准确称取试样1.5~2.5 g，放入100 mL烧杯中，用50 mL蒸馏水浸泡30 min（浸泡时多次搅拌），记录m。转入离心试管，用20 mL蒸馏水冲洗烧杯，洗液一并转入离心试管中。将其置离心机上以3 000 r/min离心10 min，上清液经快速滤纸滤入250 mL锥形瓶，用30 mL蒸馏水冲洗原烧杯2~3次，再转入离心试管搅洗样渣。再以3 000 r/min离心10 min，上清液经滤纸滤入250 mL锥形瓶。浸泡后的试样溶液也可直接用快速滤纸过滤（必要时加沉淀剂） | $m$：试样质量，g<br>$m$：_____ | 1. 规范使用分析天平，正确进行分析天平的检查与维护。<br>2. 掌握水浸分离提取法。<br>3. 能够正确过滤试样。<br>4. 酸水解过程中能够准确将试样处理液调至中性 |
| | 在滤液中加盐酸10 mL，置70 ℃水浴中水解10 min。取出迅速冷却后加1滴酚酞指示剂，用20%氢氧化钠溶液中和至溶液呈微红色，转入250 mL容量瓶，加水至刻度，摇匀备用 | | |
| 试样测定 | 预滴定：准确取斐林溶液甲、乙液各2.5 mL，放入150 mL锥形瓶中，加蒸馏水20 mL，置电炉上加热至沸，用水解好的试样溶液滴定至溶液变红色时，加入1滴亚甲蓝指示剂，继续滴定至蓝色消失显鲜红色为终点 | $V$：试样滴定时消耗试样溶液的体积，mL<br>$V$：_____ | 1. 正确使用酸式滴定管，经过试漏、润洗、装液、排空气和调零等步骤，并能够正确读数。<br>2. 两次滴定的预先加入体积要明确，操作要正确。<br>3. 滴定过程中要严格控制时间，减少误差。<br>4. 记录正确、完整、美观。<br>5. 计算结果正确，按照要求进行数据修约。<br>6. 平行测定2个结果间的差数不得大于0.4% |
| | 精确滴定：准确取斐林溶液甲、乙液各2.5 mL，放入150 mL锥形瓶中，加蒸馏水20 mL，先加入比预滴时少0.5~1 mL的试样溶液，置电炉上煮沸2min，再加1滴亚甲蓝指示剂，继续用试样溶液滴定至终点，记录V | | |
| | 根据公式，计算试样中总糖含量按式：<br>$$X = \frac{A}{m \times \dfrac{V}{250}} \times 100$$<br>式中：<br>250——样品稀释后体积；<br>100——换算系数 | $X$：样品中总糖含量，以转化糖计%<br>$X$：_____ | |
| 结束工作 | 结束后倒掉废液，清理台面，洗净用具并归位 | | 1. 实验室安全操作。<br>2. 团队进行工作总结 |

⊙ **检查与评价**

  学生完成本项目的学习，通过学生自评、小组互评以检查自己对本任务学习的掌握情况。指导教师在整个教学过程中，关注每个小组的检测过程及小组成员的动手能力，并对小组成员动手能力进行评价，学生对所学的各项任务进行抽签决定考核的内容。将具体的检查与评价填入表1-43。评价表对应工作任务。

| 项目 | 评价标准 | 分值 | 学生自评 | 小组互评 | 教师评价 |
|------|---------|------|---------|---------|---------|
| 方案设计与准备 | 认真负责、一丝不苟进行资料查阅，确定检测依据 | 5 | | | |
| | 协同合作，设计方案并合理分工 | 5 | | | |
| | 相互沟通，完成方案诊改 | 5 | | | |
| | 正确清洗及检查仪器 | 5 | | | |
| | 合理领取药品 | 5 | | | |
| | 正确取样 | 5 | | | |
| | 准确进行溶液的配制 | 5 | | | |
| 标定斐林溶液 | 准确移取斐林溶液 | 5 | | | |
| | 准确判断滴定终点 | 5 | | | |
| | 准确进行计算 | 5 | | | |
| 试样处理 | 规范使用离心机 | 5 | | | |
| | 正确进行试样水解 | 5 | | | |
| 试样测定 | 规范加入样液及试剂 | 5 | | | |
| | 准确控制时间及加热温度，正确完成滴定 | 5 | | | |
| | 准确、完整记录实验数据 | 5 | | | |
| | 正确计算结果，按照要求进行数据修约 | 5 | | | |
| | 规范编制检测报告 | 5 | | | |
| 结束工作 | 结束后倒掉废液，清理台面，洗净用具并归位 | 5 | | | |
| | 正确维护离心机等仪器，规范操作 | 5 | | | |
| | 合理分工，按时完成 | 5 | | | |

## 学习思考

1. 填空题

（1）碳水化合物是由_____、_____和_____三种元素组成，自然界存在最多、具有广谱化学结构和生物功能的有机化合物。

（2）糖类分为_____、_____、_____三大类。

（3）营养学中的"总糖"是指能够被_____、_____的糖类物质的总和，包括单糖、低聚糖和淀粉。

（4）还原糖与酒石酸钾钠铜作用较缓慢，须在_____条件下进行，并严格控制时间。

（5）测定总糖用的指示剂次甲基蓝有_____性，不能_____加入。

2. 简答题

（1）斐林溶液配制及存放有哪些注意事项？

（2）样品测定时预滴的结果是否可以用于结果计算？

（3）简述样品测定过程中滴定终点的颜色变化。

# 任务2　食品中还原糖的测定

## ◎ 案例导入

粽子糖作为最早的中式糖果之一，是我国古代劳动人民智慧的结晶，其采用蔗糖配之玫瑰花、饴糖、松子仁制成。其形状如三角形粽子，故取名为粽子糖。粽子糖坚硬透明，有光泽，可以清晰地看到玫瑰花、松子仁均匀地散布在糖体内，犹如美丽的水晶石，食之甘润，芬芳、可口，有松仁和玫瑰的清香味道。因受气候影响，夏季不宜生产。糖果是糖果糕点的一种，指以糖类为主要成分的小吃。可分为硬质糖果、硬质夹心糖果、乳脂糖果、凝胶糖果、抛光糖果、胶基糖果、充气糖果和压片糖果等。在糖果制品中，还原糖是检测糖果质量的重要指标之一，当还原糖的含量偏高时，糖果很容易吸潮，发霉变质，不易储存；当还原糖含量过低时，糖果很容易失水，使产品发硬。

## ◎ 问题启发

糖果中常见的还原糖有哪些？糖果中的还原糖越多越好吗？其他食品中也有还原糖吗？我们是否有必要准确测定糖果中还原糖的含量？如何测定食品中的还原糖？

## ◎ 食品安全检测知识

### 一、还原糖

含有醛基或酮基的糖，在碱性条件下可转变成非常活泼的烯二醇结构，具有一定的还原性，可被弱氧化剂氧化成相应的糖酸，这类糖称为还原糖。单糖均是还原糖，双糖中的乳糖、麦芽糖也具有还原性。一般情况下，单糖的还原能力主要来自它的醛基，如葡萄糖，而多糖则大多因为半缩醛羟基的存在。

食品中还原糖常用的测定方法有直接滴定法、高锰酸钾滴定法和比色法等。

### 二、食品中还原糖测定的意义

还原糖具有抗结晶性，具有较强的吸水性和提高蔗糖溶液溶解度的特性。硬质糖果中若还原糖含量过高，糖体便会吸水，糖表面容易发黏、浑浊，甚至出现溶化等现象，失去原有的光泽和固有的清晰外形，这种现象称为"发烊"。发烊的产品，一旦受外界空气骤然干燥的影响，一部分被糖果吸收的水分又重新失去，糖果的水分在空气扩散的过程中，使糖果表面原来开始溶化的糖分又发生结晶而析出，在表面形成一层白色砂层，发砂的过程由表面及里反复进行，直到糖果粒全部返砂为止。

还原糖不达标还会影响产品本身的风味，影响糖果的质量。

## 三、食品中还原糖测定的方法

GB 5009.7—2016《食品安全国家标准 食品中还原糖的测定》中直接滴定法和高锰酸钾滴定法适用于各种食品中还原糖含量的测定，铁氰化钾法适用于小麦粉中还原糖含量的测定。奥氏试剂滴定法适用于糖菜块根中还原糖含量的测定。

## 四、食品中还原糖测定的注意事项

（1）直接滴定法是目前最常用的测定食品中还原糖的方法，其特点是试剂用量少，操作简单、快速，滴定终点明显，适用于各类食品中还原糖的测定。测定深色试样（如酱油、深色果汁等）时，因色素干扰，终点难以判断，影响准确性。另外因碱性酒石酸铜的氧化能力较强，可将醛糖和酮糖都氧化，所以该法测得的是总还原糖量，包括葡萄糖、果糖、乳糖、麦芽糖等，只是结果用葡萄糖或其他转化糖的方式表示。

（2）碱性酒石酸铜甲液和乙液应分别配制和储存，临用时混合。否则酒石酸钾钠铜络合物长期在碱性条件下会慢慢分解析出氧化亚铜沉淀，使试剂有效浓度降低。在碱性酒石酸铜乙液中加入亚铁氰化钾，是为了使所生成的 $Cu_2O$ 红色沉淀与之形成可溶性的无色络合物，使终点便于观察。

（3）滴定时需保持沸腾状态，一是可以加速还原糖与 $Cu^{2+}$ 的反应速度；二是反应液沸腾使上升蒸汽阻止空气侵入溶液，避免亚甲蓝和氧化亚铜被氧化而增加耗糖量。因为亚甲蓝变色反应是可逆的，无色的还原型亚甲蓝遇空气中氧时又会被氧化成蓝色的氧化型亚甲蓝。氧化亚铜也极不稳定，易被空气氧化。

（4）滴定至终点，亚甲蓝被还原糖所还原，蓝色消失，放置一段时间，接触空气中的氧，亚甲蓝被氧化，溶液的颜色又重新变成蓝色，此时不应再滴定。

（5）本法对滴定操作条件要求很严格，测定中热源强度、加热时间、滴定速度、锥形瓶壁厚、预加入大致体积、终点的确定方法都要尽量一致。如整个滴定工作必须控制在3 min 内完成，因此应将滴定所需体积的绝大部分样液先加入碱性酒石酸铜溶液中共沸，使其充分反应，仅留 1 mL 左右进行滴定，并判断终点，以减少操作误差；对碱性酒石酸铜溶液的标定、试样液预测及测定的操作条件均应力求保持一致；滴定时不能随意摇动锥形瓶，更不能把锥形瓶从热源上取下来滴定，以防空气进入反应液中。

（6）分别用葡萄糖、果糖、乳糖、麦芽糖标准品配制标准溶液分别滴定等量已标定的碱性酒石酸铜溶液，所消耗标准溶液的体积有所不同，说明即便同是还原糖，在物化性质上仍有所差别，所以还原糖的结果只是反映样品整体情况，并不完全等于各还原糖含量之和。如果已知样品只含有某种还原糖，则应以该还原糖作标准品，结果为该还原糖的含量。如果样品中还原糖的成分未知，或为多种还原糖的混合物，则以某种还原糖作标准品，结果以该还原糖计，但不代表该糖的真实含量。

（7）直接滴定法测定时，滴定管盛装溶液由还原糖标准溶液再换装样液，比较麻烦，而测定浓度很稀的样液时的反滴定法，滴定管内的溶液就不需要更换，只用标准还原糖溶液即可。故可用反滴定法测定样液的还原糖含量。

（8）直接滴定法测定食品中还原糖，当称样量为 5 g 时，定量限为 0.25 g/100 g。高锰酸钾滴定法测定食品中还原糖，当称样量为 5 g 时，定量限为 0.5 g/100 g。

# 工作任务　直接滴定法测定食品中的还原糖

## 一、检测依据

检测依据为 GB 5009.7—2016《食品安全国家标准　食品中还原糖的测定》。试样经除去蛋白质后，以亚甲蓝作指示剂，在加热条件下滴定标定过的碱性酒石酸铜溶液（已用还原糖标准溶液标定），根据试样溶液消耗体积计算还原糖含量。

食品中还原糖
的测定

## 二、任务准备

（一）试剂

除非另有说明，本方法所用试剂均为分析纯，水为 GB/T 6682 规定的三级水。

（1）碱性酒石酸铜甲液：称取硫酸铜（$CuSO_4 \cdot 5H_2O$）15 g 和亚甲蓝 0.05 g，溶于水并稀释至 1 000 mL。

（2）碱性酒石酸铜乙液：称取酒石酸钾钠（$C_4H_4O_6KNa \cdot 4H_2O$）50 g 和氢氧化钠 75 g，溶于水，再加入亚铁氰化钾［$K_4Fe(CN)_6 \cdot 3H_2O$］4 g，完全溶解后，用水稀释至 1 000 mL，储存于橡胶塞玻璃瓶内。

（3）乙酸锌溶液（219 g/L）：称取乙酸锌［$Zn(CH_3COO)_2 \cdot 2H_2O$］21.9 g，加 3 mL 冰醋酸，加水溶解并稀释至 100 mL。

（4）亚铁氰化钾溶液（106g/L）：称取亚铁氰化钾 10.6g，加水溶解并稀释至 100 mL。

（5）氢氧化钠溶液（40 g/L）：称取 4 g 氢氧化钠，加水溶解，放冷，并稀释至 100 mL。

（6）盐酸溶液（1＋1，体积比）：量取 50 mL 盐酸，加水 50 mL，混匀。

（7）葡萄糖标准溶液（1.0 mg/mL）：称取经过 98～100 ℃ 干燥 2 h 后的葡萄糖 1 g（精确至 0.000 1 g），加水溶解后加入盐酸 5 mL，并用水定容至 1 000 mL。此溶液每毫升相当于 1.0 mg 葡萄糖。

（8）果糖标准溶液（1.0 mg/mL）：称取经过 98～100 ℃ 干燥 2 h 后的果糖 1 g（精确至 0.000 1 g），加水溶解后加入盐酸 5 mL，并用水定容至 1 000 mL。此溶液每毫升相当于 1.0 mg 果糖。

（9）乳糖标准溶液（1.0 mg/mL）：称取经过 94～98 ℃ 干燥 2 h 的乳糖（含水）1 g（精确

至 0.000 1 g），加水溶解后加入 5 mL 盐酸，并以水定容至 1 000 mL。此溶液每毫升相当于 1.0 mg 乳糖（含水）。

（10）转化糖标准溶液（1.0 mg/mL）：准确称取 1.052 6 g 蔗糖，用 100 mL 水溶解，置于具塞锥形瓶中，加 5 mL 盐酸，在 68～70 ℃ 水浴中加热 15 min，放置至室温，转移至 1 000 mL 容量瓶定容。每毫升标准溶液相当于 1.0 mg 转化糖。

（二）标准品

（1）葡萄糖：CAS 50 - 99 - 7，纯度大于或等于 99%。

（2）果糖：CAS 57 - 48 - 7，纯度大于或等于 99%。

（3）乳糖（$C_6H_{12}O_6 \cdot H_2O$）：CAS 5989 - 81 - 1，纯度大于或等于 99%。

（4）蔗糖：CAS 57 - 50 - 1，纯度大于或等于 99%。

（三）仪器

（1）酸式滴定管：25 mL。

（2）可调温电炉。

（3）水浴锅。

（4）分析天平：感量为 0.1 mg。

（5）蒸发皿。

## 三、检测程序

直接滴定法测定食品中还原糖的检测程序见图 1 - 13。

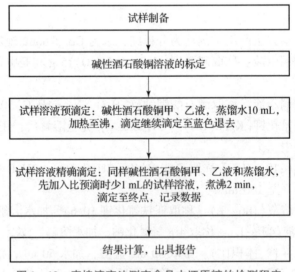

图 1 - 13　直接滴定法测定食品中还原糖的检测程序

## 四、任务实施

1. 方案制定及准备

通过相关知识学习，解读国标，小组完成检测方案的设计（表 1 - 44），并依据方案完成任务准备。

表 1 - 44　检测方案设计

| 组长 | | | 组员 | |
|---|---|---|---|---|
| 学习项目 | | | 学习时间 | |
| 依据标准 | | | | |
| 准备内容 | 仪器和设备<br>（规格、数量） | | | |
| | 试剂和耗材<br>（规格、浓度、数量） | | | |
| | 样品 | | | |
| 任务分工 | 姓名 | | 具体工作 | |
| | | | | |
| | | | | |
| | | | | |
| 具体步骤 | | | | |

2. 检测过程

根据表 1 - 45 实施检测。

表 1 - 45　检测过程

| 任务 | 具体实施 | | 要求 |
|---|---|---|---|
| | 实施步骤 | 实验记录 | |
| 试样制备 | 含淀粉的食品：称取粉碎或混匀后的试样 10～20 g（精确至 0.001 g），置 250 mL 容量瓶中，加水 200 mL，在 45 ℃水浴中加热 1 h，并时时振摇，冷却后加水至刻度，混匀，静置，沉淀。吸取 200.0 mL 上清液置于另一 250 mL 容量瓶中，缓缓加入 5 mL 乙酸锌溶液和 5 mL 亚铁氰化钾溶液，加水至刻度，混匀，静置 30 min，用干燥滤纸过滤，弃去初滤液，取后续滤液备用，记录 m | $m$：试样质量，g<br>$m$：_____ | 1. 桌面整齐，着工作服，仪表整洁。<br>2. 能够根据样品性质正确选择处理方法。 |

| 任务 | 具体实施 | | 要求 |
|---|---|---|---|
| | 实施步骤 | 实验记录 | |
| 试样制备 | 酒精性饮料：称取约100 g试样(精确至0.01 g)置于蒸发皿中，用氢氧化钠溶液中和至中性，在水浴锅中蒸发至原体积的1/4后，移入250 mL容量瓶中，缓慢加入5 mL乙酸锌溶液和5 mL亚铁氰化钾溶液，加水至刻度，混匀，静置30 min，用干燥滤纸过滤，弃去初滤液，取后续滤液备用，记录 $m$ <br><br> 碳酸类饮料：称取约100 g试样(精确至0.01 g)于蒸发皿中，水浴上微热搅拌除去二氧化碳后，移入250 mL容量瓶中，用水洗涤蒸发皿，洗液并入容量瓶，加水至刻度，混匀，备用，记录 $m$ <br><br> 其他食品：称取粉碎后的固体试样2.5~5 g(精确至0.001 g)或混匀后的液体试样5~25 g(精确至0.001 g)，置于250 mL容量瓶中，加50 mL水，缓慢加入乙酸锌溶液5 mL和亚铁氰化钾溶液5 mL，加水至刻度，混匀，静置30 min，用干燥滤纸过滤，弃去初滤液，取后续滤液备用，记录 $m$ | $m$：———— | 3. 正确使用吸量管、容量瓶等玻璃仪器；规范使用分析天平，正确进行天平的检查与维护。<br> 4. 掌握滤纸折法进行过滤操作。<br> 5. 能够正确处理试样，有效提取检测成分 |
| 碱性酒石酸铜溶液的标定 | 吸取碱性酒石酸铜甲、乙液各5 mL于150 mL锥形瓶中，加入10 mL蒸馏水，2粒~4粒玻璃珠，从滴定管中加入标准葡萄糖液(或其他糖标准溶液)约9 mL，放置在可调温电炉上，控制2 min内加热至沸，趁热以1滴/2 s的速度继续滴加葡萄糖(或其他糖标准溶液)，滴定至蓝色刚好退去为终点，记录消耗葡萄糖(或其他糖标准溶液)的总体积 $V_1$，同时平行操作3份，取其平均值，计算每10 mL碱性酒石酸铜溶液相当于葡萄糖(或其他还原糖)的质量，记录 $m_1$ | $V_1$：滴定时消耗葡萄糖溶液(或其他糖标准溶液)的体积，mL <br> $m_1$：10 mL碱性酒石酸铜溶液相当于葡萄糖(或其他还原糖)的质量，g <br> $V_1$：———— <br> $m_1$：———— | 1. 能选择适当的仪器量取试剂。<br> 2. 能够在沸腾状态下，准确滴定。<br> 3. 能够按要求控制好温度和时间。<br> 4. 根据颜色变化准确判断滴定终点。<br> 5. 准确记录实验数据 |
| 试样测定 | 试样溶液预测：吸取碱性酒石酸铜甲、乙液各5 mL于150 mL锥形瓶中，加入10 mL蒸馏水，2~4粒玻璃珠，放置在可调温电炉上，控制2 min内加热至沸，以先快后慢的速度从滴定管中滴加试样，并保持沸腾状态，待溶液颜色变浅时，以1滴/2 s的速度滴定，至蓝色刚好退去为终点，记录消耗试样溶液的体积。<br> 注：当试样溶液中还原糖浓度过高时，应适当稀释后再进行正式测定，使每次滴定消耗试样溶液的体积控制在与标定碱性酒石酸铜溶液时所消耗的还原糖标准溶液的体积相近，约10 mL，结果按式(1)计算；当浓度过低时则采取直接加入10 mL试样溶液，免去加水10 mL，再用还原糖标准溶液滴定至终点，消耗的体积与标定时消耗的还原糖标准溶液体积之差相当于10 mL试样溶液中所含还原糖的量，结果按式(2)计算 | $V$：滴定时平均消耗试样溶液的体积，mL | 1. 正确使用酸式滴定管，经过试漏、润洗、装液、排空气和调零等步骤，并能够正确读数。<br> 2. 两次滴定的预先加入体积要明确，操作要正确 |

| 任务 | 具体实施 | | 要求 |
|---|---|---|---|
| | 实施步骤 | 实验记录 | |
| 试样测定 | 试样溶液测定：吸取碱性酒石酸铜甲、乙液各 5 mL 置于 150 mL 锥形瓶中，加入 10 mL 蒸馏水，2~4 粒玻璃珠，放置在可调温电炉上，从滴定管滴加比预测体积少 1 mL 的试样溶液至锥形瓶中，控制 2min 内沸腾，保持沸腾以 1 滴/2s 的速度滴定，至蓝色刚好退去为终点，记录消耗试样溶液的体积，同时平行操作 3 份，得出平均消耗体积 $V$ | $V$:_____ | 3. 滴定过程中要严格控制时间，减少误差。<br>4. 记录正确、完整、美观。<br>5. 按照要求进行数据修约。<br>6. 根据情况正确选择计算公式，计算结果正确。 |
| | (1) 根据公式，计算试样中还原糖的含量：<br><br>$$X = \frac{m_1}{m \times F \times \frac{V}{250} \times 1\,000} \times 100$$<br><br>式中：<br>$F$——系数，含淀粉食品、碳酸饮料和其他食品的 $F$ 为 1，乙醇类食品的 $F$ 为 0.80；<br>250——定容体积，mL；<br>1 000——换算系数。<br>(2) 当浓度过低时，计算试样中还原糖的含量(以某种还原糖计)：<br><br>$$X = \frac{m_2}{m \times F \times \frac{10}{250} \times 1\,000} \times 100$$<br><br>式中：<br>10——样液体积，mL | $X$：试样中还原糖的含量（以某种还原糖计），g/100 g<br><br>$m_2$：标定时消耗的还原糖标准溶液体积与加入样品后消耗的还原糖标准溶液体积之差，相当于某种还原糖的质量，mg<br>$X$:_____ | 7. 计算结果保留两位有效数字。还原糖含量大于或等于 10 g/100 g 时，计算结果保留 3 位有效数字；还原糖含量小于 10 g/100 g 时，计算结果保留两位有效数字。<br>8. 精密度：在重复性条件下获得的两次独立测定结果的绝对差值不得超过算术平均值的 5% |
| 结束工作 | 结束后倒掉废液，清理台面，洗净用具并归位 | | 1. 实验室安全操作。<br>2. 团队进行工作总结 |

# 知识拓展　高锰酸钾滴定法测定食品中的还原糖

## 一、检测依据

检测依据为 GB 5009.7—2016《食品安全国家标准　食品中还原糖的测定》。试样经除去蛋白质后，其中还原糖把铜盐还原为氧化亚铜，加硫酸铁后，氧化亚铜被氧化为铜盐，经高锰酸钾溶液滴定氧化作用后生成的亚铁盐，根据高锰酸钾消耗量，计算氧化亚铜含量，再查表得还原糖量。

## 二、任务准备

### (一) 试剂

(1) 碱性酒石酸铜甲液：称取 34.639 g 硫酸铜($CuSO_4 \cdot 5H_2O$)，加适量水溶解，加入 0.5 mL 硫酸，再加水稀释至 500 mL，用精制石棉过滤。

(2) 碱性酒石酸铜乙液：称取 173 g 酒石酸钾钠($C_4H_4O_6KNa \cdot 4H_2O$)和 50 g 氢氧化钠，加适量水溶解并稀释至 500 mL，用精制石棉过滤，储存于具橡胶塞玻璃瓶中。

(3) 精制石棉：将石棉用 3 mol/L 盐酸浸泡 2~3 d，用水洗净；然后用 400 g/L 氢氧化钠浸泡 2~3 d，倾去溶液；再用热碱性酒石酸铜乙液浸泡数小时，用水洗净；最后以 3 mol/L 盐酸浸泡数小时，用水洗至不呈酸性，加水振荡，使之成为微细浆状软纤维，用水浸泡并储存于玻璃瓶中，即可填充古氏坩埚用。

(4) 高锰酸钾标准溶液(0.100 0 mol/L)：按 GB/T 601—2016《化学试剂 标准滴定溶液的制备》配制与标定。

(5) 氢氧化钠溶液(40 g/L)：称取 4 g 氢氧化钠，加水溶解并稀释至 100 mL。

(6) 盐酸(3 mol/L)：量取 30 mL 盐酸，加水稀释至 120 mL。

(7) 硫酸铁溶液(50 g/L)：将 50 g 硫酸铁加入 200 mL 水溶解后，慢慢加入 100 mL 硫酸，冷却后加水稀释至 1 000 mL。

### (二) 标准品

高锰酸钾，CAS 7722-64-7，优级纯或以上等级。

### (三) 仪器

(1) 分析天平：感量为 0.1 mg。
(2) 水浴锅。
(3) 可调温电炉。
(4) 酸式滴定管：25 mL。
(5) 25 mL 古氏坩埚或 G4 垂熔坩埚。
(6) 真空泵。

## 三、检测过程

根据表 1-46 实施检测。

表 1-46　检测过程

| 任务 | 具体实施 | | 要求 |
|---|---|---|---|
| | 实施步骤 | 实验记录 | |
| 试样处理 | 含淀粉的食品：称取粉碎或混匀后的试样 10~20 g(精确至 0.001 g)，置 250 mL 容量瓶中，加水 200 mL，在 45 ℃ 水浴中加热 1 h，并时时振摇，冷却后加水至刻度，混匀，静置。吸取 200.0 mL 上清液置于另一 250 mL 容量瓶中，加碱性酒石酸铜甲液 10 mL 和氢氧化钠溶液 4 mL，加水至刻度，混匀，静置 30 min，用干燥滤纸过滤，弃去初滤液，取后续滤液备用，记录 $m$ | $m$：试样质量或体积，g 或 mL | 1. 桌面整齐，着工作服，仪表整洁。 2. 能够根据样品性质正确选择处理方法。 |

| 任务 | 具体实施 | | 要求 |
|---|---|---|---|
| | 实施步骤 | 实验记录 | |
| 试样处理 | 酒精性饮料：称取 100 g 试样(精确至 0.01 g)置于蒸发皿中，用氢氧化钠溶液中和至中性，置水浴上蒸发至原体积的 1/4 后，移入 250 mL 容量瓶中，加水 50 mL，摇匀后加碱性酒石酸铜甲液 10 mL 和氢氧化钠溶液 4 mL，加水至刻度，混匀，静置 30 min，用干燥滤纸过滤，弃去初滤液，取后续滤液备用，记录 m | $m$: _____ | 3. 正确使用吸量管、容量瓶等玻璃仪器；规范使用分析天平，正确进行分析天平的检查与维护。<br>4. 掌握滤纸折法进行过滤操作。<br>5. 能够正确处理样品，有效提取检测成分 |
| | 碳酸类饮料：称取 100 g(精确至 0.001 g)混匀的试样于蒸发皿中，置水浴上微热搅拌除去二氧化碳后，移入 250 mL 容量瓶中，并用水洗涤蒸发皿，洗液并入容量瓶，加水至刻度，混匀备用，记录 m | | |
| | 其他食品：称取粉碎后的固体试样 2.5 ~ 5 g(精确至 0.001 g)或混匀后的液体试样 25 ~ 50 g(精确至 0.001 g)，置于 250 mL 容量瓶中，加水 50 mL，摇匀后加碱性酒石酸铜甲液 10 mL 和氢氧化钠溶液 4 mL，加水至刻度，混匀，静置 30 min，用干燥滤纸过滤，弃去初滤液，取后续滤液备用，记录 m | | |
| 试样测定 | 吸取处理后的试样溶液 50.0 mL 于 500 mL 烧杯中，加碱性酒石酸铜甲、乙液各 25 mL，于烧杯上盖一表面皿，置可调温电炉上加热，4 min 内沸腾，再准确沸腾 2 min，趁热用铺好精制石棉的古氏坩埚(或 G4 垂熔坩埚)抽滤，并用 60 ℃ 热水洗涤烧杯及沉淀，至洗液不呈碱性反应为止。将坩埚放回原 500 mL 烧杯，加 25 mL 硫酸铁溶液及 25 mL 水，用玻棒搅拌至氧化亚铜完全溶解，以高锰酸钾标准溶液滴定至微红色为终点，记录 c、V | $c$: 高锰酸钾标准溶液的实际浓度，mol/L<br>$V$: 测定试样溶液消耗高锰酸钾标准溶液的体积，mL<br>$V_0$: 试剂空白消耗高锰酸钾标准溶液的体积，mL<br>$X_0$: 试样中还原糖的质量相当于氧化亚铜的质量，mg<br>$X$: 试样中还原糖的含量，g/100 g<br>$m_1$: 得出还原糖的质量，mg<br>$V_1$: 测定用试样液的体积，mL<br>$c$: _____<br>$V$: _____<br>$V_0$: _____<br>$V_1$: _____<br>$X_0$: _____<br>$X$: _____ | 1. 规范使用古氏坩埚(或 G4 垂熔坩埚)抽滤装置进行抽滤。<br>2. 掌握试样处理目的。<br>3. 规范操作，减少试验误差。<br>4. 能够按要求准确控制加热火候和时间。<br>5. 能严格按照滴定速度要求进行滴定。<br>6. 明白实验原理，正确进行空白实验。<br>7. 记录正确、完整、美观。<br>8. 计算结果正确，按照要求进行数据修约。<br>9. 还原糖含量大于或等于 10 g/100 g 时，计算结果保留 3 位有效数字；还原糖含量小于 10 g/100 g 时，计算结果保留两位有效数字。<br>10. 精密度：在重复性条件下获得的两次独立测定结果的绝对差值不得超过算术平均值的 10% |
| | 同时做空白实验：同时，取 50 mL 水代替试样溶液，加入与测定试样时相同量的碱性酒石酸铜甲、乙液、硫酸铁溶液及水，按上述方法做试剂空白实验，记录 $V_0$ | | |
| | 根据公式，计算试样中还原糖质量相当于氧化亚铜的量： $$X_0 = (V - V_0) \times c \times 71.54$$ 式中： 71.54——1 mL 高锰酸钾标准溶液相当于氧化亚铜的质量，mg。 (2) 根据计算所得的氧化亚铜质量，得出相当于还原糖的质量，再按公式计算试样中还原糖的含量。 $$X = \frac{m_1}{m \times \frac{V_1}{250} \times 1000} \times 100$$ 式中： 250——试样处理后的总体积，mL | | |

| 任务 | 具体实施 | | 要求 |
|---|---|---|---|
| | 实施步骤 | 实验记录 | |
| 结束工作 | 结束后倒掉废液，清理台面，洗净用具并归位。<br>清洗古氏坩埚(或 G4 垂熔坩埚)抽滤装置，正确归位 | | 1. 实验室安全操作。<br>2. 团队进行工作总结 |

## 检查与评价

学生完成本项目的学习，通过学生自评、小组互评以检查自己对本任务学习的掌握情况。指导教师在整个教学过程中，关注每个小组的检测过程及小组成员的动手能力，并对小组成员动手能力进行评价，学生对所学的各项任务进行抽签决定考核的内容。将具体的检查与评价填入表 1-47。评价表对应工作任务。

### 表 1-47　食品中还原糖测定的任务实施评价表

| 项目 | 评价标准 | 分值/分 | 学生自评 | 小组互评 | 教师评价 |
|---|---|---|---|---|---|
| 方案设计与准备 | 认真负责、一丝不苟进行资料查阅，确定检测依据 | 5 | | | |
| | 协同合作，设计方案并合理分工 | 5 | | | |
| | 相互沟通，完成方案诊改 | 5 | | | |
| | 正确清洗及检查仪器 | 5 | | | |
| | 合理领取药品 | 5 | | | |
| | 正确取样 | 5 | | | |
| | 准确进行溶液的配制 | 5 | | | |
| 标定碱性酒石酸铜溶液 | 准确移取碱性酒石酸铜溶液 | 5 | | | |
| | 准确控制电炉温度及滴定时间 | 5 | | | |
| | 准确判断滴定终点 | 5 | | | |
| 试样测定 | 规范加入试样溶液及试剂 | 5 | | | |
| | 准确控制时间及加热温度，正确完成试样溶液预测滴定 | 5 | | | |
| | 根据预测滴定，能准确调节试样溶液测定时直接加入试样溶液的体积 | 10 | | | |
| | 准确、完整记录实验数据 | 5 | | | |
| | 正确计算结果，按照要求进行数据修约 | 5 | | | |
| | 规范编制检测报告 | 5 | | | |
| 结束工作 | 结束后倒掉废液，清理台面、洗净用具并归位 | 5 | | | |
| | 正确维护离心机等仪器，规范操作 | 5 | | | |
| | 合理分工，按时完成工作任务 | 5 | | | |

## 学习思考

1. 填空题

（1）食品中还原糖测定依据是_____。标准中_____法和_____法适用于各种食品中还原糖的测定，_____法适用于小麦粉中还原糖含量的测定。奥氏试剂滴定法适用于糖菜块根中还原糖含量的测定。

（2）本法对滴定操作条件要求很严格，测定中_____、_____、_____、锥形瓶壁厚、预加入大致体积、终点的确定方法都要尽量一致。

（3）直接滴定法测定时，整个滴定工作必须控制在_____min内完成，滴定时不能随意摇动锥形瓶，更不能把锥形瓶从热源上取下来滴定，以防_____进入反应液中。

（4）还原糖与酒石酸钾钠铜作用较缓慢，须在_____条件下进行，并严格控制时间。

（5）对碱性酒石酸铜溶液的_____、试样溶液_____及测定的操作条件均应力求保持一致；

2. 简答题

（1）碱性酒石酸铜溶液如何存放？

（2）测定糖果中还原糖有何意义？

（3）简述试样溶液预测滴定过程中滴定终点的颜色变化。

# 任务3　食品中淀粉的测定

## 案例导入

淀粉糊化是生活中很常见现象。当原淀粉加水调浆加热后，淀粉吸水膨胀变成黏黏的一团，这种现象就称为糊化。淀粉糊化后，其长长的淀粉链被打开，所以容易被人体消化吸收。糊化淀粉可用作食品增稠稳定剂、黏合剂等，还可赋予食品特定的组织结构和外观。决定淀粉糊化能力最主要的因素是淀粉中直链淀粉和直链淀粉的比例。不同作物，其直链淀粉与支链淀粉的比例各不相同。直链淀粉经熬煮不易成糊冷却后呈凝胶体，其大分子结构上，葡萄糖分子排列整齐。支链淀粉易成糊，其黏性较大，但冷却后不能呈凝胶体，结构上，葡萄糖分子排列不整齐。简单来说，一条一条的直链淀粉拉手很紧，不易分开，所以直链淀粉含量越高的淀粉，糊化温度越高，糊化越难。根据不同来源淀粉糊化的特性可以选出一些淀粉的最佳用途。淀粉不溶于水，在和水加热至60 ℃左右时(淀粉种类不同，糊化温度不一样)，则糊化成胶体溶液，勾芡就是利用淀粉的这种特性。玉米淀粉凝胶力强，糯米淀粉没有凝胶力；马铃薯和甘薯淀粉凝胶力弱，且马铃薯淀粉具有高度的溶胀性和较低的凝沉性，最适宜于加工预糊化淀粉；豆类淀粉的凝沉性强，适宜加工粉丝、粉皮等食品。

淀粉来源于哪里？变性淀粉有哪些特点？变性淀粉的作用是什么？对于分子量大、没有还原性的淀粉应该如何测定呢？淀粉在食品中又发挥怎样的作用呢？如何检测食品中淀粉含量？

## ◎ 食品安全检测知识

### 一、淀粉

淀粉广泛存在于植物的根、茎、种子等组织中，是人类食物的重要组成部分，也是提供给人体热能的主要来源。淀粉分为直链淀粉和支链淀粉，直链淀粉溶于热水，遇碘变蓝，易于消化，支链淀粉遇热水膨胀，不易于消化。

淀粉是食品的重要组成之一，是人类可取用的最丰富的资源，淀粉及其衍生物是一种多功能的天然高分子化合物，具有无毒、可生活降解等优点。

淀粉是以谷类、薯类、豆类及各种可食用植物为原料，通过物理方法提取且未经改性的淀粉，或者在淀粉分子上未引入新化学基团且未改变淀粉分子中的糖苷键类型的变性淀粉，包括预糊化淀粉、湿热处理淀粉、多孔淀粉和可溶性淀粉等。

### 二、食品中淀粉测定的意义

测定食品中的淀粉含量对于决定其用途具有重要意义，在食品中的作用是作为增稠剂、凝胶剂、保湿剂、乳化剂、黏合剂和稳定剂等。

### 三、食品中淀粉测定的方法

GB/T 5009.9—2023《食品安全国家标准　食品中淀粉的测定》中酶水解法和酸水解法适用于食品(肉制品除外)中淀粉的测定。皂化-酶水解法适用于肉制品中淀粉的测定。此标准不适用于添加经水解产生还原糖物质(麦芽糊精和可溶性糖除外)的食品中淀粉测定。

### 四、食品中淀粉测定的注意事项

(1)脂肪会抑制酶对淀粉的作用及对可溶性糖类的去除，所以脂肪含量高的样品需要用乙醚脱脂。

(2)加热糊化破坏了淀粉的晶体结构，有利于被淀粉酶水解。已经加热处理过的食品，测定淀粉前还需要将试样再次糊化，因为老化淀粉不易被酶水解。

(3)使用淀粉酶前，应预先确定淀粉酶的活力及水解时的加入量，具体方法是用已知浓度的淀粉溶液，加一定量的淀粉酶溶液，置于 55~60 ℃水浴中保温 1 h，用碘液检验淀粉是否水解完全，从而确定酶活力和加入量。

(4)水解条件要严格控制，要保证淀粉水解完全，并避免因加热时间过长对葡萄糖产生影响。对于水解时酸的浓度、加入量，水解温度、时间要准确。因水解时间较长，应采用回流装置，以保证水解过程中盐酸的浓度不发生变化。

(5)试样水解液冷却后，应立即调至中性。

（6）澄清液的选择可用20%中性醋酸铅溶液，沉淀蛋白质、果胶等杂质，以澄清试样水解液。再加入10%硫酸钠溶液除去过多的铅。

（7）酶水解法适用于含非淀粉多糖较多的样品，利用淀粉酶的专一性，只水解淀粉而不水解其他多糖，过滤后可除去其他多糖。

（8）用淀粉酶前，应用碘液检验，确定其活力及水解时加入量。

（9）酸水解法适用于淀粉含量较高、半纤维素等其他多糖含量较少的样品。

# 工作任务　酶水解法测定食品中淀粉

## 一、检测依据

检测依据为 GB/T 5009.9—2023《食品安全国家标准　食品中淀粉的测定》。试样经去除脂肪及可溶性糖后，淀粉依次经淀粉酶酶解和盐酸水解成葡萄糖，测定葡萄糖含量，并折算成样品中淀粉含量。

## 二、任务准备

食品中淀粉的测定

### （一）试剂

除非另有说明，本方法所用试剂均为分析纯，水为 GB/T 6682 规定的三级水。

（1）甲基红指示液（2 g/L）：称取甲基红 0.20 g，用 95% 乙醇溶解并定容至 100 mL。

（2）盐酸溶液（1+1）：量取 50 mL 盐酸，与 50 mL 水混合。

（3）氢氧化钠溶液（200 g/L）：称取 20 g 氢氧化钠，加水溶解并稀释至 100 mL。

（4）碱性酒石酸铜甲液：称取 15 g 硫酸铜（$CuSO_4 \cdot 5H_2O$）及 0.050 g 亚甲蓝，溶于水中并稀释至 1 000 mL。

（5）碱性酒石酸铜乙液：称取酒石酸钾钠（$C_4H_4O_6KNa \cdot 4H_2O$）50 g 和氢氧化钠 75 g，溶于水，再加入亚铁氰化钾 [$K_4Fe(CN)_6 \cdot 3H_2O$] 4 g，完全溶解后，用水稀释至 1 000 mL，储存于橡胶塞玻璃瓶内。

（6）淀粉酶溶液（5 g/L）：称取 α-淀粉酶 0.5 g，加 100 mL 水溶解，临用现配；也可加入数滴甲苯或三氯甲烷防止长霉，储存于 4 ℃冰箱中。

（7）碘溶液：称取 3.6 g 碘化钾溶于 20 mL 水中，加入 1.3 g 碘，溶解后加水稀释至 100 mL。

（8）乙醇（85%，体积分数）：取 85 mL 无水乙醇，加水稀释至 100 mL 混匀。也可用 95% 乙醇配制。

（9）乙醇（40%，体积分数）：取 40 mL 无水乙醇，加水稀释至 100 mL 混匀。也可用 95% 乙醇配制。

（10）α-萘酚乙醇溶液（10 g/L）：称取 α-萘酚 1 g，用 95% 乙醇溶液并稀释至 100 mL。

（11）葡萄糖标准溶液：称取 1 g(精确至 0.000 1 g)经过 98~100 ℃ 干燥 2 h 的 $D$ – 无水葡萄糖，加水溶解后，加入 5 mL 浓 HCl(防止微生物生长)，并以水定容至 1 000 mL。此溶液每毫升相当于 1.0 mL 葡萄糖。临用现配。

（二）标准品

$D$ – 无水葡萄糖($C_6H_{12}O_6$，CAS 号：50 – 99 – 7)：纯度大于或等于 98%，或经国家认证并授予标准物质证书的标准品。

（三）仪器

（1）40 目筛：孔径 0.425 mm。

（2）分析天平：感量为 1 mg 和 0.1 mg。

（3）恒温水浴锅：可加热至 100 ℃。

（4）回流装置，并附 250 mL 锥形瓶。

（5）组织捣碎机。

（6）电炉。

（7）滴定管：25 mL。

## 三、检测过程

酶水解法测定食品中淀粉的检测程序见图 1 – 14。

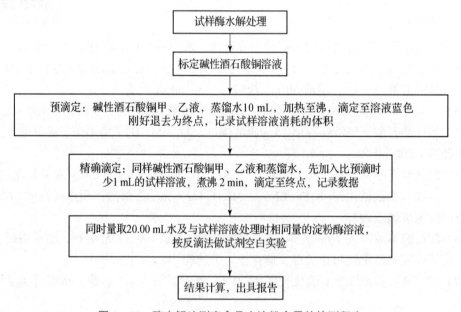

图 1 – 14　酶水解法测定食品中淀粉含量的检测程序

## 四、任务实施

1. 方案制定及准备

通过相关知识学习，解读国标，小组完成检测方案的设计(表 1 – 47)，并依据方案完成任务准备。

表 1－47　检测方案设计

| 组长 | | 组员 | |
|---|---|---|---|
| 学习项目 | | 学习时间 | |
| 依据标准 | | | |
| 准备内容 | 仪器和设备<br>（规格、数量） | | |
| | 试剂和耗材<br>（规格、浓度、数量） | | |
| | 样品 | | |
| 任务分工 | 姓名 | 具体工作 | |
| | | | |
| | | | |
| | | | |
| 具体步骤 | | | |

## 2. 检测过程

根据表 1－48 实施检测。

表 1－48　检测过程

| 任务 | 具体实施 | | 要求 |
|---|---|---|---|
| | 实施步骤 | 实验记录 | |
| 试样制备 | 取试样可食部分磨碎，过 40 目筛，称取 2~5 g（精确至 0.001 g），记录 m，不易磨碎试样，可准确加入适量水并记录质量，匀浆后称取相当于原质量 2~5 g。置于放有折叠慢速滤纸的漏斗内，先用 50 mL 石油醚或乙醚分 5 次洗除脂肪（可用玻璃棒轻轻搅动分散样品），再用乙醇（85%，体积分数）分次洗去可溶性糖类至微糖检验结果为阴性。含油麦芽糊精的试样，先用 100 mL 乙醇（85%，体积分数）洗涤，再用乙醇（40%，体积分数）洗涤至微糖检验结果为阴性。滤干乙醇，将残留物移入 250 mL 烧杯内，用 50 mL 水洗净滤纸，洗液并入烧杯内，将烧杯置沸水浴上加热至糊化完全，一般需要 15 min，放冷至 60℃以下，加 20 mL 淀粉酶溶液，在 55~60℃ 保温 1 h，并时时搅拌。然后取 1 滴此液加 1 滴碘溶液，应不显现蓝色。若显蓝色，再加热糊化并加 20 mL 淀粉酶溶液，继续保温，直至加碘溶液不显蓝色为止。加热至沸，冷后移入 250 mL 容量瓶中，并加水至刻度，混匀，过滤，并弃去初滤液。取 50.00 mL 滤液，置于 250 mL 锥形瓶中，加 5 mL 盐酸（1＋1），装上回流冷凝器，在沸水浴中回流 1 h，冷后加 2 滴甲基红指示液，用氢氧化钠溶液（200 g/L）中和至中性，溶液转入 100 mL 容量瓶中，洗涤锥形瓶，洗液并入 100 mL 容量瓶中，加水至刻度，混匀备用 | m：试样质量，g<br>m：＿＿＿＿ | 1. 桌面整齐，着工作服，仪表整洁。<br>2. 正确使用吸量管、容量瓶等玻璃仪器；规范使用分析天平，正确进行分析天平的检查与维护。<br>3. 正确粉碎样品。<br>4. 规范使用乙醚、乙醇去除干扰物质。<br>5. 样品处理过程中准确控制温度及时间。<br>6. 准确判断水解完成度。<br>7. 能正确安装和使用回流装置 |

| 任务 | 具体实施 | | 要求 |
|------|------|------|------|
| | 实施步骤 | 实验记录 | |
| 微糖检验方法 | 取洗涤液 2 mL 在小试管中，加入 $\alpha$-萘酚乙醇溶液（10 g/L）4 滴，沿管壁缓缓加入浓硫酸 1 mL。在水与酸的界面出现紫色环，判定为阳性；在水与酸的界面出现黄绿色环，判定为阴性 | 记录微糖检验结果 | 由于洗涤液中含有水，加入浓硫酸时，需沿试管壁慢慢加入，并且保证不对人 |
| 试样测定 | 标定碱性酒石酸铜溶液：吸取 5.00 mL 碱性酒石酸铜甲液及 5.00 mL 碱性酒石酸铜乙液，置于 150 mL 锥形瓶中，加水 10 mL，加入 2 粒玻璃珠，从滴定管加约 9 mL 葡萄糖标准溶液，控制在 2 min 内加热至沸，保持溶液呈沸腾状态，以 1 滴/2 s 的速度继续滴加葡萄糖，直至溶液蓝色刚好褪去为终点，记录消耗葡萄糖标准溶液的总体积，同时做 3 份平行，取其平均值，记录 $V_s$，计算每 10 mL（甲、乙液各 5 mL）碱性酒石酸铜溶液相当于葡萄糖的质量 $m_1$，结果按照（1）计算 | $m_1$：10 mL 碱性酒石酸铜溶液（甲、乙液各半）相当于葡萄糖的质量，mg<br>$V_s$：标定 10 mL 碱性酒石酸铜溶液（甲、乙液各半）时消耗的葡萄糖标准溶液的体积，mL<br>$m_1$：_____<br>$V_s$：_____ | 1. 能选择适当的仪器量取试剂。<br>2. 能够在沸腾状态下，准确滴定。<br>3. 能够按要求控制好温度和时间。<br>4. 根据颜色变化准确判断滴定终点。<br>5. 准确记录实验数据 |
| 试样测定 | 试样溶液预测：吸取 5.00 mL 碱性酒石酸铜甲液及 5.00 mL 碱性酒石酸铜乙液，置 150 mL 锥形瓶中，加水 10 mL，加入 2 粒玻璃珠，控制在 2 min 内加热至沸，保持沸腾以先快后慢的速度，从滴定管中滴加试样溶液，并保持溶液沸腾状态，待溶液颜色变浅时，以每 1 滴/2 s 的速度滴定，直至溶液蓝色刚好退去为终点，记录试样溶液的消耗体积。当样液中葡萄糖浓度过高时，应适当稀释后再进行正式测定，使每次滴定消耗试样溶液的体积控制在与标定碱性酒石酸铜溶液时所消耗的葡萄糖标准溶液的体积相近，约在 10 mL<br><br>试样溶液测定：吸取 5.00 mL 碱性酒石酸铜甲液及 5.00 mL 碱性酒石酸铜乙液，置 150 mL 锥形瓶中，加水 10 mL，加入 2 粒玻璃珠，从滴定管加比预测体积少 1 mL 的试样溶液至锥形瓶中，使其在 2 min 内加热至沸，保持沸腾状态继续以 1 滴/2 s 的速度滴定，直至蓝色刚好退去为终点，记录试样溶液消耗体积。同法平行操作 3 份，得出平均消耗体积 $V_1$，结果按式（2）计算。浓度过低时，则采取直接加入 10.00 mL 试样溶液，免去加水 10 mL，再用葡萄糖标准溶液滴定至终点，记录消耗的体积与标定时消耗的葡萄糖标准溶液体积之差，其相当于 10 mL 试样溶液中所含葡萄糖的量（mg）。结果按式（3）、（4）计算<br><br>试剂空白测定：同时量取 20.00 mL 水及与试样溶液处理时相同量的淀粉酶溶液，按反滴法做试剂空白实验。即用葡萄糖标准溶液滴定试剂空白溶液至终点，记录消耗的体积与标定时消耗的葡萄糖标准溶液体积之差，其相当于 10 mL 样液中所含葡萄糖的量（mg）。按式（5）、（6）计算试剂空白中葡萄糖的含量 | $m_0$：标定 10 mL 碱性酒石酸铜溶液（甲、乙液各半）消耗的葡萄糖标准溶液的体积与加入空白后消耗的葡萄糖标准溶液体积之差相当于葡萄糖的质量，mg<br>$m_2$：标定 10 mL 碱性酒石酸铜溶液（甲、乙液各半）时消耗的葡萄糖标准溶液的体积与加入试样后消耗的葡萄糖标准溶液体积之差相当于葡萄糖的质量，mg<br>$V_1$：测定时平均消耗试样溶液的体积，mL<br>$V_2$：加入试样后消耗的葡萄糖标准溶液的体积，mL<br>$V_0$：加入空白试样后消耗的葡萄糖标准溶液的体积，mL<br>$m_0$：_____<br>$m_2$：_____<br>$V_1$：_____<br>$V_2$：_____<br>$V_0$：_____ | 1. 规范使用吸量管、滴定管等玻璃仪器。<br>2. 规范操作，减少实验误差。<br>3. 能够按要求准确控制加热火候和时间。<br>4. 能严格按照滴定速度要求进行滴定。<br>5. 能够按要求进行平行测定。<br>6. 掌握试样预定和精确滴定关系。<br>7. 掌握预定与精确滴定的过程。<br>8. 能够准确判断滴定终点。<br>9. 记录正确、完整、美观。<br>10. 计算结果正确，按照要求进行数据修约。<br>11. 根据情况正确选择计算公式。<br>12. 结果小于 1 g/100 g，保留两位有效数字；结果大于或等于 1 g/100 g，保留三位有效数字。<br>13. 精密度：在重复性条件下获得的两次独立测定结果的绝对差值不得超过算术平均值的 10% |

| 任务 | 具体实施 | | 要求 |
|---|---|---|---|
| | 实施步骤 | 实验记录 | |
| 样品测定 | (1)标定碱性酒石酸铜溶液相当于葡萄糖质量：$$m_1 = \rho \cdot V_s$$ (2)根据公式，计算试样中葡萄糖含量：$$X_1 = \frac{m_1}{\frac{50}{250} \times \frac{V_1}{100}}$$ 式中：<br>50——测定用试样溶液体积，mL；<br>250——试样定容体积，mL；<br>100——测定用试样的定容体积，mL | $\rho$：葡萄糖标准溶液质量浓度，mg/mL<br>$X_1$：试样中葡萄糖的含量，mg<br>$X_1$：_____ | |
| | (3)、(4)根据公式，计算当试样中淀粉浓度过低时葡萄糖的含量：$$X_2 = \frac{m_2}{\frac{50}{250} \times \frac{10}{100}}$$ $$m_2 = m_1\left(1 - \frac{V_2}{V_s}\right)$$ 式中：<br>50——测定用试样溶液的体积，mL；<br>250——试样定容体积，mL；<br>10——直接加入的试样体积，mL；<br>100——测定用试样的定容体积，mL | $X_2$：试样中淀粉浓度过低时葡萄糖的含量，mg<br>$X_2$：_____ | |
| | (5)、(6)根据公式，计算试剂空白值：$$X_0 = \frac{m_0}{\frac{50}{250} \times \frac{10}{100}}$$ $$m_0 = m_1\left(1 - \frac{V_0}{V_s}\right)$$ 式中：<br>50——测定用试样溶液的体积，mL；<br>250——试样定容体积，mL；<br>10——直接加入的试样体积，mL；<br>100——测定用试样的定容体积，mL；<br>$V_s$——标定10 mL碱性酒石酸铜溶液(甲、乙液各半)时消耗的葡萄糖标准溶液的体积，mL | $X_0$：试剂空白值，mg<br>$X_0$：_____ | |
| | (7)根据公式，计算试样中淀粉的含量：$$X = \frac{(X_1 - X_0) \times 0.9}{m \times 1\,000} \times 100$$ 或：$$X = \frac{(X_2 - X_0) \times 0.9}{m \times 1\,000} \times 100$$ 式中：<br>0.9——原糖(以葡萄糖计)换算成淀粉的换算系数 | $X$：试样中淀粉的含量，g/100 g<br>$X$：_____ | |

| 任务 | 具体实施 | | 要求 |
|------|------|------|------|
| | 实施步骤 | 实验记录 | |
| 结束工作 | 结束后正确处理废液，清理台面、洗净用具并归位。清洗粉碎机，正确归位 | | 1. 实验室安全操作。2. 团队进行工作总结 |

# 知识拓展　酸水解法测定食品中淀粉

## 一、检测依据

检测依据为 GB/T 5009.9—2023《食品安全国家标准　食品中淀粉的测定》。试样经除去脂肪及可溶性糖类后，淀粉经盐酸水解成葡萄糖，测定葡萄糖含量，并折算成淀粉含量。

## 二、任务准备

（一）试剂

除非另有说明，本任务所用试剂均为分析纯，水为 GB/T 6682 规定的三级水。

（1）甲基红指示液（2 g/L）：称取甲基红 0.20 g，用少量乙醇溶解后，定容至 100 mL。

（2）盐酸溶液（1+1）：量取 50 mL 盐酸，与 50 mL 水混合。

（3）氢氧化钠溶液（400 g/L）：称取 40 g 氢氧化钠，加水溶解并稀释至 100 mL。

（4）乙酸铅溶液（200 g/L）：称取 20 g 乙酸铅（$PbC_4H_6O_2 \cdot H_2O$），加水溶解并稀释至 100 mL。

（5）硫酸钠溶液（100 g/L）：称取 10 g 硫酸钠，加水溶解并稀释至 100 mL。

（6）石油醚：沸点范围是 60~90 ℃。

（7）乙醇（85%，体积分数）：取 85 mL 无水乙醇，加水稀释至 100 mL 混匀。也可用 95% 乙醇配制。

（8）乙醇（40%，体积分数）：取 40 mL 无水乙醇，加水稀释至 100 mL 混匀。也可用 95% 乙醇配制。

（9）精密 pH 试纸：pH 值为 6.8~7.2。

（10）$\alpha$-萘酚乙醇溶液（10 g/L）：称取 $\alpha$-萘酚 1 g，用 95% 乙醇溶液并稀释至 100 mL。

（11）标准溶液配制：同酶水解法。

（二）标准品

同酶水解法。

（三）仪器

（1）40 目筛：孔径 0.425 mm。

（2）分析天平：感量为 1 mg 和 0.1 mg。

（3）恒温水浴锅：可加热至 100 ℃。

（4）回流装置，并附 250 mL 锥形瓶。

（5）组织捣碎机。

（6）电炉。

（7）滴定管：25 mL。

## 三、检测过程

根据表 1-49 实施检测。

表 1-49　检测过程

| 任务 | 具体实施 | | 要求 |
|---|---|---|---|
| | 实施步骤 | 实验记录 | |
| 试样制备 | 取试样可食部分磨碎，过 40 目筛，称取 2~5 g（精确至 0.001 g），记录 $m$，不易磨碎试样，可准确加入适量水并记录质量，匀浆后称取相当于原质量 2~5 g。置于放有折叠慢速滤纸的漏斗内，先用 50 mL 石油醚或乙醚分 5 次洗除脂肪（可用玻璃棒轻轻搅动分散样品），弃去石油醚或乙醚。再用乙醇（85%，体积分数）分次洗去可溶性糖类至微糖检验结果为阴性。含油麦芽糊精的试样，先用 100 mL 乙醇（85%，体积分数）洗涤，再用乙醇（40%，体积分数）洗涤至微糖检验结果为阴性。滤干乙醇，将残留物移入 250 mL 锥形瓶中，加 30 mL 盐酸（1+1），接好冷凝管，在沸水浴中回流 2 h。回流完毕后，立即冷却。待试样水解液冷却后，加入 2 滴甲基红指示液，先用氢氧化钠溶液（400 g/L）调至黄色，再用盐酸（1+1）校正至试样水解液变成红色。若试样水解液颜色较深，可用精密 pH 试纸测试，使试样水解液 pH 值约为 7。然后加入 20 mL 乙酸铅溶液（200 g/L），摇匀，放置 10 min，再加 20 mL 硫酸钠溶液（100 g/L），以除去过多的铅。摇匀后将全部溶液及残渣转入 500 mL 容量瓶中，用水洗涤锥形瓶，洗液合并入容量瓶中，加水至刻度。过滤，并弃去初滤液 20 mL，滤液供测定用 | $m$：称取试样质量，g<br><br>$m$：_____ | 1. 桌面整齐，着工作服，仪表整洁。<br>2. 正确使用吸量管、容量瓶等玻璃仪器；规范使用分析天平，正确进行分析天平的检查与维护。<br>3. 正确粉碎样品。<br>4. 规范使用乙醚、乙醇去除干扰物质。<br>5. 样品处理过程中准确控制温度及时间。<br>6. 准确判断水解完成度。<br>7. 能正确安装和使用回流装置 |
| 微糖检验方法 | 同工作任务 | | |
| 试样测定 | 同工作任务<br><br>根据公式，计算试样中淀粉的含量：<br><br>$$X = \frac{(A_1 - A_2) \times 0.9}{m \times \frac{V}{500} \times 1\,000} \times 100$$ | $X$：试样中淀粉的含量，g/100g<br>$A_1$：测定用试样中水解液葡萄糖质量，mg<br>$A_2$：试剂空白中葡萄糖质量，mg | 1. 计算结果正确，按照要求进行数据修约。<br>2. 根据情况正确选择计算公式。 |

| 任务 | 具体实施 | | 要求 |
|---|---|---|---|
| | 实施步骤 | 实验记录 | |
| 试样测定 | 式中：<br>0.9——以葡萄糖计换算成淀粉的换算系数；<br>500——试样液总体积，mL | $V$：测定用试样水解液体积，mL<br><br>$X$：_____<br>$A_1$：_____<br>$A_2$：_____<br>$V$：_____ | 3. 计算结果保留三位有效数字。<br>4. 精密度：在重复性条件下获得的两次独立测定结果的绝对差值不得超过算术平均值的10% |
| 结束工作 | 结束后正确处理废液，清理台面，洗净用具并归位。<br>清洗粉碎机，正确归位 | | 1. 实验室安全操作。<br>2. 团队工作总结 |

## 检查与评价

学生完成本项目的学习，通过学生自评、小组互评以检查自己对本任务学习的掌握情况。指导教师在整个教学过程中，关注每个小组的检测过程及小组成员的动手能力，并对小组成员动手能力进行评价，学生对所学的各项任务进行抽签决定考核的内容。将具体的检查与评价填入表1-50。评价表对应工作任务。

表1-50  食品中淀粉的测定任务实施评价表

| 项目 | 评价标准 | 分值/分 | 学生自评 | 小组互评 | 教师评价 |
|---|---|---|---|---|---|
| 方案设计与准备 | 认真负责、一丝不苟进行资料查阅，确定检测依据 | 5 | | | |
| | 协同合作，设计方案并合理分工 | 5 | | | |
| | 相互沟通，完成方案诊改 | 5 | | | |
| | 正确清洗及检查仪器 | 5 | | | |
| | 合理领取药品 | 5 | | | |
| | 准确进行溶液的配制 | 5 | | | |
| 试样制备 | 准确取样，按要求进行试样粉碎 | 5 | | | |
| | 规范进行试样过滤处理 | 5 | | | |
| 标定碱性酒石酸铜溶液 | 准确移取碱性酒石酸铜溶液 | 5 | | | |
| | 准确控制电炉温度及滴定时间 | 5 | | | |
| | 准确判断滴定终点 | 5 | | | |
| 样品测定 | 规范加入试样溶液及试剂 | 5 | | | |
| | 准确控制时间及加热温度，正确完成试样溶液预测滴定 | 5 | | | |
| | 根据预测滴定，准确调节试样溶液测定时直接加入试样溶液的体积 | 10 | | | |

| 项目 | 评价标准 | 分值/分 | 学生自评 | 小组互评 | 教师评价 |
|------|----------|---------|----------|----------|----------|
| 试样测定 | 准确、完整记录实验数据 | 5 | | | |
| | 正确计算结果，按照要求进行数据修约 | 5 | | | |
| | 规范编制检测报告 | 5 | | | |
| 结束工作 | 结束后倒掉废液，清理台面，洗净用具并归位，文明操作。 | 5 | | | |
| | 合理分工，按时完成工作任务 | 5 | | | |

## ● 学习思考

1. 填空题

（1）食品中淀粉测定的依据是_____。

（2）标准中_____法和_____法适用于食品(肉制品除外)中淀粉的测定。

（3）脂肪会抑制酶对淀粉的作用及对可溶性糖类的去除，所以脂肪含量高的样品需要用_____脱脂。

（4）_____破坏了淀粉的晶体结构，有利于被淀粉酶水解。已经加热处理过的食品，测定淀粉前还需要将样品再次糊化，因为老化淀粉不易被酶水解。

（5）使用淀粉酶前，应预先确定_____及水解时的_____，具体方法是用已知浓度的淀粉溶液，加一定量的淀粉酶溶液，置于 55~60 ℃水浴中保温 1 h，用碘液检验淀粉是否水解完全，从而确定。

2. 简答题

（1）淀粉有哪些性质？

（2）测定食品中的淀粉含量有何意义？

（3）淀粉酶在使用前如何确定其加入量？

# 项目 6　蛋白质的测定

# 任务 1　食品中蛋白质的测定

## ◎ 案例导入

作为蒙牛乳业自主研发技术人员，史玉东提到"一丝不苟、精益求精、专注极致"，都是对工匠的要求，也是对自己的要求。乳业是健康中国、强壮民族不可或缺的产业，是食品安全的代表性产业，乳业的振兴与发展是刻不容缓的。史玉东强调，"匠心"绝不仅仅只是口号，"匠人"更不只是标榜，"工匠精神"是需要用来践行的。

肥肉的本质是什么？瘦肉的本质是什么？生活中哪些食物含有蛋白质？我们能否知道这些食品中蛋白质含量是多少？我们为什么要研究蛋白质？如何测定食品中的蛋白质？

◉ **食品安全检测知识**

### 一、蛋白质

1. 蛋白质的概念

蛋白质是由氨基酸组成的具有特定空间结构的大分子有机化合物，是构成生物体的最基本物质之一。蛋白质的主要元素为 C、H、O、N、S；特征元素为 N（含 N 量为 16%），所有蛋白质都含氮，而且蛋白质含量十分接近且恒定，平均为 16%，即 100 g 蛋白质中含氮 16 g，而每克氮相当于 6.25 g 蛋白质，6.25 称为蛋白质系数。不同产品的蛋白质系数（F）：玉米、鸡蛋、青豆等：6.25；花生：5.46；大米：5.95；大豆及制品：5.71；小麦：5.70；牛乳及制品：6.38

因此，只要测得样品中氮的含量，就可以计算样品中蛋白质的含量：蛋白质的含量 = 样品中含氮量 ×6.25。

2. 氨基酸

蛋白质是高分子物质，分子量大，结构很复杂。它可以被酸、碱和蛋白酶催化水解，最终水解产物是氨基酸，因此氨基酸是蛋白质的基本组成单位。其结构通式：

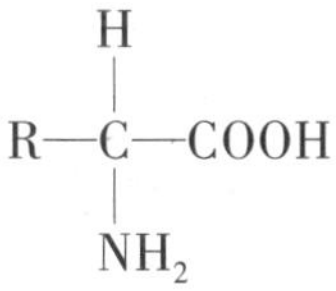

$$\text{R}-\overset{\displaystyle \text{H}}{\underset{\displaystyle \text{NH}_2}{\text{C}}}-\text{COOH}$$

3. 蛋白质的生理功能

蛋白质是生命的物质基础，是构成生物体细胞组织的重要成分，是生物体发育及修补组织的原料，维持人体的酸碱平衡、水平衡，传递遗传信息，人体物质的代谢及运转都与蛋白质有关，一切有生命的活体都含不同类型的蛋白质。人及动物只能从食品中得到蛋白质及其分解产物，来构成自身的蛋白质，是人体重要的营养物质。

### 二、食品中蛋白质测定的意义

（1）蛋白质是人体重要的营养物质。《食品的营养标签管理规范》规定，食品企业标示食品营养成分、营养声称、营养成分功能声称时，应首先标示能量和蛋白质、脂肪、碳水化合物、钠等核心营养素，见图 1-15。

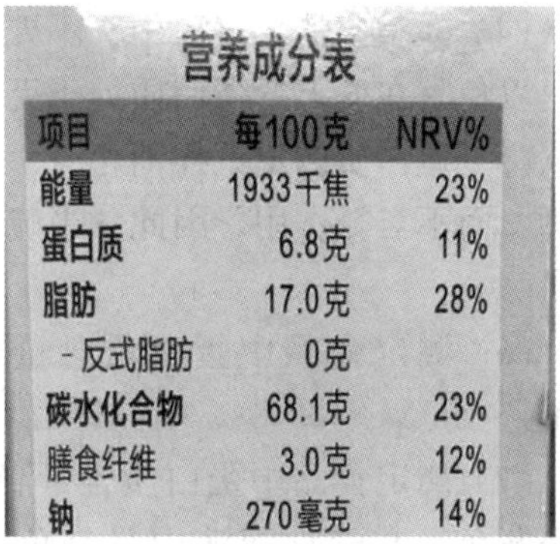

（2）测定食品中蛋白质含量，可以合理开发利用

| 营养成分表 | | |
| --- | --- | --- |
| 项目 | 每100克 | NRV% |
| 能量 | 1933千焦 | 23% |
| 蛋白质 | 6.8克 | 11% |
| 脂肪 | 17.0克 | 28% |
| - 反式脂肪 | 0克 | |
| 碳水化合物 | 68.1克 | 23% |
| 膳食纤维 | 3.0克 | 12% |
| 钠 | 270毫克 | 14% |

图 1-15 营养成分表

食品资源、优化食品配方、控制生产过程、提高和监督产品质量。

（3）食品中蛋白质含量是评价食品质量高低的指标，还关系到人体的健康。蛋白质摄入不足会产生以下危害。

①身体乏力。明明什么也没做，但是觉得很累，说明身体要补充蛋白质了。

②皮肤干燥。如果弹性蛋白、胶原蛋白、角蛋白不足，就会带来头发稀疏、皮肤发干、起皮等问题。

③身体浮肿。参与血液循环的蛋白质，可以预防液体堆积在组织当中，如果蛋白质不足，起不到阻碍的作用，液体在哪聚集，哪里就会发生浮肿的情况。

④免疫力差。免疫力差跟蛋白质摄入不足也有关系，血液当中的氨基酸会作于抗体的制造，激活之后，可以有效地帮助人体对抗病毒和细菌。

⑤伤口愈合慢。人体构成新的结缔组织和皮肤都离不开胶原蛋白，当蛋白质摄入不足时，伤口的恢复自然就慢了。

⑥饥饿感明显。如果蛋白质不够，人的饱腹感时间就会变短，这也是很多人会为了缓解饥饿感，健身时吃蛋白粉的一个主要原因。

## 三、食品中蛋白质测定的方法

GB 5009.5—2016《食品安全国家标准 食品中蛋白质的测定》中凯氏定氮法和分光光度法适用于各种食品中蛋白质含量的测定，燃烧法适用于蛋白质含量在 10 g/100 g 以上的粮食、豆类奶粉、米粉、蛋白质粉等固体试样的测定。此标准不适用于添加无机含氮物质、有机非蛋白质含氮物质的食品的测定。

## 四、食品中蛋白质测定的注意事项

（1）测定食品中蛋白质含量，样品应是均匀的。固体样品应预先研细混匀，液体样品应振摇或搅拌均匀。

（2）测定过程中，试样放入定氮瓶内时，不要黏附瓶颈上，万一黏附可用少量水冲下，以免被检样消化不完全，使结果偏低。

（3）测定蛋白质含量，消化时如不容易呈透明溶液，可将定氮瓶放冷后，慢慢加入30% 过氧化氢 2~3 mL，促使氧化。

（4）在整个消化过程中，不要用强火，应保持和缓的沸腾，使火力集中在定氮瓶底部，以免附在壁上的蛋白质处于无硫酸存在的情况，使氮有损失。

（5）蛋白质测定试样消化时，如硫酸缺少，过多的硫酸钾会引起氨的损失，形成硫酸氢钾，而不与氨作用。因此，当硫酸过多被消耗或样品中脂肪含量过高时，要增加硫酸的量。

（6）测定食品中蛋白质含量加入硫酸钾的作用为增加溶液的沸点，硫酸铜为催化剂。

（7）测定食品中蛋白质含量滴定时，混合指示剂在碱性溶液中呈绿色，在中性溶液中呈灰色，在酸性溶液中呈红色。如果没有溴甲酚绿，可单独使用 0.1% 甲基红乙醇溶液。

（8）通过用 pH 试纸检测馏出液是否为碱性，可确定氨是否完全蒸馏出来。

（9）以硼酸为氨的吸收液，可省去标定碱液的操作，且硼酸的体积要求并不严格，也可免去用移液管，操作比较简便。

（10）向蒸馏瓶中加入浓碱时，往往出现褐色沉淀物，这是由于分解促进碱与加入的硫酸铜反应，生成氢氧化铜，氢氧化铜经加热后又分解生成氧化铜沉淀。有时铜离子与氨作用，生成深蓝色的结合物。

（11）凯氏定氮法测定食品中蛋白质含量的本质是测出氮的含量，再做蛋白含量的估算。只有在被测物的组成是蛋白质时才能用本法来估算蛋白质含量。

（12）凯氏定氮法测定食品中蛋白质含量，当称样量为 5.0 g 时，检出限为 8 mg/100 g。分光光度法测定食品中蛋白质含量，当称样量为 5.0 g 时，检出限为 8 mg/100 g。

# 工作任务　凯氏定氮法测定食品中的蛋白质

## 一、检测依据

检测依据为 GB 5009.5—2016《食品安全国家标准　食品中蛋白质的测定》。食品中的蛋白质在催化加热条件下被分解，产生的氨与硫酸结合生成硫酸铵。碱化蒸馏使氨游离，用硼酸吸收后以硫酸或盐酸标准滴定溶液滴定，根据酸的消耗量计算氮含量，再乘以换算系数，即为蛋白质的含量。

食品中蛋白质
的测定

## 二、任务准备

### （一）试剂

除非另有说明，本方法所用试剂均为分析纯，水为 GB/T 6682 规定的三级水。

（1）硼酸溶液（20 g/L）：称取 20 g 硼酸，加水溶解并稀释至 1 000 mL。

（2）氢氧化钠溶液（400 g/L）：称取 40 g 氢氧化钠加水溶解后，放冷，并稀释至 100 mL。

（3）硫酸标准滴定溶液（0.050 0 mol/L）或盐酸标准滴定溶液（0.050 0 mol/L）：配制并标定。

（4）甲基红乙醇溶液（1 g/L）：称取 0.1 g 甲基红，溶于 95% 乙醇，用 95% 乙醇稀释至 100 mL。

（5）亚甲蓝乙醇溶液（1 g/L）：称取 0.1 g 亚甲蓝，溶于 95% 乙醇，用 95% 乙醇稀释至 100 mL。

（6）溴甲酚绿乙醇溶液（1 g/L）：称取 0.1 g 溴甲酚绿，溶于 95% 乙醇，用 95% 乙醇稀释至 100 mL。

（7）A 混合指示液：2 份甲基红乙醇溶液与 1 份亚甲蓝乙醇溶液临用时混合。

（8）B 混合指示液：1 份甲基红乙醇溶液与 5 份溴甲酚绿乙醇溶液临用时混合。

（9）硫酸（$H_2SO_4$ 密度为 1.84 g/L）。

（二）仪器

（1）分析天平：感量为 1 mg。

（2）定氮蒸馏装置。

（3）定氮瓶（或消化炉及消化管）。

## 三、检测程序

凯氏定氮法测定食品中蛋白质的检测程序见图 1 − 16。

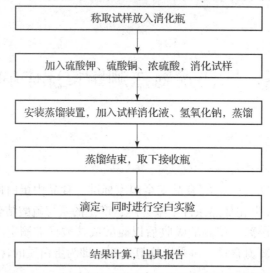

图 1 − 16　凯氏定氮法测定食品中蛋白质的检测程序

## 四、任务实施

1. 方案制定及准备

通过相关知识学习，解读国标，小组完成检测方案的设计（表 1 − 51），并依据方案完成任务准备。

表 1 − 51　检测方案设计

| 组长 | | | 组员 | |
|---|---|---|---|---|
| 学习项目 | | | 学习时间 | |
| 依据标准 | | | | |
| 准备内容 | 仪器和设备（规格、数量） | | | |
| | 试剂和耗材（规格、浓度、数量） | | | |
| | 样品 | | | |

| 任务分工 | 姓名 | 具体工作 |
|---|---|---|
| | | |
| | | |
| | | |
| | | |
| 具体步骤 | | |

2. 检测过程

根据表 1-52 实施检测。

表 1-52　检测过程

| 任务 | 具体实施 | | 要求 |
|---|---|---|---|
| | 实施步骤 | 实验记录 | |
| 试样处理 | 凯氏定氮法：称取充分混匀的固体试样 0.2~2 g、半固体试样 2~5 g 或液体试样 10~25 g（相当于 30~40 mg 氮），精确至 0.001 g，记录 $m$。移入干燥的 100 mL、250 mL 或 500 mL 定氮瓶中，加入 0.4 g 硫酸铜、6 g 硫酸钾及 20 mL 硫酸，轻摇后于瓶口放一小漏斗，将瓶以 45° 斜支于有小孔的石棉网上。小心加热，待内容物全部炭化，泡沫完全停止后，加强火力，并保持瓶内液体微沸，至液体呈蓝绿色并澄清透明后，继续加热 0.5~1 h。取下放冷，小心加入 20 mL 水。放冷后移入 100 mL 容量瓶中，并用少量水洗定氮瓶，洗液并入容量瓶中，再加水至刻度，混匀备用。同时做试剂空白实验 | $m$：试样的质量或体积，g 或 mL<br><br>$m$：_____ | 1. 桌面整齐，着工作服，仪表整洁。<br>2. 正确使用吸量管、容量瓶等玻璃仪器及分析天平，正确进行分析天平检查、使用、维护。<br>3. 正确安装消化装置，规范使用通风橱。<br>4. 正确进行试样处理。<br>5. 安全规范使用浓酸 |
| | 自动凯氏定氮仪：称取充分混匀的固体试样 0.2~2 g、半固体试样 2~5 g 或液体试样 10~25 g（相当于 30~40 mg 氮），精确至 0.001 g，至消化管中，记录 $m$。再加入 0.4 g 硫酸铜、6 g 硫酸钾及 20 mL 硫酸于消化炉进行消化。当消化炉温度达到 420 ℃ 之后，继续消化 1 h，此时消化管中的液体呈绿色透明状，取出冷却后加入 50 mL 水，于自动凯氏定氮仪（使用前加入氢氧化钠溶液、盐酸或硫酸标准溶液及含有混合指示液 A 或 B 的硼酸溶液）上实现自动加液、蒸馏、滴定和记录滴定数据的过程 | | |

| 任务 | 具体实施 | | 要求 |
|---|---|---|---|
| | 实施步骤 | 实验记录 | |
| 试样测定 | 安装好定氮蒸馏装置，向水蒸气发生器内装水至2/3处，加入数粒玻璃珠，加甲基红乙醇溶液数滴及数毫升硫酸，以保持水呈酸性、粉色，加热煮沸水蒸气发生器内的水并使之保持沸腾。向接收瓶内加入10.0 mL硼酸溶液及1~2滴混合指示液A或B，并使冷凝管的下端插入液面下，根据试样中氮含量，准确吸取2.0~10.0 mL试样处理液由小玻杯注入反应室，记录$V_3$。以10 mL水洗涤小玻杯并使之流入反应室内，随后塞紧棒状玻塞。将10.0 mL氢氧化钠溶液倒入小玻杯，提起玻塞使其缓缓流入反应室，立即将玻塞盖紧，并加水于小玻杯以防漏气。夹紧螺旋夹，开始蒸馏 | $V_3$：吸取消化液的体积，mL<br>$V_1$：试液消耗硫酸或盐酸标准滴定溶液的体积，mL<br>$V_2$：试剂空白消耗硫酸或盐酸标准滴定溶液的体积，mL<br>$c$：硫酸或盐酸标准滴定溶液的浓度，mol/L<br>$V_3$：_____<br>$V_1$：_____<br>$V_2$：_____<br>$c$：_____ | 1. 正确安装定氮蒸馏装置，掌握仪器操作及维护的方法。<br>2. 正确加入试样处理液、氢氧化钠，并液封。<br>3. 蒸馏结束后，正确撤离接收瓶。<br>4. 规范使用酸式滴定管，经过试漏、润洗、装液、排空气和调零等步骤，并能够正确读数。<br>5. 滴定结束后，正确过程顺序要明确，操作正确。<br>6. 记录正确、完整、美观。<br>7. 计算结果正确，按照要求进行数据修约。<br>8. 计算结果以重复性条件下获得的2次独立测定结果的算术平均值表示，蛋白质含量大于或等于1 g/100 g时，结果保留三位有效数字；蛋白质含量小于1 g/100 g时，结果保留两位有效数字。<br>9. 精密度：在重复条件下获得的两次独立测定结果的绝对差值不得超过算术平均值的10% |
| | 蒸馏10 min后移动蒸馏液接收瓶，液面离开冷凝管下端，再蒸馏1 min。然后用少量水冲洗冷凝管下端外部，取下蒸馏液接收瓶 | | |
| | 尽快以硫酸或盐酸标准滴定溶液滴定至终点，如果用混合指示液A，终点颜色为灰蓝色；如果用混合指示液B，终点颜色为浅灰红色。同时做试剂空白记录$c$、$V_1$、$V_2$ | | |
| | 根据公式，计算试样中蛋白质含量：<br><br>$$X = \frac{(V_1 - V_2) \times c \times 0.0140}{m \times \dfrac{V_3}{100}} \times F \times 100$$<br><br>式中：<br>0.014 0——1.0 mL硫酸$[c(1/2H_2SO_4) = 1.000\ mol/L]$或盐酸$[c(HCl) = 1.000\ mol/L]$标准滴定溶液相当的氮的质量，g；<br>$F$——氮换算为蛋白质的系数，一般食物为6.25，纯乳与纯乳制品为6.38，面粉为5.70，玉米、高粱为6.24，花生为5.46，大米为5.95，大豆及其粗加工制品为5.71，大豆蛋白制品为6.25，肉与肉制品为6.25，大麦、小米、燕麦、裸麦为5.83，芝麻、葵花子为5.30，复合配方食品为6.25；<br>100——换算系数 | $X$：试样中蛋白质的含量，g/100 g<br>$X$：_____ | |
| 结束工作 | 结束后倒掉废液，清理台面，洗净用具并归位。<br>清洗蒸馏装置，活塞处垫一条纸条，正确归位 | | 1. 实验室安全操作。<br>2. 团队进行工作总结 |

# 知识拓展　分光光度法测定食品中的蛋白质

## 一、检 测 依 据

检测依据为 GB 5009.5—2016《食品安全国家标准　食品中蛋白质的测定》。食品中的蛋白质在催化加热条件下被分解，分解产生的氨与硫酸结合生成硫酸铵，在 pH 值 4.8 的乙酸钠－乙酸缓冲溶液中与乙酰丙酮和甲醛反应生成黄色的 3,5 - 二乙酰 - 2,6 - 二甲基 - 1,4 - 二氢化吡啶化合物。在波长 400 nm 下测定吸光度值，与标准系列比较定量，结果乘以换算系数，即为蛋白质含量。

## 二、任 务 准 备

### (一) 试剂

除非另有说明，本方法所用试剂均为分析纯，水为 GB/T 6682 规定的三级水。

(1) 氢氧化钠溶液(300 g/L)：称取 30 g 氢氧化钠加水溶解后，放冷，并稀释至 100 mL。

(2) 对硝基苯酚指示剂溶液(1 g/L)：称取 0.1 g 对硝基苯酚指示剂溶于 20 mL 95% 乙醇中，加水稀释至 100 mL。

(3) 乙酸溶液(1 mol/L)：量取 5.8 mL 乙酸(优级纯)，加水稀释至 100 mL。

(4) 乙酸钠溶液(1 mol/L)：称取 41 g 无水乙酸钠或 68 g 无水乙酸钠，加水溶解后并稀释至 500 mL。

(5) 乙酸钠 - 乙酸缓冲溶液：量取 60 mL 乙酸钠溶液与 40 mL 乙酸溶液混合，该溶液 pH 值为 4.8。

(6) 显色剂：15 mL 甲醛(37%) 与 7.8 mL 乙酰丙酮混合，加水稀释至 100 mL，剧烈振摇混匀(室温下放置稳定 3 d)。

(7) 氨氮标准储备溶液(1.0 g/L)：称取 105 ℃ 干燥 2 h 的硫酸铵 0.472 0 g，加水溶解后移于 100 mL 容量瓶中，加水定容至刻度，混匀，此溶液每毫升相当于 1.0 mg 氮。

(8) 氨氮标准使用溶液(0.1 g/L)：用移液管吸取 10.00 mL 氨氮标准储备液于 100 mL 容量瓶内，加水定容至刻度，混匀，此溶液每毫升相当于 0.1 mg 氮。

(9) 硫酸($H_2SO_4$ 密度为 1.84 g/L)：优级纯。

### (二) 仪器

(1) 分光光度计。

(2) 恒温水浴锅：100 ℃ ±0.5 ℃。

(3) 10 mL 具塞玻璃比色管。

(4) 分析天平：感量为 1 mg。

## 三、检测过程

根据表 1-53 实施检测。

表 1-53　检测过程

| 任务 | 具体实施 | | 要求 |
|---|---|---|---|
| | 实施步骤 | 实验记录 | |
| 试样制备 | 称取充分混匀的样品：称取经粉碎混匀过 40 目筛的固体试样 0.1~0.5 g(精确至 0.001 g)、半固体试样 0.2~1 g(精确至 0.001 g)或液体试样 1~5 g(精确至 0.001 g)，移入干燥的 100 mL 或 250 mL 定氮瓶，记录 $m$ | $m$：试样质量，g<br>$V_1$：试样消化定容体积，mL<br>$V_2$：制备试样溶液的消化液体积，mL<br>$V_3$：试样溶液总体积，mL<br>$m$：_____<br>$V_1$：_____<br>$V_2$：_____<br>$V_3$：_____ | 1. 桌面整齐，着工作服，仪表整洁<br>2. 正确称量试样，并准确记录结果。<br>3. 正确安装消化装置，规范使用通风橱。<br>4. 安全规范使用浓酸。<br>5. 正确使用吸量管、容量瓶。<br>6. 正确规范进行样品处理。<br>7. 准确进行数据记录 |
| | 试样消解：在定氮瓶中加入 0.1 g 硫酸铜、1 g 硫酸钾及 5 mL 浓硫酸(密度为 1.84 g/L，优级纯)，摇匀后于瓶口放一小漏斗，将定氮瓶以 45° 斜支于有小孔的石棉网上。缓慢加热，待内容物全部炭化，泡沫完全停止后，加强火力，并保持瓶内液体微沸，至液体呈蓝绿色澄清透明后，再继续加热 0.5 h。取下放冷，慢慢加入 20 mL 水，放冷后移入 50 mL 或 100 mL 容量瓶中，并用少量水洗定氮瓶，洗液并入容量瓶中，再加水至刻度，混匀备用，记录 $V_1$。按同一方法做试剂空白实验 | | |
| | 试样溶液的制备：吸取 2.00~5.00 mL 试样或试剂空白消化液于 50 mL 或 100 mL 容量瓶内，加 1~2 滴对硝基苯酚指示剂溶液，摇匀后滴加氢氧化钠溶液(300 g/L)中和至黄色，再滴加乙酸溶液(1 mol/L)至溶液无色，用水稀释至刻度，混匀，记录 $V_2$、$V_3$ | | |
| 试样测定 | 标准曲线的绘制：吸取 0.00 mL、0.05 mL、0.10 mL、0.20 mL、0.40 mL、0.60 mL、0.80 mL 和 1.00 mL 氨氮标准使用溶液(相当于 0.00 μg、5.00 μg、10.0 μg、20.0 μg、40.0 μg、60.0 μg、80.0 μg 和 100.0 μg 氨)，分别置于 10 mL 比色管中。加 4.0 mL 乙酸钠 - 乙酸缓冲溶液及 4.0 mL 显色剂，加水稀释至刻度，混匀，置于 100 ℃ 水浴中加热 15 min。取出用水冷却至室温后，移入 1 cm 比色杯内，以零管为参比，于波长 400 nm 处测量吸光度值，根据标准各点吸光度值绘制标准曲线或计算线性回归方程 | 记录氨氮标准使用溶液取样体积及吸光度 | 1. 正确使用分光光度计，掌握仪器操作及维护的方法。<br>2. 正确使用比色皿。<br>3. 正确读数、绘制标准曲线或计算线性回归方程。<br>4. 计算结果正确，按照要求进行数据修约。<br>5. 正确计算结果。 |
| | 试样测定：吸取 0.50~2.00 mL(约相当于氨含量 < 100 μg)试样溶液和同量的试剂空白溶液，分别置于 10 mL 比色管中，记录 $V_4$。加 4.0 mL 乙酸钠 - 乙酸缓冲溶液及 4.0 mL 显色剂，加水稀释至刻度，混匀，置于 100 ℃ 水浴中加热 15 min。取出用水冷却至室温后，移入 1 cm 比色杯内，以零管为参比，于波长 400 nm 处测量吸光度值，并记录。试样吸光度值与标准曲线比较定量或代入线性回归方程求出含量，记录 $c$、$c_0$ | $V_4$：测定用试样溶液体积，mL<br>$c$：试样测定液中氨的含量，μg<br>$c_0$：试剂空白测定液中氨的含量，μg<br>$V_4$：_____<br>$c$：_____<br>$c_0$：_____ | |

| 任务 | 具体实施 | | 要求 |
|------|----------|---|------|
| | 实施步骤 | 实验记录 | |
| 试样测定 | 根据公式，计算试样中蛋白质含量：$$X' = \frac{(c - c_0) \times V_1 \times V_3}{m \times V_2 \times V_4 \times 1\,000 \times 1\,000} \times 100 \times F$$ 式中：<br>$F$——氮换算为蛋白质的系数，一般食物为 6.25，纯乳与纯乳制品为 6.38，面粉为 5.70，玉米、高粱为 6.24，花生为 5.46，大米为 5.95，大豆及其粗加工制品为 5.71，大豆蛋白制品为 6.25，肉与肉制品为 6.25，大麦、小米、燕麦、裸麦为 5.83，芝麻、向日葵为 5.30，复合配方食品为 6.25。<br>$1\,000$——换算系数；<br>$100$——换算系数 | $X$：试样中蛋白质的含量，g/100 g<br>$X$：_____ | 6. 计算结果以重复性条件下获得的 2 次独立测定结果的算术平均值表示，蛋白质含量大于或等于 1 g/100 g 时，结果保留三位有效数字；蛋白质含量小于 1 g/100 g 时，结果保留两位有效数字。<br>7. 精密度：在重复条件下获得的两次独立测定结果的绝对差值不得超过算术平均值的 10% |
| 结束工作 | 结束后倒掉废液，清理台面，洗净用具并归位。清洗比色皿，正确归位分光光度计 | | 1. 实验室安全操作。<br>2. 团队进行工作总结 |

## 检查与评价

学生完成本项目的学习，通过学生自评、小组互评以检查自己对本任务学习的掌握情况。指导教师在整个教学过程中，关注每个小组的检测过程及小组成员的动手能力，并对小组成员动手能力进行评价，学生对所学的各项任务进行抽签决定考核的内容。将具体的检查与评价填入表 1-54。评价表对应工作任务。

**表 1-54 食品中蛋白质测定的任务实施评价表**

| 项目 | 评价标准 | 分值/分 | 学生自评 | 小组互评 | 教师评价 |
|------|----------|---------|----------|----------|----------|
| 方案设计与准备 | 认真负责、一丝不苟进行资料查阅，确定检测依据 | 5 | | | |
| | 协同合作，设计方案并合理分工 | 5 | | | |
| | 相互沟通，完成方案诊改 | 5 | | | |
| | 正确清洗及检查仪器 | 5 | | | |
| | 合理领取药品 | 5 | | | |
| | 正确取样 | 5 | | | |
| | 准确进行溶液的配制 | 5 | | | |
| 试样处理 | 正确安装消化装置 | 5 | | | |
| | 规范使用通风橱 | 5 | | | |
| | 正确加入实验试剂 | 5 | | | |

| 项目 | 评价标准 | 分值/分 | 学生自评 | 小组互评 | 教师评价 |
|------|----------|---------|----------|----------|----------|
| 试样测定 | 正确安装凯氏定氮蒸馏装置 | 5 | | | |
| | 规范加入样液及试剂 | 5 | | | |
| | 正确完成蒸馏、滴定 | 10 | | | |
| | 准确、完整记录实验数据 | 5 | | | |
| | 正确计算结果，按照要求进行数据修约 | 5 | | | |
| | 规范编制检测报告 | 5 | | | |
| 结束工作 | 结束后倒掉废液，清理台面，洗净用具并归位 | 5 | | | |
| | 清洗消化、蒸馏装置，正确归位。规范操作 | 5 | | | |
| | 合理分工，按时完成工作任务 | 5 | | | |

### 学习思考

1. 填空题

（1）凯氏定氮法消化过程中 $H_2SO_4$ 的作用是＿＿＿＿＿＿＿＿，$CuSO_4$ 的作用是＿＿＿＿＿＿＿＿＿。

（2）凯氏定氮法的主要操作步骤分为消化、＿＿＿＿＿＿、吸收、＿＿＿＿＿。

（3）硫酸钾在定氮法消化过程中的作用是＿＿＿＿＿＿＿＿＿。

（4）实验室组装蒸馏装置，应选用的玻璃仪器是＿＿＿＿＿＿＿＿。

（5）凯式定氮法测定蛋白质含量时，样品与浓硫酸、硫酸钾、硫酸铜一同加热消化，其中碳和氢被氧化成＿＿＿＿＿和＿＿＿＿＿，氮最终转化成＿＿＿＿＿。

2. 简答题

（1）凯氏定氮法测定食品中蛋白质含量的基本原理是什么？

（2）标准中测定食品中蛋白质含量的方法有哪些？试述这些方法的使用范围及优缺点。

（3）凯氏定氮法测定黄豆中蛋白质含量的过程中样品消化有哪些注意事项？

# 任务2　食品中氨基酸态氮的测定

### 案例导入

酿造酱油是我国劳动人民创造发明的传统调味品，是中国对人类文明的贡献。中国酱油酿造工艺经历了汉代以来的制麴法、唐代以来的全料制麴、现代的麴种法三个历史发展阶段。其间，手工劳作的前店后厂式中国传统"酱园"在历史上存在了两千数百年之久，对中国酱和中国酱油文化的历史影响重大。明治维新以来，日本相继使中国酱油文化实现了日本化、现代化、全球化。20世纪中叶以后中国酱油生产的科学与技术发生了重大改变，取得了巨大发展。今天，中国酱油不仅真正成了中国大众家庭生活必不可少的调味品，而且越来越为全世界各种不同类型文化人群所喜爱和接受。

## ◎ 问题启发

分享生活中对酱油的喜好？什么是酿造酱油？如何判断真假酱油？氨基酸态氮为什么是酱油质量判定的重要指标？如何测定酱油中氨基酸态氮？

## ◎ 食品安全检测知识

### 一、氨基酸态氮

#### 1. 氨基酸态氮的定义

氨基酸态氮指的是以氨基酸形式存在的氮元素的含量，亦称氨基氮，是酱油中的重要组成成分，是酱油这个调味品鲜味的主要来源，也是由制造酱油的原料(大豆和或脱脂大豆、小麦和或麸皮)中的蛋白质水解产生的，亦是区分酿造酱油与勾兑酱油，展示酱油质量的重要指标。酱油俗称豉油，以富含蛋白质的豆类和富含淀粉的谷类及其副产品为主要原料，在微生物酶的催化作用下分解熟成并经浸滤提取的调味汁液。

#### 2. 酱油的分类

按生产工艺分为两类：酿造酱油(GB/T 18186—2000)，以大豆和(或)脱脂大豆、小麦和(或)麸皮为原料，经微生物发酵制成的具有特殊色、香、味的液体调味品；配制酱油以酿造酱油为主体，与酸水解植物蛋白调味液、食品添加剂等配制而成的液体调味品。

### 二、食品中氨基酸态氮测定的意义

氨基酸态氮是判定发酵产品发酵程度的特性指标。该指标不达标，主要是由于生产工艺不符合标准要求，产品配方缺陷或者是产品与已制定指标不匹配等原因造成的。氨基酸态氮含量越高，说明酱油中的氨基酸含量越高，鲜味越好。酱油中氨基酸态氮最低含量不得小于 0.4 g/100 mL。

依据标准进行食品中氨基酸态氮的测定。

### 三、食品中氨基酸态氮测定的方法

GB 5009.235—2016《食品安全国家标准　食品中氨基酸态氮的测定》规定了酱油、酱、黄豆酱中氨基酸态氮的测定方法。酸度计法适用于以粮食和其副产品豆饼、麸皮等为原料酿造或配制的酱油，以粮食为原料酿造的酱类，以黄豆、小麦粉为原料酿造的豆酱类食品中氨基酸态氮的测定；比色法适用于以粮食和其副产品豆饼、麸皮等为原料酿造或配制的酱油中氨基酸态氮的测定。

### 四、食品中氨基酸态氮测定的注意事项

(1)酸度计法测定酱油氨基酸态氮时，pH 值 8.2 是溶液中所有酸性成分与氢氧化钠

标准溶液完全反应后的 pH 值，即总酸度。pH 值9.2是溶液中氨态氮中的羧基与氢氧化钠标准溶液完全反应后的 pH 值。该实验用的是 pH 值8.2和9.2，由于酱油中还有总酸度，所以即使不测定总酸度，也要用 pH 值8.2时氢氧化钠标准溶液消耗的体积与 pH 值9.2时氢氧化钠标准溶液消耗的体积之差来计算样品中氨态氮含量。

（2）标准 pH 缓冲液按规定配制好以后为避免其 pH 值会发生变化，存放时间不应过长，否则将直接影响到滴定终点，最终导致检测结果的不准确。

（3）酸度计法测定酱油氨基酸态氮准确快速，可用于各类样品游离氨基酸含量测定。

（4）氨基酸态氮测定时，对于浑浊和色深样液可不经处理而直接测定。

（5）酸度计久置的复合电极初次使用时，一定要先在饱和氯化钾溶液中浸泡24 h以上。

（6）测定酱油氨基酸态氮时，加入甲醛后放置时间不宜过长，应立即滴定，以免甲醛聚合，影响测定结果。

（7）由于铵离子能与甲醛作用，试样中若含有铵盐将会使测定结果偏高。

（8）比色法测定食品中氨基酸态氮，检出限为 0.007 0 mg/100 g，定量限为 0.021 0 mg/100 g。

# 工作任务　酸度计法测定食品中氨基酸态氮

## 一、检测依据

食品中氨基酸态氮的测定

检测依据为 GB 5009.235—2016《食品安全国家标准　食品中氨基酸态氮的测定》。利用氨基酸的两性作用，加入甲醛以固定氨基的碱性，使羧基显示出酸性，用氢氧化钠标准溶液滴定后定量，以酸度计测定终点。

## 二、任务准备

### （一）试剂

除非另有说明，本方法所用试剂均为分析纯，水为 GB/T 6682 规定的三级水。

（1）甲醛溶液：36%～40%。

（2）0.05 mol/L 氢氧化钠标准滴定溶液：按 GB/T 601—2016 规定的方法配制和标定。

（3）酚酞指示液：称取酚酞1 g，溶于95%的乙醇中，用95%乙醇稀释至100 mL。

### （二）仪器

（1）酸度计或自动电位滴定仪。

（2）磁力搅拌器。

（3）10 mL 微量滴定管。

（4）分析天平：感量0.1 mg。

## 三、检测程序

酸度计法测定食品中氨基酸态氮的检测程序，见图1-17。

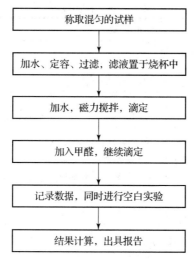

图1-17 酸度计法测定食品中氨基酸态氮的检测程序

## 四、任务实施

### 1. 方案制定及准备

通过相关知识学习，解读国标，小组完成检测方案的设计（表1-55），并依据方案完成任务准备。

表1-55 检测方案设计

| 组长 | | | 组员 | |
|---|---|---|---|---|
| 学习项目 | | | 学习时间 | |
| 依据标准 | | | | |
| 准备内容 | 仪器和设备（规格、数量） | | | |
| | 试剂和耗材（规格、浓度、数量） | | | |
| | 样品 | | | |
| 任务分工 | 姓名 | | 具体工作 | |
| | | | | |
| | | | | |
| | | | | |
| 具体步骤 | | | | |

## 2. 检测过程

根据表 1-56 实施检测。

**表 1-56 检测过程**

| 任务 | 具体实施 | | 要求 |
|------|---------|---|------|
| | 实施步骤 | 实验记录 | |
| 试样处理 | 酱油类：直接称取试样 5 g(或吸取 5.0 mL)放入 100 mL 容量瓶，加水定容至刻度线。吸取 20.0 mL 置于 200 mL 烧杯中，待测，记录 $m$、$V_3$、$V_4$ | $m$：试样质量，g<br>$V_3$：滴定时吸取试样稀释溶液体积，mL<br>$V_4$：试样稀释液的定容体积，mL<br>$m$：_____<br>$V_3$：_____<br>$V_4$：_____ | 1. 桌面整齐，着工作服，仪表整洁。<br>2. 正确使用吸量管、容量瓶等玻璃仪器及分析天平，正确进行分析天平检查、使用、维护。<br>3. 正确规范进行试样处理 |
| | 酱及黄豆酱样品：将酱或黄豆酱样品搅拌均匀后，放入研钵中，在 10 min 内迅速研磨至无肉眼可见颗粒，装入磨口瓶中备用。用已知重量的称量瓶称取搅拌均匀的试样 5.0 g，用 50 mL 80 ℃ 左右的蒸馏水分数次洗入 100 mL 烧杯中，冷却后，转入 100 mL 容量瓶中，用少量水分次洗涤烧杯，洗液并入容量瓶中，并加水至刻度，混匀后过滤。吸 10.0 mL 上述试样置于 200 mL 烧杯中，待测，记录 $m$、$V_3$、$V_4$ | | |
| 试样测定 | 在上述待测溶液中加水 60 mL，开动磁力搅拌器，用 0.05 mol/L NaOH 标准滴定溶液滴定至酸度计指示为 pH 值 8.2(记下消耗氢氧化钠标准滴定溶液的体积，可用于计算总酸含量)，记录 $c$ | $c$：氢氧化钠标准溶液浓度，mol/L<br>$V_1$：测定用试样稀释液加入甲醛后消耗氢氧化钠标准滴定溶液的体积，mL<br>$V_2$：空白实验加入甲醛后滴定至终点所消耗氢氧化钠标准溶液的体积，mL<br>$c$：_____<br>$V_1$：_____<br>$V_2$：_____ | 1. 正确使用酸度计，掌握仪器操作及维护的方法。<br>2. 正确使用碱式滴定管，经过试漏、润洗、装液、排空气和调零等步骤，并能够正确读数。<br>3. 待测液加水、滴定、加甲醛、再滴定过程顺序要明确，操作正确。<br>4. 记录正确、完整、美观;<br>5. 计算结果正确，按照要求进行数据修约。<br>6. 计算结果保留两位有效数字。<br>7. 精密度：在重复条件下获得的两次独立测定结果的绝对差值不得超过算术平均值的 10% |
| | 加入 10.0 mL 甲醛溶液，混匀。再用 0.05 mol/L NaOH 标准滴定溶液继续滴定至 pH 值为 9.2，记录 $V_1$ | | |
| | 同时做试剂空白：取 80 mL 水，在同样条件下做试剂空白实验，记录 $V_2$ | | |
| | 根据公式，计算试样中氨基酸态氮的含量：<br>$$X = \frac{(V_1 - V_2) \times c \times 0.014}{m \times V_3/V_4} \times 100$$<br>式中：<br>100——单位换算系数;<br>0.014——与 1.00 mL 氢氧化钠标准滴定溶液(1.000 mol/L)相当的氮的质量，单位为 g | $X$：样品中氨基酸态氮的含量，g/100 mL<br>$X$：_____ | |
| 结束工作 | 结束后倒掉废液、清理台面、洗净用具并归位。<br>清洗酸度计电极，正确归位 | | 1. 实验室安全操作。<br>2. 团队进行工作总结 |

# 知识拓展　比色法测定食品中氨基酸态氮

## 一、检测依据

检测依据为 GB 5009.235—2016《食品安全国家标准　食品中氨基酸态氮的测定》。在 pH 值为 4.8 的乙酸钠 – 乙酸缓冲液中，氨基酸态氮与乙酰丙酮和甲醛反应生成黄色的 3,5 – 二乙酸 – 2,6 – 二甲基 – 1,4 二氢化吡啶氨基酸衍生物。在波长 400 nm 处测定吸光度，与标准系列比较定量。

## 二、任务准备

### （一）试剂

除非另有说明，本方法所用试剂均为分析纯，水为 GB/T 6682 规定的二级水。

（1）乙酸溶液（1 mol/L）：量取 5.8 mL 乙酸（优级纯），加水稀释至 100 mL。

（2）乙酸钠溶液（1 mol/L）：称取 41 g 无水乙酸钠或 68 g 无水乙酸钠，加水溶解后并稀释至 500 mL。

（3）乙酸钠 – 乙酸缓冲溶液：量取 60 mL 乙酸钠溶液（2）与 40 mL 乙酸溶液（1）混合，该溶液 pH 值为 4.8。

（4）显色剂：15 mL 甲醇（37%）与 7.8 mL 乙酰丙酮混合，加水稀释至 100 mL，剧烈振摇混匀（室温下放置稳定 3 d）。

（5）氨氮标准储备溶液（以氮计）（1.0 mg/mL）：称取 105 ℃ 干燥 2 h 的硫酸铵 0.472 0 g 加水溶解后移于 100 mL 容量瓶中，并定容至刻度，混匀，此溶液每毫升相当于 1.0 mg 氮。

（6）氨氮标准使用溶液（0.1 g/L）：用移液管吸取 10.00 mL 氨氮标准储备液于 100 mL 容量瓶内，加水定容至刻度，混匀，此溶液每毫升相当于 0.1 mg 氮。

### （二）仪器

（1）分光光度计。

（2）电热恒温水浴锅：100 ℃ ±0.5 ℃。

（3）10 mL 具塞玻璃比色管。

（4）分析天平：感量为 1 mg。

## 三、检测过程

根据表 1 – 57 实施检测。

表 1-57 检测过程

| 任务 | 具体实施 | | 要求 |
|------|---------|---------|------|
| | 实施步骤 | 实验记录 | |
| 试样处理 | 准确称取1.0 g(或吸取1.0 mL)试样于50 mL容量瓶中,加水定容至刻度,混匀,记录 $m_1$ | $m_1$:称取试样的质量,g<br>$m_1$:_____ | 1. 桌面整齐,着工作服,仪表整洁。<br>2. 正确使用吸量管、容量瓶等玻璃仪器及电子天平,正确进行天平检查、使用、维护。<br>3. 正确规范进行样品处理 |
| 试样测定 | 标准曲线的制作:吸取0.00 mL、0.05 mL、0.10 mL、0.20 mL、0.40 mL、0.60 mL、0.80 mL和1.00 mL氨氮标准使用溶液(相当于0.00 μg、5.00 μg、10.0 μg、20.0 μg、40.0 μg、60.0 μg、80.0 μg和100.0 μg $NH_3-N$),分别置于10 mL比色管。分别加入4 mL乙酸钠-乙酸缓冲溶液及4 mL显色剂,加水稀释至刻度,混匀。置于100 ℃水浴中加热15 min。取出用水冷却至室温后,移入1 cm比色杯内,以零管为参比,于波长400 nm处测量吸光度,绘制标准曲线或计算线性回归方程 | 记录氨氮标准使用溶液取样体积及吸光度 | 1. 正确使用分光光度计,掌握仪器操作及维护的方法。<br>2. 正确选择仪器波长,完成标准曲线制作 |
| 试样测定 | 精密吸取2.00 mL试样稀释溶液于10 mL比色管中。加4 mL乙酸钠-乙酸缓冲溶液及4 mL显色剂,加水稀释至刻度,混匀。置于100 ℃水浴中加热15 min。取出用水冷却至室温后,移入1 cm比色杯内,以零管为参比,于波长400 nm处测量吸光度,并记录。试样吸光度与标准曲线比较定量或代入线性回归方程求出含量,记录 $m$、$V_1$、$V_2$ | $m$:试样测定液中氮的质量,μg<br>$V_1$:测定用试样溶液体积,mL<br>$V_2$:试样前处理中的定容体积,mL<br>$m$:_____<br>$V_1$:_____<br>$V_2$:_____ | 3. 吸取试样稀释溶液,加乙酸钠-乙酸缓冲溶液及显色剂,加水稀释,水浴加热、冷却过程顺序要明确,操作正确。<br>4. 正确测定吸光度。<br>5. 记录正确、完整、美观;计算结果正确,按照要求进行数据修约。<br>6. 计算结果保留两位有效数字。<br>7. 精密度:在重复条件下获得的两次独立测定结果的绝对差值不得超过算术平均值的10% |
| | 根据公式,计算试样中试样中氨基酸态氮的含量:<br>$$X = \frac{m}{m_1 \times \dfrac{V_1}{V_2} \times 1\,000 \times 1\,000} \times 100$$<br>式中:<br>100、1 000——单位换算系数 | $X$:试样中氨基酸态氮的含量,g/100 mL<br>$X$:_____ | |
| 结束工作 | 结束后倒掉废液,清理台面,洗净用具并归位。清洗比色皿,正确安放分光光度计 | | 1. 实验室安全操作。<br>2. 团队进行工作总结 |

## 检查与评价

学生完成本项目的学习,通过学生自评、小组互评以检查自己对本任务学习的掌握情况。指导教师在整个教学过程中,关注每个小组的检测过程及小组成员的动手能力,并对小组成员动手能力进行评价,学生对所学的各项任务进行抽签决定考核的内容。将具体的检查与评价填入表 1-58。评价表对应工作任务。

表 1-58 食品中氨基酸态氮测定的任务实施评价表

| 项目 | 考核内容 | 分值/分 | 学生自评 | 小组互评 | 教师评价 |
|---|---|---|---|---|---|
| 方案设计与准备 | 认知负责、一丝不苟进行资料查阅，确定检测依据 | 5 | | | |
| | 协同合作，设计方案并合理分工 | 5 | | | |
| | 相互沟通，完成方案诊改 | 5 | | | |
| | 正确清洗及检查仪器 | 5 | | | |
| | 合理领取药品 | 5 | | | |
| | 正确取样 | 5 | | | |
| | 准确进行溶液的配制 | 5 | | | |
| 试样处理 | 正确完成试样处理 | 5 | | | |
| 试样测定 | 按照说明书预热酸度计 | 10 | | | |
| | 规范完成试样滴定 | 10 | | | |
| | 正确使用酸度计 | 10 | | | |
| | 正确、完整记录实验数据 | 5 | | | |
| | 正确计算结果，按照要求进行数据修约 | 5 | | | |
| | 规范编制检测报告 | 5 | | | |
| 结束工作 | 结束后倒掉废液，清理台面，洗净用具并归位 | 5 | | | |
| | 清洗酸度计电极，正确归位。规范操作 | 5 | | | |
| | 合理分工，按时完成工作任务 | 5 | | | |

## 学习思考

1. 填空题

（1）食品中氨基酸态氮含量的测定方法有_____、_____。

（2）测定氨基酸态氮时加入甲醛的目的是_____。

（3）氨基酸是蛋白质分子的单体，由_____和_____组成。

（4）标准 pH 缓冲液按规定配制好以后为避免其 pH 值会发生变化，存放时间不应过长，否则将直接影响到_____，最终导致检测结果_____。

（5）酸度计法测定酱油氨基酸态氮准确快速，可用于各类样品_____含量测定。

2. 简答题

（1）试述不同奶酒中氨基酸含量的指标值，并说明检测的意义。

（2）在做空白实验时，若在中和游离酸前，pH 值即为 8.20 或者大于 8.20，你将如何继续操作？

（3）中和游离酸后，加入甲醛，溶液的 pH 值如何变化？为什么？

# 项目 7　脂类的测定

## 任务 1　食品中脂肪的测定

### ◉ 案例导入

方便面是以小麦粉、荞麦粉、玉米粉、绿豆粉、米粉等为主要原料，添加食盐或食品添加剂，加适量水调制、压延、成型、汽蒸后，经油炸或干燥处理，达到一定成熟度的方便食品。经食用油煎炸、脱水的方便面称为油炸方便面。油炸方便面脂肪含量相对较高，且一般用脂肪酸含量较高的棕榈油炸制，长期摄入会增加患心血管疾病的风险。脂肪含量的多少是油炸方便面产品的重要质量指标，GB/T 40772—2021《方便面》中规定油炸方便面脂肪含量小于或等于24.0%。

分享生活中你对方便面的喜好。常见的方便面种类有哪些？油炸方便面有哪些健康隐患？如何测定方便面中的油脂含量？

◉ **食品安全检测知识**

### 一、脂类

脂类是人体需要的重要营养素之一，供给机体所需的能量、提供机体所需的必需脂肪酸，是人体细胞组织的组成成分。脂类分为油脂即甘油三酯和类脂，一般将常温下呈液态的油脂称为油，呈固态的油脂称为脂肪，其中甘油三酯是食品中脂肪的主要成分，通常占总脂的 95% ~ 99%。不同食品，脂肪含量不同，其中植物性或动物性油脂中脂肪含量最高，而水果、蔬菜中脂肪含量很低。

脂肪是人体的重要组成成分，是生命转运的必需品。脂肪中的磷脂和胆固醇是人体细胞的主要成分，脑细胞和神经细胞中含量最多。脂肪可为人体提供热能，是食品中三大产热营养素之一，脂肪在体内可提供 39.54 kJ/g 的热能，比糖（18.41 kJ/g）和蛋白质（18.20 kJ/g）高 1 倍以上。脂肪大部分储存在皮下，用于调节体温，保护对温度敏感的组织，防止热能散失。脂肪与蛋白质结合形成的脂蛋白在调节人体生理机能和完成体内生化反应方面都起着非常重要的作用。脂肪是食品中重要的营养成分之一，人体所需的必需脂肪酸是由脂肪提供的。脂肪也是脂溶性维生素的良好溶剂，可辅助脂溶性维生素的吸收。

食品中脂肪的存在形式有游离态的，如动物性脂肪及植物性油脂；也有结合态的，如天然存在的磷脂、糖脂、脂蛋白及某些加工食品（如焙烤食品及麦乳精等）中的脂肪，它们与蛋白质或碳水化合物等成分形成结合态。对大多数食品来说，游离态脂肪是主要的，结合态脂肪含量较少。

脂类不溶于水，易溶于有机溶剂。测定脂类大多采用有机溶剂萃取法。

检测脂肪含量的方法有多种，食品的种类不同，则检测方法有所不同。常用一般食品检测脂肪的方法有：索氏抽提法、酸水解法、碱水解法、盖勃法，还有低分辨率 NMR 法、X 射线吸收法、介电常数测定法、红外光谱分析法、超声波法、比色分析法、密度测定法等。

### 二、食品中脂肪测定的意义

在食品加工生产中，原料、半成品、成品的脂肪含量对产品的风味、组织结构、品质、外观、口感等都有直接的影响。例如在蔬菜罐头生产时，由于蔬菜本身脂肪含量较低，可适量添加脂肪改善制品的风味；对于面包之类的焙烤食品，脂肪含量特别是卵磷脂等组分与面包的柔软度、面包的体积及其结构都直接相关。在食品的加工生产中对食品中的脂肪含量有相应的规定，因此，为了实现食品生产中的质量管理，脂肪含量是一项重要的控制指标。测定食品的脂肪含量，对于评价食品的品质、衡量食品的营养价值，同时对于加工生产过程的质量管理、食品的储藏、运输条件等都将起到重要的指导作用。

### 三、食品中脂肪测定的方法

GB 5009.6—2016《食品安全国家标准 食品中脂肪的测定》中索氏抽提法适用于水果、蔬菜及其制品、粮食及粮食制品、肉及肉制品、蛋及蛋制品、水产及其制品、焙烤食品、糖果等食品中游离态脂肪含量的测定。酸水解法适用于水果、蔬菜及其制品、粮食及粮食制品、肉及肉制品、蛋及蛋制品、水产及其制品、焙烤食品、糖果等食品中游离态脂肪及结合态脂肪总量的测定。碱水解法适用于乳及乳制品、婴幼儿配方食品中脂肪的测定。盖勃法适用于乳及乳制品、婴幼儿配方食品中脂肪的测定。

### 四、食品中脂肪测定的注意事项

（1）抽提剂乙醚是易燃、易爆物质，应注意通风并且不能有火源。

（2）样品滤纸筒的高度不能超过虹吸管，否则上部脂肪不能提尽而造成误差。

（3）样品和醚浸出物在烘箱中干燥时，时间不能过长，以防止不饱和的脂肪酸受热氧化而增加质量。

（4）脂肪抽提器在烘箱中干燥时，瓶口侧放，以利空气流通，而且先不要关上烘箱门，于 90 ℃以下鼓风干燥 10～20 min，驱尽残余溶剂后再将烘箱门关紧，升至所需温度。

（5）乙醚若放置时间过长，会产生过氧化物。过氧化物不稳定，当蒸馏或干燥时会发生爆炸，故使用前应严格检查，并除去过氧化物。检查方法：取 5 mL 乙醚于试管中，加 KI（100 g/L）溶液 1 mL，充分振摇 1 min。静置分层。若有过氧化物则放出游离碘，水层是黄色（或加 4 滴 5 g/L 淀粉指示剂显蓝色），则该乙醚需处理后使用。去除过氧化物的方法：将乙醚倒入蒸馏瓶中加一段无锈铁丝或铝丝，收集重蒸馏乙醚。

（7）反复加热可能会因脂类氧化而增重，质量增加时，以增重前的质量为恒重。

# 工作任务　索氏抽提法测定食品中的脂肪

### 一、检测依据

检测依据为 GB 5009.6—2016《食品安全国家标准 食品中脂肪的测定》。脂肪易溶于有机溶剂。试样直接用无水乙醚或石油醚等溶剂抽提后，蒸发除去溶剂，干燥，得到游离态脂肪的含量。

食品中脂肪的
测定

### 二、任务准备

#### （一）试剂

除非另有说明，本方法所用试剂均为分析纯，水为 GB/T 6682 规定的三级水。

（1）无水乙醚。

（2）石油醚：沸程 30～60 ℃。

（3）石英砂。

（4）脱脂棉。

（二）仪器

（1）索氏抽提器，如图 1-18 所示。

（2）恒温水浴锅。

（3）分析天平：感量 0.001 g 和 0.000 1 g。

（4）电热鼓风干燥箱。

（5）干燥箱：内装有干燥剂，如硅胶。

（6）滤纸筒。

（7）蒸发皿。

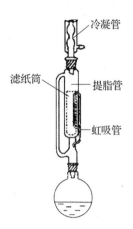

图 1-18　索氏抽提器

## 三、检测程序

索氏抽提法测定食品中脂肪的检测程序，见图 1-19。

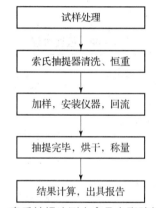

图 1-19　索氏抽提法测定食品中脂肪的检测程序

## 四、任务实施

1. 方案制定及准备

通过相关知识学习，解读国标，小组完成检测方案的设计（表 1-59），并依据方案完成任务准备。

表 1-59　检测方案设计

| 组长 | | 组员 | |
|---|---|---|---|
| 学习项目 | | 学习时间 | |
| 依据标准 | | | |
| 准备内容 | 仪器和设备<br>（规格、数量） | | |
| | 试剂和耗材<br>（规格、浓度、数量） | | |
| | 样品 | | |

| 任务分工 | 姓名 | 具体工作 |
|---|---|---|
| | | |
| | | |
| | | |
| | | |
| 具体步骤 | | |

### 2. 检测过程

根据表 1 – 60 实施检测。

表 1 – 60  检测过程

| 任务 | 具体实施 | | 要求 |
|---|---|---|---|
| | 实施步骤 | 实验记录 | |
| 试样处理 | 固体样品：称取充分混匀后的试样 2～5 g，准确至 0.001 g，全部移入滤纸筒内，记录 $m_2$ | $m_2$：试样质量，g<br>$m$：_____ | 1. 桌面整齐，着工作服，仪表整洁。<br>2. 正确进行分析天平检查、使用、维护。<br>3. 正确使用和维护电炉、恒温干燥箱等高温设备，树立实验室安全意识。<br>4. 正确准备滤纸筒。<br>5. 正确规范进行试样的采样和预处理 |
| | 液体或半固体样品：称取混匀后的试样 5～10 g，准确至 0.001 g，置于蒸发皿中，加入约 20 g 石英砂，于沸水浴上蒸干后，在电热鼓风干燥箱中于 100 ℃±5 ℃ 干燥 30 min 后，取出，研细，全部移入滤纸筒内。蒸发皿及粘有试样的玻棒，均用沾有乙醚的脱脂棉擦净，并将棉花放入滤纸筒，记录试样质量 $m_2$ | | |
| 抽提 | 抽提：将滤纸筒放入索氏抽提器的抽提筒内，连接已干燥至恒重的接收瓶，由抽提器冷凝管上端加入无水乙醚或石油醚至瓶内容积的 2/3 处，于水浴上加热，使无水乙醚或石油醚不断回流抽提(6～8 次/h)，一般抽提 6～10 h。提取结束时，用磨砂玻棒接取 1 滴提取液，磨砂玻璃棒上无油斑表明提取完毕，记录接收瓶质量 $m_0$ | $m_0$：接收瓶的质量，g<br>$m_1$：恒重后接收瓶和脂肪的含量，g | 1. 正确安装索氏抽提器。<br>2. 正确使用恒温水浴锅，掌握仪器操作及维护的方法。<br>3. 正确控制溶液回流提取速度。<br>4. 准确判断抽提终点。<br>5. 正确进行有机溶剂的回收。 |

| 任务 | 具体实施 | | 要求 |
|------|---------|---------|------|
| | 实施步骤 | 实验记录 | |
| 抽提 | 　取下接收瓶，回收无水乙醚或石油醚，待接收瓶内溶剂剩余 1~2 mL 时在水浴上蒸干，再于 100 ℃ ±5 ℃ 干燥 1 h，放于干燥器内冷却 0.5 h 称量。重复以上操作直至恒重（前后两次质量差不超过 2 mg），记录 $m_1$ | $m_0$: ———— $m_1$: ———— | 6. 正确进行有机溶剂的挥发操作，树立正确的实验室安全意识。<br>7. 正确使用干燥器，会进行干燥器干燥效果的评定和处理。<br>8. 正确判断恒重。<br>9. 记录正确、完整、美观。 |
| | 　根据公式，计算试样中的脂肪含量：<br><br>$$X = \frac{m_1 - m_0}{m_2} \times 100$$<br><br>式中：<br>100——换算系数 | $X$：试样中脂肪的含量，g/100 g<br>$X$: ———— | 10. 计算结果正确，按照要求进行数据修约。<br>11. 计算结果表示到小数点后一位。<br>12. 精密度：在重复性条件下获得的两次独立测定结果的绝对差值不得超过算术平均值的 10% |
| 结束工作 | 结束后倒掉废渣、废液，清理台面，洗净索氏抽提器、烘干，关闭水浴锅、恒温干燥箱等设备，并归位 | | 1. 实验室安全操作。<br>2. 团队进行工作总结。<br>3. 完成检测报告 |

# 知识拓展　酸水解法测定食品中的脂肪

## 一、检测依据

　　检测依据为 GB 5009.6—2016《食品安全国家标准　食品中脂肪的测定》。食品中的结合态脂肪必须用强酸使其游离出来，游离出的脂肪易溶于有机溶剂。试样经盐酸水解后用无水乙醚或石油醚提取，除去溶剂即得游离态和结合态脂肪的总含量。

## 二、任务准备

### （一）试剂
除非另有说明，本方法所用试剂均为分析纯，水为 GB/T 6682 规定的三级水。
（1）盐酸（2 mol/L）：量取 50 mL 盐酸，加入 250 mL 水中，混匀。
（2）乙醇。
（3）无水乙醚。
（4）石油醚：沸程为 30~60 ℃。
（5）碘液（0.05 mol/L）：称取 6.5 g 碘和 25 g 碘化钾于少量水中溶解，稀释至 1 L。

## (二) 材料

(1) 蓝色石蕊试纸。

(2) 脱脂棉。

(3) 滤纸：中速。

## (三) 仪器

(1) 恒温水浴锅。

(2) 电热板：满足 200 ℃高温。

(3) 锥形瓶。

(4) 表面皿。

(5) 分析天平：感量为 0.1 g 和 0.001 g。

(6) 电热鼓风干燥箱。

## 三、检测过程

根据表 1 - 61 实施检测。

表 1 - 61　检测过程

| 任务 | 具体实施 | | 要求 |
|---|---|---|---|
| | 实施步骤 | 实验记录 | |
| 试样处理 | 肉制品：称取混匀后的试样 3～5 g，准确至 0.001 g，置于锥形瓶中，加入 50 mL 2 mol/L 盐酸溶液和数粒玻璃细珠，盖上表面皿，在电热板上加热至微沸，保持 1 h，每 10 min 旋转摇动 1 次。取下锥形瓶，加入 150 mL 热水，混匀，过滤。锥形瓶和表面皿用热水洗净，热水一并过滤。沉淀用热水洗至中性(用蓝色石蕊试纸检验，中性时试纸不变色)。将沉淀和滤纸置于大表面皿上，于 100 ℃±5 ℃干燥箱内干燥1 h，冷却，记录 $m_2$ | $m_2$：试样质量，g | 1. 桌面整齐，着工作服，仪表整洁。<br>2. 正确使用量筒、吸量管等玻璃仪器，及分析天平，正确进行分析天平检查、使用、维护 |
| | 淀粉：根据总脂肪含量的估计值，称取混匀后的试样 25～50 g，准确至 0.1 g，倒入烧杯并加入 100 mL 水。将 100 mL 盐酸缓慢加到 200 mL 水中，并将该溶液在电热板上煮沸后加入试样液中，加热此混合液至沸腾并维持 5 min，停止加热后，取几滴混合液于试管中，待冷却后加入 1 滴碘液，若无蓝色出现，可进行下一步操作。若出现蓝色，应继续煮沸混合液，并用上述方法不断地进行检查，直至确定混合液中不含淀粉为止，再进行下一步操作。将盛有混合液的烧杯置于水浴锅(70～80 ℃)中 30 min，不停地搅拌，以确保温度均匀，使脂肪析出。用滤纸过滤冷却后的混合液，并用干滤纸片取出黏附于烧杯内壁的脂肪。为确保定量的准确性，应将冲洗烧杯的水进行过滤。在室温下用水冲洗沉淀和干滤纸片，直至滤液用蓝色石蕊试纸检验不变色。将含 | | |

| 任务 | 具体实施 | | 要求 |
|---|---|---|---|
| | 实施步骤 | 实验记录 | |
| 试样处理 | 有沉淀的滤纸和干滤纸片折叠后，放置于大表面皿上，在100 ℃±5 ℃的电热恒温干燥箱内干燥1 h，记录 $m_2$ | | 3. 正确规范进行样品的采样和预处理 |
| | 其他固体样品：称取2~5 g试样，准确至0.001 g，置于50 mL试管内，加入8 mL水，混匀后再加10 mL盐酸。将试管放入70~80 ℃水浴中，每隔5~10 min以玻棒搅拌1次，至试样消化完全为止，40~50 min。混匀后待测，记录 $m_2$ | $m_2$：_____ | |
| | 其他液体样品：称取约10 g试样，准确至0.001 g，置于50 mL试管内，加10 mL盐酸。其余操作同其他固体试样，记录试样质量 $m_2$ | | |
| 试样测定 | 肉制品、淀粉样品的抽提：同索氏抽提法试样抽提 | $m_0$：接收瓶的质量，g<br>$m_1$：恒重后接收瓶和脂肪的含量，g<br>$m_0$：_____<br>$m_1$：_____ | 1. 正确使用恒温水浴锅，掌握仪器操作及维护的方法。<br>2. 正确使用移液管、具塞量筒、玻棒、锥形瓶等玻璃仪器。<br>3. 正确进行溶液搅拌、转移、吸取操作。<br>4. 正确进行有机溶剂的挥发操作，树立正确的实验室安全意识。<br>5. 正确使用干燥器，会进行干燥器干燥效果的评定和处理。<br>6. 正确判断恒重。<br>7. 记录正确、完整、美观。<br>8. 计算结果正确，按照要求进行数据修约。<br>9. 计算结果表示到小数点后一位。<br>10. 精密度：在重复性条件下获得的两次独立测定结果的绝对差值不得超过算术平均值的10% |
| | 其他食品的抽提：取出试管，加入10 mL乙醇，混合。冷却后将混合物移入100 mL具塞量筒中。用25 mL无水乙醚分数次洗涤试管，一并倒入具塞量筒中。待无水乙醚全部倒入量筒后，加塞振摇1 min，小心开塞，放出气体，再塞好，静置12 min，小心开塞，并用乙醚冲洗塞及量筒口附着的脂肪。静置10~20 min，待上部液体清晰，吸出上清液于已恒重的锥形瓶内，再加5 mL无水乙醚于具塞量筒中，振摇，静置后，仍将上层乙醚吸出，放入原锥形瓶内，记录 $m_0$ | | |
| | 回收溶剂、烘干、称重：取下接收瓶，回收无水乙醚或石油醚，待接收瓶内溶剂剩余1~2 mL时在水浴上蒸干，再于100 ℃±5 ℃干燥1 h，放于干燥器内冷却0.5 h称量。重复以上操作直至恒重(前后两次质量差不超过2 mg)，记录 $m_1$ | | |
| | 试样中脂肪含量 $X$ 的计算，同工作任务 | | |
| 结束工作 | 结束后倒掉废渣、废液，清理台面，洗净具塞量筒、移液管、玻棒、锥形瓶等玻璃仪器，关闭水浴锅、干燥箱等设备，并归位 | | 1. 实验室安全操作。<br>2. 团队进行工作总结 |

⊚ **检查与评价**

学生完成本项目的学习，通过学生自评、小组互评以检查自己对本任务学习的掌握情况。指导教师在整个教学过程中，关注每个小组的检测过程及小组成员的动手能力，并对小组成员动手能力进行评价，学生对所学的各项任务进行抽签决定考核的内容。将具体的检查与评价填入表1-62。评价表对应工作任务。

**表1-62 食品中脂肪含量测定任务实施评价表**

| 项目 | 评价标准 | 分值/分 | 学生自评 | 小组互评 | 教师评价 |
|------|---------|---------|---------|---------|---------|
| 方案设计与准备 | 认真负责、一丝不苟进行资料查阅，确定检测依据 | 5 | | | |
| | 协同合作，设计方案并合理分工 | 5 | | | |
| | 相互沟通，完成方案诊改 | 5 | | | |
| | 正确清洗及检查仪器 | 5 | | | |
| | 合理领取药品 | 5 | | | |
| | 正确取样 | 5 | | | |
| 试样处理 | 正确进行试样处理 | 5 | | | |
| | 规范制作滤纸包 | 5 | | | |
| | 正确将试样放入滤纸包并检查 | 5 | | | |
| 试样测定 | 正确安装索氏抽提器 | 10 | | | |
| | 规范放入试样，调节水浴温度 | 5 | | | |
| | 正确接通冷凝水，开始抽提 | 10 | | | |
| | 准确、完整记录实验数据 | 5 | | | |
| | 正确计算结果，按照要求进行数据修约 | 5 | | | |
| | 规范编制检测报告 | 5 | | | |
| 结束工作 | 结束后正确收集抽提剂；规范清洗索氏抽提器并规范放置；清理台面、洗净用具并归位 | 5 | | | |
| | 清洗消化、蒸馏装置，正确归位。规范操作 | 5 | | | |
| | 合理分工，按时完成工作任务 | 5 | | | |

🔵 **学习思考**

1. 填空题

（1）索氏抽提法提取脂肪主要是依据脂肪的_____特性，用该法检验试样的脂肪含量前一定要对试样进行_____的处理，才能得到较好的结果。

（2）脂类不溶于_____，易溶于_____。测定脂类大多采用_____法。

（3）检测脂肪含量的方法有多种，食品的种类不同，则检测方法有所不同。常用一般食品检测脂肪的方法有：_____法、_____法、_____法、_____法。还有低分辨率 NMR 法、X 射线吸收法、介电常数测定法、红外光谱分析法、超声波法、比色分析法等。

（4）用索氏抽提法测定脂肪含量时，如果有水或醇存在，会使测定结果偏_____，这是因为_____。

（5）索氏抽提器由_____、_____、_____三部分组成。

2. 简答题

（1）简述索氏提取法的适用范围、工作原理及注意事项。

（2）酸水解法测定肉制品脂肪含量时，加入盐酸溶液的作用是什么？

（3）测定脂肪时常用的提取剂有哪些？各自的特点如何？

# 任务2　食品中过氧化值的测定

## ◎ 案例导入

陈瓜子过氧化值超标吗？过氧化值在一定程度上可以反映食品的质量，除了食用油质量检测时需要测定过氧化值，当加工食品的原材料中有油脂、脂肪时，一般就要检测其过氧化值了，如蛋糕、月饼、方便面、绿豆糕、桃酥、莲花酥、饼干、面包、沙琪玛、肉制品、坚果、水产及其制品、速冻水饺、火腿、火腿肠、腌腊肉、婴幼儿奶粉等食品。买回来的食品如果放置时间过长，或者买回来生产过久的食品，食品中的油脂不可避免会发生酸败氧化，进而引起过氧化值增高的问题。

## ◎ 问题启发

过氧化值超标可能的危害有哪些？造成这一现象的原因可能有哪些？此类情况发生该公司中哪些人可能有失职？分享生活中常有哈喇味的食品有哪些？什么原因引起的？这样的食品还能吃吗？

## ◎ 食品安全检测知识

### 一、过氧化值

（1）过氧化值表示油脂和脂肪酸等被氧化程度的一种指标，是 1 kg 样品中的活性氧含量，以过氧化物的毫摩尔数表示。以油脂、脂肪为原料而制作的食品，通过检测其过氧化值可以判断其质量和变质程度。

（2）过氧化值超标的原因。

①植物油是不饱和羧酸的甘油酯(含有双键)，食用植物油暴露在空气中很容易被氧化。塑料容器中的过氧化物引发剂碎片也会引起氧化。所以食用植物油应该在玻璃容器中密封保存。

②《食品安全国家标准　糕点、面包》(GB 7099—2015)规定，糕点中的过氧化值(以脂肪计)应不超过 0.25 g/100 g。过氧化值的超标可能是原料中的脂肪已经氧化，原料储存

过程中，未采取有效的抗氧化措施等原因，致使最终产品油脂氧化。

## 二、食品中过氧化值测定的意义

（1）"地沟油"作为反复使用的废弃油脂回购加工所得，其过氧化值也是严重超标的，虽然不能作为检测"地沟油"的唯一指标，但是也可以作为"地沟油"的初步筛查方法之一。

（2）并不是合格的食品就不用担心过氧化值超标的问题，食品如果放置时间过长，食品中的油脂不可避免地会发生酸败氧化，进而引起过氧化值增高。大桶的食用油，在使用过程中，每次打开盖，都会进去一些氧气，打开次数越多越会增加油脂酸败氧化的速度，所以要尽量减少打开的次数。

（3）长期食用过氧化值超标的食物对人体的健康非常不利，因为过氧化物可以破坏细胞膜结构，导致胃癌、肝癌、动脉硬化、心肌梗塞、脱发和体重减轻等疾病发生。

## 三、食品中过氧化值测定的方法

GB 5009.227—2023《食品安全国家标准　食品中过氧化值的测定》中指示剂滴定法适用于食用中过氧化值的测定。电位滴定法适用于食用动植物油脂和人造奶油中过氧化值的测定，测量范围为 $0 \sim 0.38$ g/100 g。

## 四、食品中过氧化值测定的注意事项

（1）析出碘用硫代硫酸钠液滴定的方法，受光线的影响较大，光线可促进空气对碘化钾的氧化，表现为在较强的光线下有较大的空白值，因此滴定时应尽量避光。

（2）室温在 25 ℃以上时，游离碘的挥发很显著，可以看到液面上空气中有明显碘蒸气的柴油色，且"碘 – 淀粉"反灵敏度降低，故在室温高达 25 ℃时，滴定宜用冰浴降温至 20 ℃以下进行。

（3）重铬酸钾与碘化钾之间反应速度较慢，特别是在水溶液中更慢，故加入水稀释前要放置 $5 \sim 6$ min。

（4）测定过氧化值过程中，淀粉指示剂应在将近终点时再加入。

（5）硫代硫酸钠应避免接触橡胶制品，可在水中充分煮沸以减少微生物的影响，该溶液应密塞保存，尽量减少与空气的接触。

（6）滴定液在储存中如出现浑浊，不得再使用。

# 工作任务　指示剂滴定法测定食品中的过氧化值

## 一、检测依据

检测依据为 GB 5009.227—2023《食品安全国家标准　食品中过氧化值的测定》。经制备的油脂试样在三氯甲烷－冰乙酸溶液中溶解，其中的过氧化物与碘化钾反应生成碘，用硫代硫酸钠标准滴定溶液滴定析出的碘，再用过氧化物相当于碘的质量分数或 1 kg 样品中活性氧的毫摩尔数表示过氧化值的量。

## 二、任务准备

食品中过氧化值的测定

### （一）试剂

除非另有说明，本方法所用试剂均为分析纯，水为 GB/T 6682 规定的三级水。

（1）无水硫酸钠。

（2）丙酮。

（3）淀粉酶（CAS：9000 - 92 - 4）：酶活力大于或等于 2 000 U/g。

（4）木瓜蛋白酶（CAS：9001 - 73 - 4）：酶活力大于或等于 6 000 U/g。

（5）三氯甲烷－冰乙酸混合液（2 + 3）：将三氯甲烷和冰乙酸按 2：3 的体积比混合均匀。

（6）淀粉指示剂（10 g/L）：称取 1 g 可溶性淀粉，加入约 5 mL 水使其呈糊状，在搅拌下将 95 mL 沸水加到糊状物中，再煮沸 1~2 min，冷却。临用现配。

（7）碘化钾饱和溶液：称取约 16 g 碘化钾，加入 10 mL 适量新煮沸冷却的水，摇匀后储于棕色瓶中，盖塞，于避光处保存备用，应确保溶液中有饱和碘化钾结晶存在，若超过试样测定空白体积要求时应重新配制。

使用前检查：在 30 mL 三氯甲烷－冰乙酸混合液中添加 1.00 mL 碘化钾饱和溶液和 2 滴 1% 淀粉指示剂，若出现蓝色，并需用 1 滴以上的 0.01 mol/L 硫代硫酸钠（$Na_2S_2O_3 \cdot 5H_2O$）溶液才能消除，此碘化钾溶液不能使用，应重新配制。

（8）石油醚：沸程 30~60 ℃。

石油醚的确认：取 100 mL 石油醚于旋蒸瓶中，在不高于 40 ℃ 的水浴中，用旋转蒸发仪减压蒸干。用 30 mL 三氯甲烷－冰乙酸溶液分次洗涤旋蒸瓶，合并洗涤液于 250 mL 碘量瓶中。准确加入 1.00 mL 饱和碘化钾溶液，塞紧瓶盖，并轻轻振摇 0.5 min，在暗处放置 3 min，加 1.0 mL 淀粉指示剂后混匀，若无蓝色出现，此石油醚用于试样制备；如加 1.0 mL 淀粉指示剂混匀后有蓝色出现，则需更换试剂。

（9）标准溶液配制．

①0.1 mol/L 硫代硫酸钠标准滴定溶液：按照 GB/T 5009.1—2003 要求进行配制和标定，或经国家认证并授予标准物质证书的标准滴定溶液。

②0.01 mol/L 硫代硫酸钠标准滴定溶液：由 0.1 mol/L 硫代硫酸钠标准滴定溶液，以新煮沸冷却的水稀释而成，临用前配制。

③0.002 mol/L 硫代硫酸钠标准滴定溶液：由 0.01 mol/L 硫代硫酸钠标准滴定溶液，以新煮沸冷却的水稀释而成，临用前配制。

### （二）仪器

（1）分析天平：感量为 0.01 g、0.001 g、0.000 1 g。

（2）电热恒温干燥箱。

（3）旋转蒸发仪：配棕色旋蒸瓶。

（4）恒温水浴振荡器。

（5）高速冷冻离心机：转速大于或等于 5 000 r/min。

（6）顶置搅拌器。

（7）滴定管：容量 10 mL，最小刻度为 0.05 mL。

（8）滴定管：容量 25 mL 或 50 mL，最小刻度为 0.1 mL。

注：本方法中使用的所有器皿不得含有还原性或氧化性物质。磨砂玻璃表面不得涂油。

## 三、检测程序

指示剂滴定法测定食品中过氧化值的检测程序，见图 1 – 20。

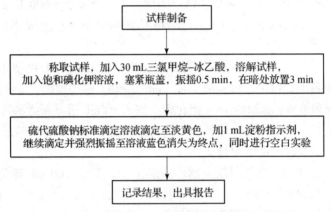

图 1 – 20　指示剂滴定法测定食品中过氧化值的检测程序

## 四、任务实施

### 1. 方案制定及准备

通过相关知识学习，解读国标，小组完成检测方案的设计（表 1 – 63），并依据方案完成任务准备。

表 1 – 63　检测方案设计

| 组长 | | | 组员 | |
| --- | --- | --- | --- | --- |
| 学习项目 | | | 学习时间 | |
| 依据标准 | | | | |
| 准备内容 | 仪器和设备<br>（规格、数量） | | | |
| | 试剂和耗材<br>（规格、浓度、数量） | | | |
| | 样品 | | | |

| 任务分工 | 姓名 | 具体工作 |
|---|---|---|
| | | |
| | | |
| | | |
| | | |
| 具体步骤 | | |

2. 检测过程

根据表 1-64 实施检测。

表 1-64　检测过程

| 任务 | 具体实施 | | 要求 |
|---|---|---|---|
| | 实施步骤 | 实验记录 | |
| 试样制备 | 动植物油脂：对液态样品，振摇装有试样的密闭容器，充分均匀后直接取样；对固态样品，选取有代表性的试样置于密闭容器中混匀后取样，记录 $m$。如有必要，将盛有固态试样的容器置于恒温水浴，加温熔化样品，振摇混匀，趁试样为液态时立即取样测定<br><br>油脂制品<br>(1)食用氢化油、起酥油、代可可脂：同动植物油脂。<br>(2)人造奶油：将样品置于密闭容器中，于 60～70 ℃的恒温干燥箱中加热至熔化，振摇混匀后，继续加热至破乳分层并将油层通过快速定性滤纸过滤到烧杯中，烧杯中滤液为待测试样，待测试样应澄清。趁待测试样为液态时立即取样测定。 | $m$：试样质量，g | 1. 桌面整齐，着工作服，仪表整洁。<br>2. 正确使用吸量管、容量瓶等玻璃仪器及分析天平，正确进行分析天平检查、使用、维护。 |

| 任务 | 具体实施 | | 要求 |
|---|---|---|---|
| | 实施步骤 | 实验记录 | |
| 试样制备 | （3）植脂奶油：取有代表性样品于烧杯中，加入约 5 倍样品体积的石油醚，使用顶置搅拌器搅拌 2 min 使混合均匀。边搅拌边加入 1.6 倍的无水硫酸钠，继续搅拌混合 5 min，取下静置 5 min 使石油醚分层。将上清液倒出，向烧杯中加入约 2 倍样品体积的石油醚，重复以上搅拌、静置操作，将石油醚合并，过滤，将滤液转入棕色旋蒸瓶中，在不高于 40 ℃的水浴中，用旋转蒸发仪减压蒸干石油醚，残留物即为待测试样，提取量不少于 5 g。<br><br>（4）粉末油脂制品：称取有代表性样品于棕色碘量瓶中，每 1 g 样品加入 0.02 g 木瓜蛋白酶和 0.02 g 淀粉酶。加入 2 倍样品体积的水混合，盖塞。将碘量瓶置于 50 ℃恒温水浴振荡器，60～100 次/min 振荡 30 min，取出冷却。加入与水等体积的丙酮，混匀。加入 3 倍样品体积的石油醚振荡提取 1 min，将其转入分液漏斗静置 30 min 分层，弃去下层。加入与石油醚等体积的水洗涤有机相，弃去下层，将上层有机相转入装有无水硫酸钠漏斗进行过滤。将滤液转入棕色旋蒸瓶中，在不高于 40 ℃的水浴中，用旋转蒸发仪减压蒸干石油醚，残留物即为待测试样，提取量不少于 5 g | $m:$ _____ | 3. 正确取用石油醚的有机试剂。<br>4. 正确规范进行试样处理。<br>5. 试样制备过程应避免强光，并尽可能避免带入空气 |
| | 植物性食品及其制品：从所取全部样品中取出有代表性样品的可食部分，除去其中不含油脂部分，含水分较多的速冻调理肉样品可用纱布将水沥干再进行制备。破碎并充分混匀，置于广口瓶中，加入 2～3 倍样品体积的石油醚，摇匀，充分混合，封口后静置浸提 12 h 以上，必要时超声 5～10 min。经装有无水硫酸钠的漏斗过滤，取滤液，在不高于 40 ℃的水浴中，用旋转蒸发仪减压蒸干石油醚，残留物即为待测试样，提取量不少于 5 g | | |
| 试样测定 | 应避免在阳光直射下进行试样测定。称取制备的试样 2～3 g（精确至 0.001 g），置于 250 mL 碘量瓶中，加入 30 mL 三氯甲烷-冰乙酸溶液，轻轻振摇使试样完全溶解。准确加入 1.00 mL 饱和碘化钾溶液，塞紧瓶盖，并轻轻振摇 0.5 min，在暗处放置 3 min<br><br>取出加 100 mL 水，摇匀后立即用硫代硫酸钠标准滴定溶液（过氧化值估计值在 0.15 g/100 g 及以下时，用 0.002 mol/L 标准滴定溶液；过氧化值估计值大于 0.15 g/100 g 时，用 0.01 mol/L 标准滴定溶液）滴定析出的碘，滴定至淡黄色时，加 1 mL 淀粉指示剂，继续滴定并强烈振摇至溶液蓝色消失为终点，记录 $c$、$V$ | $c$：硫代硫酸钠标准溶液浓度，mol/L<br>$V$：试样消耗硫代硫酸钠标准滴定溶液的体积，mL<br>$V_0$：空白实验消耗硫代硫酸钠标准滴定溶液的体积，mL<br>$c:$ _____ | 1. 正确使用碱式滴定管，经过试漏、润洗、装液、排空气和调零等步骤，并能够正确读数。<br>2. 待测液加水、滴定、加甲醛、再滴定过程顺序要明确，操作正确。<br>3. 记录正确、完整、美观。 |

| 任务 | 具体实施 | | 要求 |
|---|---|---|---|
| | 实施步骤 | 实验记录 | |
| 试样测定 | 同时做试剂空白实验，空白实验所消耗 0.01 mol/L 硫代硫酸钠溶液体积不得超过 0.1 mL，记录 $V_0$ | $V$：_____<br>$V_0$：_____ | 4. 计算结果正确，按照要求进行数据修约。<br>5. 计算结果以重复性条件下获得的两次独立测定结果的算术平均值表示，结果保留两位有效数字。<br>6. 精密度：在重复性条件下获得的两次独立测定结果的绝对差值不得超过算术平均值的 10% |
| | 根据公式，用过氧化物相当于碘的质量分数表示过氧化值时：<br><br>$$X = \frac{(V - V_0) \times c \times 0.126\ 9}{m} \times 100$$<br><br>式中：<br>0.126 9——与 1.00 mL 硫代硫酸钠标准滴定溶液 $[c(Na_2S_2O_3) = 1.000\ mol/L]$ 相当的碘的质量；<br>100——换算系数 | $X$：试样过氧化值，g/100 g<br>$X$：_____<br>$X_1$：试样过氧化值，mmol/kg<br>$X_1$：_____ | |
| | 根据公式，用 1 kg 试样中活性氧的毫摩尔数表示过氧化值时，<br><br>$$X_1 = \frac{(V - V_0) \times c}{2 \times m} \times 1\ 000$$<br><br>式中：<br>1 000——换算系数 | | |
| 结束工作 | 结束后倒掉废液，清理台面，洗净用具并归位 | | 1. 实验室安全操作。<br>2. 团队进行工作总结 |

# 知识拓展　电位滴定法测定食品中的过氧化值

## 一、检 测 依 据

检测依据为 GB 5009.227—2023《食品安全国家标准　食品中过氧化值的测定》。经制备的油脂试样溶解在异辛烷-冰乙酸溶液中溶解，试样中过氧化物与碘化钾反应生成碘，反应后用硫代硫酸钠标准滴定溶液滴定析出的碘，用电位滴定仪确定滴定终点。用过氧化物相当于碘的质量分数或 1 kg 样品中活性氧的毫摩尔数表示过氧化值的量。

## 二、任 务 准 备

### (一) 试剂

除非另有说明，本方法所用试剂均为分析纯，水为 GB/T 6682 规定的三级水。

(1) 异辛烷-冰乙酸混合液：将异辛烷和冰乙酸按 2∶3 的体积比混合均匀。

(2) 碘化钾饱和溶液：同指示剂滴定法。

(3) 标准溶液配制：同指示剂滴定法。

## (二) 仪器

(1) 分析天平：感量为 0.01 g、0.001 g、0.000 1 g。

(2) 电热恒温干燥箱。

(3) 电位滴定仪：精度为 ±2 mV。

(4) 磁力搅拌器。

注：本方法中使用的所有器皿不得含有还原性或氧化性物质。磨砂玻璃表面不得涂油。

# 三、检测过程

根据表 1-65 实施检测。

表 1-65　检测过程

| 任务 | 具体实施 | | 要求 |
|---|---|---|---|
| | 实施步骤 | 实验记录 | |
| 试样制备 | 试样制备同工作任务 | 同工作任务 | 同工作任务 |
| 试样测定 | 称取制备的油脂试样 5 g(精确至 0.001 g)于电位滴定仪的滴定杯中，加入 50 mL 异辛烷-冰乙酸溶液，轻轻振摇使试样完全溶解。如果试样溶解性较差(如硬脂或动物脂肪)，可先向滴定杯中加入 20 mL 异辛烷，轻轻振摇使样品溶解，再加入 30 mL 冰乙酸后混匀 | $V$：试样消耗硫代硫酸钠标准溶液体积，mL<br><br>$V_0$：空白实验消耗硫代硫酸钠标准溶液体积，mL<br><br>$V$：_____<br><br>$V_0$：_____ | 1. 正确使用电位滴定仪，掌握仪器操作与维护的方法。<br>2. 正确控制滴定速度。<br>3. 要保证样品混合均匀又不会产生气泡影响电极响应。可根据仪器说明书的指导，选择一个合适的搅拌速度。<br>4. 可根据仪器进行加水量的调整，加水量会影响起始电位，但不影响测定结果。被滴定相位于下层，更大量的水有利于相转化，加水量越大，滴定起点和滴定终点间的电位差异越大，滴定曲线上的拐点更明显。<br>5. 记录正确、完整、美观；计算结果正确，按照要求进行数据修约。<br>6. 计算结果保留两位有效数字。<br>7. 在重复性条件下获得的两次独立测定结果的绝对差值不得超过算术平均值的10% |
| | 向滴定杯中准确加入 1.00 mL 饱和碘化钾溶液，开动磁力搅拌器，在合适的搅拌速度下反应 60 s ± 1 s。立即向滴定杯中加入 30～100 mL 水，插入电极和滴定头，设置好滴定参数，运行滴定程序，采用动态滴定模式进行滴定并观察滴定曲线和电位变化，硫代硫酸钠标准滴定溶液加液量一般控制在 0.05～0.2 mL/滴。到达滴定终点后，记录 $V$。每完成一个样品的滴定后，须将搅拌器或搅拌磁子、滴定头和电极浸入异辛烷中清洗表面的油脂 | | |
| | 同时进行空白实验：采用等量滴定模式进行滴定并观察滴定曲线和电位变化，硫代硫酸钠标准溶液加液量一般控制在 0.005 mL/滴。到达滴定终点后，记录 $V_0$。空白实验所消耗 0.01 mol/L 硫代硫酸钠溶液体积 $V_0$ 不得超过 0.1 mL | | |
| | 计算同工作任务 | | |

| 任务 | 具体实施 | | 要求 |
|------|---------|---|------|
| | 实施步骤 | 实验记录 | |
| 结束工作 | 结束后倒掉废液，清理台面，洗净用具并归位。清洗电位滴定仪并归位，正确安放磁力搅拌器 | | 1. 实验室安全操作。<br>2. 团队进行工作总结 |

## ◎ 检查与评价

学生完成本项目的学习，通过学生自评、小组互评以检查自己对本任务学习的掌握情况。指导教师在整个教学过程中，关注每个小组的检测过程及小组成员的动手能力，并对小组成员动手能力进行评价，学生对所学的各项任务进行抽签决定考核的内容。将具体的检查与评价填入表 1-66。评价表对应工作任务。

### 表 1-66　食品中过氧化值测定任务实施评价表

| 项目 | 评价标准 | 分值/分 | 学生自评 | 小组互评 | 教师评价 |
|------|---------|--------|---------|---------|---------|
| 方案设计与准备 | 认真负责、一丝不苟进行资料查阅，确定检测依据 | 5 | | | |
| | 协同合作，设计方案并合理分工 | 5 | | | |
| | 相互沟通，完成方案诊改 | 5 | | | |
| | 正确清洗及检查仪器 | 5 | | | |
| | 合理领取药品 | 5 | | | |
| | 正确取样 | 5 | | | |
| | 准确进行溶液的配制 | 5 | | | |
| 试样处理 | 不同类样品选择正确处理的处理方法 | 5 | | | |
| | 根据正确方法，完成试样制备 | 10 | | | |
| 试样测定 | 正确使用微量滴定管 | 10 | | | |
| | 正确进行试样滴定 | 10 | | | |
| | 准确、完整记录实验数据 | 5 | | | |
| | 正确计算结果，按照要求进行数据修约 | 5 | | | |
| | 规范编制检测报告 | 5 | | | |
| 结束工作 | 结束后倒掉废液，清理台面，洗净用具并归位 | 5 | | | |
| | 清洗微量滴定管等玻璃仪器及其他工具，正确归位，规范操作 | 5 | | | |
| | 合理分工，按时完成工作任务 | 5 | | | |

## ◎ 学习思考

1. 填空题

（1）过氧化值表示＿＿＿＿和＿＿＿＿等被氧化程度的一种指标。

（2）过氧化值是1 kg样品中的活性氧含量，以过氧化物的_____表示，用于说明样品是否因已被氧化而变质。

（3）以油脂、脂肪为原料而制作的食品，通过检测其过氧化值可判断其_____和_____。

（4）食用植物油暴露在空气中很容易被_____。塑料容器中的_____也会引起氧化。

（5）GB 7099—2015《食品安全国家标准　糕点、面包》规定，糕点中的过氧化值(以脂肪计)应不超过_____。

2. 简答题

（1）食品中过氧化值测定的依据是什么？

（2）食品安全国家标准中指标剂滴定法适用什么样品的过氧化值测定？

（3）食品过氧化值超标的原因有哪些？

# 项目 8 营养素和矿物质的测定

## 知识目标

1. 熟悉维生素和矿物质在食品中的功能与应用。

2. 了解食品中维生素和矿物质含量测定的常用方法及测定意义。

3. 掌握食品中脂溶性维生素和水溶性维生素含量测定方法的原理、操作步骤及注意事项。

4. 掌握食品中粗灰分测定的意义和测定方法原理、步骤及注意事项。

5. 掌握食品中钙含量的测定意义、方法原理、操作步骤及注意事项。

6. 能熟练操作高效液相色谱仪、荧光分光光度计和原子吸收分光光度计，并能进行维护及保养。

## 能力目标

1. 能够正确查阅食品营养素和矿物质检测相关标准，并正确选用检测方法。

2. 能够整理分析资料并设计检测方案。

3. 能够对高效液相色谱仪、荧光分光光度计和原子吸收分光光度计等设备进行维护保养。

4. 能够对实验结果进行记录、分析和处理，并编制报告。

5. 能够正确处理实验废弃物，建立环保意识，自觉遵守安全操作规程。

## 素养目标

1. 培养自主解决复杂的实际问题、熟练掌握食品营养与质量判断的职业能力。

2. 增强食品安全意识与科学膳食理念。

## 任务 1 食品中抗坏血酸的测定

### ◎ 案例导入

维生素 C 是一种水溶性维生素，又名 L-抗坏血酸，可以促进骨胶原和胶原蛋白的合成，增强机体免疫力，预防心血管疾病，改善坏血病引起的牙龈出血、皮下瘀斑、口腔溃疡等症状，但过量摄入会引起反酸、恶心、呕吐、腹痛等胃肠道不适，还会影响机体中草酸、尿酸的排泄，诱发痛风，严重的还会引起血栓类疾病。如果一次性摄入维生素 C 达 2 500~5 000 mg 或更高时，可能会导致红细胞大量破裂，出现溶血等危重现象。

## ◎ 问题启发

哪些食品中富含维生素 C？食品生产加工和储存中利用的是维生素 C 的什么性质？检测食品中维生素 C 含量的方法有哪些？检测过程中又需要注意哪些事项？

## ◎ 食品安全检测知识

### 一、抗坏血酸

抗坏血酸又称维生素 C，最早发现于 1912 年，并在 1928 年首次被分离出来，它的结构类似葡萄糖，是一种具有抗氧化性的有机化合物，是人体必需的营养素之一。维生素 C 在水中易溶呈酸性，在乙醇中略溶，在三氯甲烷或乙醚中不溶。维生素 C 具有很强的还原性，很容易被氧化成脱氢抗坏血酸，但是其反应过程是可逆的，并且抗坏血酸和脱氢抗坏血酸具有同样的生理功能。脱氢抗坏血酸在碱性或强酸性溶液中可进一步水解生成二酮古洛糖酸，而不可逆失去抗坏血酸的生理功能。$L(+)$ – 抗坏血酸是左式右旋光抗坏血酸，具有强还原性，对人体具有生物活性。$D(-)$ – 抗坏血酸又称异抗坏血酸，具有强还原性，但对人体基本无生物活性。$L(+)$ – 抗坏血酸极易被氧化为 $L(+)$ – 脱氢抗坏血酸，$L(+)$ – 脱氢抗坏血酸亦可被还原为 $L(+)$ – 抗坏血酸，通常称为脱氢抗坏血酸。$L(+)$ – 抗坏血酸总量是指将试样中 $L(+)$ – 脱氢抗坏血酸还原成的 $L(+)$ – 抗坏血酸，或将试样中 $L(+)$ – 抗坏血酸氧化成的 $L(+)$ – 脱氢抗坏血酸后测得的 $L(+)$ – 抗坏血酸的总量。

### 二、抗坏血酸测定的意义

抗坏血酸广泛存在于新鲜蔬菜水果中，测定抗坏血酸含量是评价果蔬产品质量的重要指标之一。高等灵长类动物包括人类不能自身合成维生素 C，必须由食物摄入来维持正常的生命活动。抗坏血酸是高效抗氧化剂，用来减轻抗坏血酸过氧化物酶基底的氧化应力。人体有许多重要的生物合成过程中需要抗坏血酸参与，如抗坏血酸参与胶原蛋白的生成，促进代谢。抗坏血酸还有促进铁、钙、叶酸利用的作用，尤其对贫血和钙质吸收差人群而言，更是需要抗坏血酸的特殊供给。另外抗坏血酸还可以有效地促进机体免疫功能的维持，对身体虚弱的人来说，适量摄入可提高免疫能力。

### 三、抗坏血酸测定的方法

GB 5009.86—2016《食品安全国家标准　食品中抗坏血酸的测定》中规定高效液相色谱法、荧光法、2,6 – 二氯靛酚滴定法为测定食品中抗坏血酸的方法。高效液相色谱法适用于乳粉、谷物、蔬菜、水果及其制品、肉制品、维生素类补充剂、果冻、胶基糖果、八宝粥、葡萄酒中的 $L(+)$ – 抗坏血酸、$D(-)$ – 抗坏血酸和 $L(+)$ – 抗坏血酸总量的测定。荧光法适用于乳粉、蔬菜、水果及其制品中 $L(+)$ – 抗坏血酸总量的测定。2,6 – 二氯靛酚滴定法适用于水果、蔬菜及其制品中 $L(+)$ - 抗坏血酸的测定。本项目重点学习高效液相色谱法和荧光法两种测定食品中抗坏血酸的方法。

### 四、抗坏血酸测定的注意事项

（1）大多数植物组织内含有一种能破坏抗坏血酸的氧化酶，因此抗坏血酸的测定应采用新鲜样品并尽快用偏磷酸 – 醋酸提取液将样品制成匀浆以保存抗坏血酸。

（2）某些果胶含量高的样品不易过滤，可采用抽滤的方法，也可先离心，再取上清液过滤。

（3）活性炭可将抗坏血酸氧化为脱氢抗坏血酸，但它也有吸附抗坏血酸的作用，故活性炭用量应适当与准确。实验结果证明，用 2 g 活性炭能使测定样品中还原型抗坏血酸完全氧化为脱氢型，其吸附影响不明显。

（4）高效液相色谱法和荧光法测定抗坏血酸整个检测过程应在避光条件下进行。

（5）高效液相色谱法测定时固体样品取样量为 2 g 时，$L(+)$ - 抗坏血酸和 $D(-)$ - 抗坏血酸的检出限均为 0.5 mg/100 g，定量限均为 2.0 mg/100 g。液体样品取样量为 10 g（或 10 mL）时，$L(+)$ - 抗坏血酸和 $D(-)$ - 抗坏血酸的检出限均为 0.1 mg/100 g（或 0.1 mg/100 mL），定量限均为 0.4 mg/100 g（或 0.4 mg/100 mL）。

# 工作任务　高效液相色谱法测定食品中的抗坏血酸

### 一、检测依据

检测依据为 GB 5009.86—2016《食品安全国家标准　食品中抗坏血酸的测定》。试样中的抗坏血酸用偏磷酸溶解超声提取后，以离子对试剂为流动相，经反相色谱柱分离，其中 $L(+)$ - 抗坏血酸和 $D(-)$ - 抗坏血酸直接用配有紫外检测器的液相色谱仪（波长 245 nm）测定；试样中的 $L(+)$ -

食品中抗坏血酸的测定

脱氢抗坏血酸经 $L$ – 半胱氨酸溶液进行还原后，用紫外检测器（波长 245 nm）测定 $L(+)$ - 抗坏血酸的总量，或减去原样品中测得的 $L(+)$ - 抗坏血酸含量而获得 $L(+)$ - 脱氢抗坏血酸的含量，再以色谱峰的保留时间定性，外标法定量。

### 二、任务准备

#### （一）试剂

除非另有说明，本方法所用试剂均为分析纯，水为 GB/T 6682 规定的一级水。

（1）磷酸二氢钾。

（2）磷酸：85%。

（3）十六烷基三甲基溴化铵：色谱纯。

（4）甲醇：色谱纯。

（5）L（ + ）–抗坏血酸标准品：纯度大于或等于99%。

（6）D（ – ）–抗坏血酸(异抗坏血酸)标准品：纯度大于或等于99%。

（7）偏磷酸溶液(200 g/L)：称取200 g(精确至0.1 g)偏磷酸(含量≥38%)，溶于水并稀释至1 L，此溶液保存于4 ℃的环境下可保存1个月。

（8）偏磷酸溶液(20 g/L)：量取50 mL 200 g/L偏磷酸溶液，用水稀释至500 mL。

（9）磷酸三钠溶液(100 g/L)：称取100 g(精确至0.1 g)磷酸三钠，溶于水并稀释至1 L。

（10）L–半胱氨酸溶液(40 g/L)：称取4L–半胱氨酸(优级纯)，溶于水并稀释至100 mL。临用时配制。

（11）L（ + ）–抗坏血酸标准储备溶液(1.000 mg/mL)：准确称取L（ + ）–抗坏血酸标准品0.01 g(精确至0.01 mg)，用20 g/L的偏磷酸溶液定容至10 mL。该储备液在2~8 ℃避光条件下可保存1周。

（12）D（ – ）–抗坏血酸标准储备溶液(1.000 mg/mL)：准确称取D（ – ）–抗坏血酸标准品0.01 g(精确至0.01 mg)，用20 g/L的偏磷酸溶液定容至10 mL。该储备液在2~8 ℃避光条件下可保存1周。

（13）抗坏血酸混合标准系列工作液：分别吸取L（ + ）–抗坏血酸和D（ – ）–抗坏血酸标准储备液0 mL、0.05 mL、0.50 mL、1.0 mL、2.5 mL、5.0 mL，用20 g/L的偏磷酸溶液定容至100 mL。标准系列工作液中L（ + ）–抗坏血酸和D（ – ）–抗坏血酸的浓度分别为0 μg/mL、0.5 μg/mL、5.0 μg/mL、10.0 μg/mL、25.0 μg/mL、50.0 μg/mL。临用时配制。

（二）仪器

（1）液相色谱仪：配有二极管阵列检测器或紫外检测器。

（2）pH计：精度为0.01。

（3）分析天平：感量为0.1 g、1 mg、0.01 mg。

（4）超声波清洗器。

（5）离心机：转速大于或等于4 000 r/min。

（6）均质机。

（7）滤膜：0.45 μm水相膜。

（8）振荡器。

三、检测程序

高效液相色谱法测定食品中抗坏血酸的检测程序，见图1 – 21。

四、任务实施

1. 方案制定及准备

通过相关知识学习，解读国标，小组完成检测方案的设计(表1 – 67)，并依据方案完成任务准备。

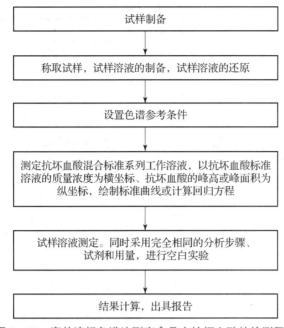

图 1 – 21　高效液相色谱法测定食品中抗坏血酸的检测程序

表 1 – 67　检测方案设计

| 组长 | | 组员 | |
|---|---|---|---|
| 学习项目 | | 学习时间 | |
| 依据标准 | | | |
| 准备内容 | 仪器和设备<br>（规格、数量） | | |
| | 试剂和耗材<br>（规格、浓度、数量） | | |
| | 样品 | | |
| 任务分工 | 姓名 | 具体工作 | |
| | | | |
| | | | |
| | | | |
| 具体步骤 | | | |

2. 检测过程

根据表 1 – 68 实施检测。

表 1-68　检测过程

| 任务 | 具体实施 | | 要求 |
|------|------|------|------|
| | 实施步骤 | 实验记录 | |
| 试样制备 | 液体或固体粉末样品：混合均匀后，应立即用于检测<br><br>水果、蔬菜及其制品或其他固体样品：取 100 g 左右试样加入等质量 20 g/L 的偏磷酸溶液，经均质机均质并混合均匀后，应立即检测 | 1. 记录原始样品名称、外观包装、形状、颜色和状态等感官指标。<br>2. 记录试样制备的方法、时间和制样人等信息 | 1. 规范、完整记录原始样品和试样制备的信息。<br>2. 正确使用均质机等试样制备仪器设备。<br>3. 正确规范进行试样制备操作。<br>4. 整个检测过程尽可能在避光条件下进行 |
| 试样处理 | 试样溶液的制备：称取相对于样品 0.5~2 g(精确至 0.001 g)混合均匀的固体试样或匀浆试样，或吸取 2~10 mL 液体试样[使所取试样含 $L(+)$-抗坏血酸 0.03~6 mg]于 50 mL 烧杯中，记录 $m$。用 20 g/L 的偏磷酸溶液将试样转移至 50 mL 容量瓶中，振摇溶解并定容。摇匀，全部转移至 50 mL 离心管中，超声提取 5 min 后，于 4 000 r/min 离心 5 min，取上清液过 0.45 μm 水相滤膜，滤液待测<br><br>试样溶液的还原：准确吸取 20 mL 上述离心后的上清液于 50 mL 离心管中，加入 10 mL 40 g/L 的 $L$-半胱氨酸溶液，用 100 g/L 磷酸三钠溶液调节 pH 值至 7.0~7.2，以 200 次/min 振荡 5 min。再用磷酸调节 pH 值至 2.5~2.8，用水将试液全部转移至 50 mL 容量瓶中，并定容至刻度，记录 $V$。混匀后取此试液过 0.45 μm 水相滤膜待测，记录 $F$。<br>注：若试样含有增稠剂，可准确吸取 4 mL 经 $L$-半胱氨酸溶液还原的试液，再准确加入 1 mL 甲醇，混匀后过 0.45 μm 滤膜后待测，记录 $K$ | $m$：称取试样质量，g<br>$V$：试样的最后定容体积，mL<br>$F$：稀释倍数(若使用左侧还原步骤，即为 2.5)<br>$K$：若使用甲醇沉淀，即为 1.25<br>$m$：_____<br>$V$：_____<br>$F$：_____<br>$K$：_____ | 1. 按要求做好实验记录。<br>2. 正确规范进行分析天平检查、使用和维护，完成试样的准确称取。<br>3. 正确规范进行 pH 计、离心机、超声波清洗器、振荡器等预处理设备的操作。<br>4. 掌握试样中维生素 C 的提取和还原的操作 |
| 试样测定 | 色谱参考条件<br>(1)色谱柱：$C_{18}$ 柱，柱长 250 mm，内径 4.6 mm，粒径 5 μm，或同等性能的色谱柱。<br>(2)检测器：二极管阵列检测器或紫外检测器。<br>(3)流动相：A：6.8 g 磷酸二氢钾和 0.91 g 十六烷基三甲基溴化铵，用水溶解并定容至 1 L(用磷酸调 pH 值至 2.5~2.8)；B：100% 甲醇。按 A：B＝98：2 混合，过 0.45 μm 滤膜，超声脱气。<br>(4)流速：0.7 mL/min。<br>(5)检测波长：245 nm。<br>(6)柱温：25 ℃。<br>(7)进样量：20 μL<br><br>标准曲线的制作：分别对抗坏血酸混合标准系列工作溶液进行测定，以 $L(+)$-抗坏血酸[或 $D(-)$-抗坏血酸]标准溶液的质量浓度(μg/mL)为横坐标、 | $c_1$：样液中 $L(+)$-抗坏血酸[或 $D(-)$-抗坏血酸]的质量浓度，μg/mL | 1. 正确规范完成液相色谱仪开关机、进样、工作站使用等操作和仪器的简单维护。<br>2. 依据色谱参考条件能使用色谱工作站完成色谱参数设置。 |

| 任务 | 具体实施 | | 要求 |
|---|---|---|---|
| | 实施步骤 | 实验记录 | |
| 试样测定 | $L(+)$ - 抗坏血酸[或 $D(-)$ - 抗坏血酸]的峰高或峰面积为纵坐标，绘制标准曲线或计算回归方程。$L(+)$ - 抗坏血酸、$D(-)$ - 抗坏血酸标准色谱图参见图 1 - 21 | $c_0$：空白液中 $L(+)$ - 抗坏血酸[或 $D(-)$ - 抗坏血酸]的质量浓度，$\mu g/mL$<br><br>$c_1$：_____<br><br>$c_0$：_____ | 3. 规范、正确、完整记录标准曲线绘制、空白实验和样液测定中相关数据。<br>4. 计算结果正确，按照计算公式完成结果计算。<br>5. 计算结果以重复性条件下获得的两次独立测定结果的算术平均值表示，结果保留三位有效数字。<br>6. 精密度：在重复性条件下获得的两次独立测定结果的绝对差值不得超过算术平均值的 10% |
| | 试样溶液的测定：对试样溶液进行测定，根据标准曲线得到测定液中 $L(-)$ - 抗坏血酸[或 $D(+)$ - 抗坏血酸]的浓度 $c_1$。<br><br>同时采用完全相同的分析步骤、试剂和用量，进行空白实验的平行操作，记录 $c_0$ | | |
| | 根据公式，计算试样中 $L(+)$ - 抗坏血酸[或 $D(-)$ - 抗坏血酸]和 $L(+)$ - 抗坏血酸总量的含量：<br><br>$$X = \frac{(c_1 - c_0) \times V \times 0.014}{m \times 1\,000} \times F \times K \times 100$$<br><br>式中：<br>1 000——换算系数(由 $\mu g/mL$ 换算成 $mg/mL$ 的换算因子)<br>100——换算系数(由 $mg/g$ 换算成 $mg/100\ g$ 的换算因子) | $X$：为试样中 $L(+)$ - 抗坏血酸[或 $D(-)$ - 抗坏血酸、$L(+)$ - 抗坏血酸总量]的含量，$mg/100\ g$<br>$X$：_____ | |
| 结束工作 | 实验结束后倒掉废液，清理台面，关闭液相色谱仪，切断电源。洗净玻璃器皿等用具并归位 | | 1. 实验室安全操作。<br>2. 团队进行工作总结 |

3. 附图(图 1 - 22)

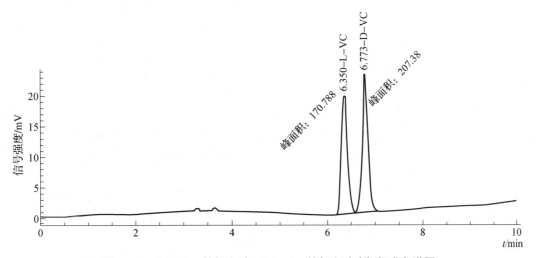

图 1 - 22 $L(+)$ - 抗坏血酸、$D(-)$ - 抗坏血酸液相标准色谱图

# 知识拓展　荧光法测食品中的抗坏血酸

## 一、检测依据

检测依据为 GB 5009.86—2016《食品安全国家标准　食品中抗坏血酸的测定第二法》。试样中 $L(+)$-抗坏血酸经活性炭氧化为 $L(+)$-脱氢抗坏血酸后，与邻苯二胺（OPDA）反应生成有荧光的喹喔啉，其荧光强度与 $L(+)$-抗坏血酸的浓度在一定条件下成正比，以此测定试样中 $L(+)$-抗坏血酸总量。

## 二、任务准备

（一）试剂

除非另有说明，本方法所用试剂均为分析纯，水为 GB/T 6682 规定的三级水。

（1）$L(+)$-抗坏血酸标准品（$C_6H_8O_6$）：纯度大于或等于 99%。

（2）偏磷酸-乙酸溶液：称取 15 g 偏磷酸（含量≥38%），加入 40 mL 冰乙酸（浓度约为 30%）及 250 mL 水，加温，搅拌，使之逐渐溶解，冷却后加水至 500 mL。于 4 ℃冰箱可保存 7~10 d。

（3）硫酸溶液（0.15 mol/L）：取 8.3 mL 硫酸（浓度约为 98%），小心加入水中，再加水稀释至 1 000 mL。

（4）偏磷酸-乙酸-硫酸溶液：称取 15 g 偏磷酸，加入 40 mL 冰乙酸，滴加 0.15 mol/L 硫酸溶液至溶解，并稀释至 500 mL。

（5）乙酸钠溶液（500 g/L）：称取 500 g 乙酸钠，加水至 1 000 mL。

（6）硼酸-乙酸钠溶液：称取 3 g 硼酸，用 500 g/L 乙酸钠溶液溶解并稀释至 100 mL。临用时配制。

（7）邻苯二胺溶液（200 mg/L）：称取 20 mg 邻苯二胺，用水溶解并稀释至 100 mL，临用时配制。

（8）酸性活性炭：称取约 200 g 活性炭粉（75~177 μm），加入 1 L 盐酸（1+9），加热回流 1~2 h，过滤，用水洗至滤液中无铁离子为止，置于 110~120 ℃烘箱中干燥 10 h，备用。检验铁离子方法：利用普鲁士蓝反应。将 20 g/L 亚铁氰化钾与 1% 盐酸等量混合，将上述洗出滤液滴入，如有铁离子则产生蓝色沉淀。

（9）百里酚蓝指示剂溶液（0.4 mg/mL）：称取 0.1 g 百里酚蓝，加入 0.02 mol/L 氢氧化钠溶液约 10.75 mL，在玻璃研钵中研磨至溶解，用水稀释至 250 mL。（变色范围：pH 值等于 1.2 时呈红色；pH 值等于 2.8 时呈黄色；pH 值大于 4 时呈蓝色）。

（10）$L(+)$-抗坏血酸标准溶液（1.000 mg/mL）：称取 $L(+)$-抗坏血酸 0.05 g（精确至 0.01 mg），用偏磷酸-乙酸溶液溶解并稀释至 50 mL，该储备液在 2~8 ℃避光条件下可保存 1 周。

（11）$L(+)$–抗坏血酸标准工作液（100.0 μg/mL）：准确吸取 $L(+)$–抗坏血酸标准溶液 10 mL，用偏磷酸–乙酸溶液稀释至 100 mL，临用时配制。

（二）仪器

（1）荧光分光光度计：具有激发波长 338 nm 及发射波长 420 nm。配有 1 cm 比色皿。

（2）组织捣碎机。

（3）10 mL 具塞玻璃比色管。

（4）分析天平：感量为 1 mg。

## 三、检测过程

根据表 1–69 实施检测。

表 1–69　检测过程

| 任务 | 具体实施 | | 要求 |
|---|---|---|---|
| | 实施步骤 | 实验记录 | |
| 试样制备 | 称取约 100 g（精确至 0.1 g）试样，加 100 g 偏磷酸–乙酸溶液，倒入捣碎机内打成匀浆，用百里酚蓝指示剂测试匀浆的酸碱度。如呈红色，即称取适量匀浆用偏磷酸–乙酸溶液稀释；若呈黄色或蓝色，则称取适量匀浆用偏磷酸–乙酸–硫酸溶液稀释，使其 pH 值为 1.2。匀浆的取用量根据试样中抗坏血酸的含量而定。当试样液中抗坏血酸含量在 40～100 μg/mL 之间，一般称取 20 g（精确至 0.01 g）匀浆，记录 $m$，用相应溶液稀释至 100 mL，过滤，滤液备用 | 1. 记录原始样品包装、外观、形态等信息。<br>2. 记录试样制备的方法、时间和制样人等信息。<br>$m$：实际检测试样质量，g<br>$F$：试样溶液的稀释倍数<br>$m$：_____<br>$F$：_____ | 1. 会依据试样抗坏血酸预估含量确定取样量。<br>2. 规范、完整记录原始样品和试样制备的信息。<br>3. 正确使用捣碎机、匀浆机等试样制备仪器设备。<br>4. 熟练使用移液管、容量瓶等玻璃器皿，规范准确进行样液的稀释定容操作。<br>5. 着实验服，工作台面干净、整洁 |
| | 试液和标准工作液的氧化处理：分别准确吸取 50 mL 试样滤液及抗坏血酸标准工作液于 200 mL 具塞锥形瓶中，加入 2 g 活性炭，用力振摇 1 min，过滤，弃去最初数毫升滤液，分别收集其余全部滤液，即为试样氧化液和标准氧化液，待测定，记录 $F$。<br>（1）分别准确吸取 10 mL 试样氧化液于两个 100 mL 容量瓶中，作为"试样液"和"试样空白液"。<br>（2）分别准确吸取 10 mL 标准氧化液于两个 100 mL 容量瓶中，作为"标准液"和"标准空白液"。<br>（3）于"试样空白液"和"标准空白液"中各加 5 mL 硼酸–乙酸钠溶液，混合摇动 15 min，用水稀释至 100 mL，在 4 ℃冰箱中放置 2～3 h，取出待测。<br>（4）于"试样液"和"标准液"中各加 5 mL 的 500 g/L 乙酸钠溶液，用水稀释至 100 mL，待测 | | |
| 试样测定 | 标准曲线制作：准确吸取上述标准液[$L(+)$–抗坏血酸含量 10 μg/mL]0.5 mL、1.0 mL、1.5 mL、2.0 mL，分别于 10 mL 具塞刻度试管中，用水补充至 2.0 mL。另准确吸取"标准空白液"2 mL 于 10 mL 带盖刻度试管中。在暗室迅速向各管中加入 5 mL 邻苯二胺溶液，振摇混合，在室温下反应 35 min，于激发波长 338 nm、发射波长 420 nm 处测 | 1. 记录标准系列工作液的浓度和进样量等数据。 | 1. 能正确使用荧光分光光度计，并掌握试验操作流程及仪器的简单维护。<br>2. 准确设置荧光分光光度计测定抗坏血酸的荧光条件参数。 |

| 任务 | 具体实施 | | 要求 |
|---|---|---|---|
| | 实施步骤 | 实验记录 | |
| 试样测定 | 定荧光强度。以"标准液"系列荧光强度分别减去"标准空白液"荧光强度差值为纵坐标，对应的$L(+)$-抗坏血酸含量为横坐标，绘制标准曲线或计算直线回归方程 | 2. 记录标准曲线的回归方程和吸光系数 | 3. 规范使用吸量管或移液器准确移取$[L(+)$-抗坏血酸含量 10 μg/mL]标准液和试样液与邻苯二胺进行反应。<br>4. 在规定条件下进行标准液、标准空白液的荧光强度测定。<br>5. 规范、准确、完整记录标准曲线回归方程和相关系数等试验数据 |
| | 分别准确吸取 2 mL"试样液"和"试样空白液"于 10 mL 具塞刻度试管中，记录 V。在暗室迅速向各管中加入 5 mL 邻苯二胺溶液，振摇混合，在室温下反应 35 min，于激发波长 338 nm、发射波长 420 nm 处测定荧光强度。以"试样液"荧光强度减去"试样空白液"的荧光强度的差值于标准曲线上查得或回归方程计算测定 c | $V$：荧光反应所用试样体积，mL<br>$c$：由标准曲线查得的进样液中$L(+)$-抗坏血酸的质量浓度，μg/mL<br>$V$：_____<br>$c$：_____ | |
| | 根据公式，计算试样中$L(+)$-抗坏血酸的总量：<br>$$X = \frac{c \times V}{m} \times F \times \frac{100}{1\,000}$$<br>式中：<br>100、1 000——单位换算系数。 | $X$：试样中$L(+)$-抗坏血酸的总量，mg/100 g<br>$X$：_____ | 1. 计算结果以重复性条件下获得的两次独立测定结果的算术平均值表示，结果保留三位有效数字。<br>2. 精密度：在重复性条件下获得的两次独立测定结果的绝对差值不得超过算术平均值的10% |
| 结束工作 | 结束后关闭荧光分光光度计，倒掉废液，清理台面，洗净玻璃器皿并归位 | | 1. 实验室安全操作。<br>2. 团队进行工作总结 |

## 检查与评价

学生完成本项目的学习，通过学生自评、小组互评以检查自己对本任务学习的掌握情况。指导教师在整个教学过程中，关注每个小组的检测过程及小组成员的动手能力，并对小组成员动手能力进行评价，学生对所学的各项任务进行抽签决定考核的内容。将具体的检查与评价填入表 1-70。评价表对应工作任务。

表 1-70　食品中抗坏血酸含量测定任务实施评价表

| 项目 | 评价标准 | 分值/分 | 学生自评 | 小组互评 | 教师评价 |
|---|---|---|---|---|---|
| 方案设计与准备 | 认真负责、一丝不苟进行资料查阅，确定检测依据 | 5 | | | |
| | 协同合作，设计方案并合理分工 | 5 | | | |
| | 相互沟通，完成方案诊改 | 5 | | | |
| | 正确清洗及检查仪器 | 5 | | | |

| 项目 | 评价标准 | 分值/分 | 学生自评 | 小组互评 | 教师评价 |
|---|---|---|---|---|---|
| 方案设计与准备 | 合理领取药品 | 5 | | | |
| | 正确取样 | 5 | | | |
| | 根据样品类型选择正确方法进行试样制备 | 5 | | | |
| 试样制备 | 正确进行试样制备 | 5 | | | |
| 试样处理 | 准确称样，规范操作进行试样溶液制备 | 5 | | | |
| | 正确进行试样溶液的还原反应 | 5 | | | |
| 试样测定 | 正确设置色谱条件 | 5 | | | |
| | 准确绘制标准曲线 | 10 | | | |
| | 规范进行试样溶液测定 | 5 | | | |
| | 正确识别图谱，数据记录正确、完整 | 5 | | | |
| | 正确计算结果，按照要求进行数据修约 | 5 | | | |
| | 规范编制检测报告 | 5 | | | |
| 结束工作 | 结束后倒掉废液，清理台面，洗净用具并归位 | 5 | | | |
| | 规范操作(关闭仪器电源。防尘罩正确归位) | 5 | | | |
| | 合理分工，按时完成工作任务 | 5 | | | |

## 学习思考

1. 填空题

(1) 维生素 C 又称_____，广泛存在于新鲜的蔬菜、水果等食品的植物组织中。

(2) 测定食品中维生素 C 的国家标准是_____，该标准中的三种方法分别是_____、_____和_____。

(3) 高效液相色谱法测定维生素 C 使用的色谱柱为_____，检测器为_____。

(4) 食品中抗坏血酸的测定的依据_____。

(5) 高效液相色谱法和荧光法测定抗坏血酸整个检测过程应在_____条件下进行。

2. 简答题

(1) 简述抗坏血酸的性质和生理功能。

(2) 测定食品中抗坏血酸有几种方法，分别是什么？

(3) 高效液相色谱法测定食品中抗坏血酸测定时，活性炭的作用是什么？

# 任务 2　食品中维生素 B₁ 的测定

⦿ 案例导入

　　维生素 B₁ 广泛存在于天然食物中，含量较丰富的有动物内脏、肉类、豆类、粗粮、全谷及坚果等食物。水果、蔬菜、蛋、奶中含量较低。维生素 B₁ 在酸性环境中稳定，比较耐热，不易被氧化；但在中性或碱性环境中易被氧化而失去活性，特别是在碱性环境中对热极不稳定，一般煮沸加热可使大部分破坏，故在煮粥、蒸馒头时加碱，会造成米面中维生素 B₁ 的大量损失。粮谷类是我国人民的主食，发酵食品也是维生素 B₁ 的主要来源，但因维生素 B₁ 多存在于麸皮及胚芽中，如米面碾磨过于精白和过度淘洗，均可造成维生素 B₁ 的大量损失。

⦿ 问题启发

　　什么是 B 族维生素？维生素 B₁ 的生理作用有哪些？为了完整保留食品中的维生素 B₁，在食品生产加工和营养成分检测时，我们需要注意哪些事项或采取哪些措施？如何对食品中的维生素 B₁ 进行测定？

⦿ 食品安全检测知识

## 一、食品中维生素及其分类

　　B 族维生素是一类水溶性小分子化合物，该类化合物不具备相似的结构，普遍以辅酶的形式广泛参与到各种生理过程中。已知的 B 族维生素主要为：维生素 B₁（硫铵）、维生素 B₂（核黄素）、维生素 B₃（烟酸）、维生素 B₅（泛酸）、维生素 B₆（吡哆醇）、维生素 B₇（生物素）、维生素 B₉（叶酸）、维生素 B₁₂（钴胺素）。B 族维生素是人体内糖类、脂肪、蛋白质等代谢时不可缺少的物质，其特征为：①外源性：动物自身不可合成或合成量不满足生理需求，需要通过食物来摄取；②微量性：动物体内所需量很少，但是可以发挥巨大作用，通常作为辅酶及辅酶因子；③调节性：维生素必须能够调节人体新陈代谢或能量的转换；④特异性：缺乏了某种维生素后，人体将呈现特有的病态。B 族维生素是一种水溶性维生素，它是推动体内代谢，把糖、脂肪、蛋白质等转换成能量不可缺少的物质。

## 二、食品中维生素 B₁ 测定的意义

　　人体缺乏维生素时，物质代谢会发生障碍并表现出不同的缺乏症，过量摄入也会出现维生素和其他营养素代谢不正常的不良反应。测定食品中维生素的含量，在评价食品营养价值，开发和利用富含食品维生素的食品资源，指导消费者合理调整膳食结构，防止维生

素缺乏症等方面发挥着重要的作用。研究维生素在食品加工、储存等过程中的稳定性，可指导企业制定合理的工艺条件和储存条件，最大限度地保留各种维生素。

维生素 $B_1$ 又称硫胺素，是最早被人们提纯的水溶性维生素。自然界中以酵母中维生素 $B_1$ 含量最多。维生素 $B_1$ 具有维持正常糖代谢及神经传导的功能。缺乏维生素 $B_1$ 会引起消化系统、心血管系统和神经系统等呈现一定病症，如胃纳差、便秘、腹胀、心动过速、记忆力减退、失眠等。

### 三、食品中维生素 $B_1$ 测定的方法

GB 5009.84—2016《食品安全国家标准　食品中维生素 $B_1$ 的测定》中高效液相色谱法和荧光光度法均适用于食品中维生素 $B_1$ 的测定。

### 四、食品中维生素 $B_1$ 测定中的注意事项

（1）维生素 $B_1$ 广泛存在于动植物的组织中，有游离型也有结合型，结合型即在食品中与淀粉、蛋白质等结合以辅酶的多种形式存在。所以测定前需采用酸或酶水解使其游离，再采用标准方法测定。

（2）紫外线能破坏硫胺素，所以硫胺素游离后应迅速避光操作，完成测定。

（3）谷类物质荧光法测定维生素 $B_1$ 不需要酶分解，试样粉碎后直接用酸性氯化钾提取、氧化测定。

（4）高效液相色谱法测定时，当称样量为 10.0 g 时，按照标准方法的定容体积，食品中维生素 $B_1$ 的检出限为 0.03 mg/100 g，定量限为 0.10 mg/100 g。

# 工作任务　高效液相色谱法测定食品中的维生素 $B_1$

### 一、检测依据

检测依据为 GB 5009.84—2016《食品安全国家标准　食品中维生素 $B_1$ 的测定》。样品在稀盐酸介质中恒温水解、中和，再酶解，水解液用碱性铁氰化钾溶液衍生，正丁醇萃取后，经 $C_{18}$ 反相色谱柱分离，再用高效液相色谱–荧光检测器检测，外标法定量。

食品中维生素
$B_1$ 的测定

### 二、任务准备

（一）试剂

除非另有说明，本方法所用试剂均为分析纯，水为 GB/T 6682 规定的一级水。

（1）正丁醇。

（2）甲醇：色谱纯。

（3）木瓜蛋白酶：应不含维生素 $B_1$，酶活力大于或等于 800 U/mg。

（4）淀粉酶：应不含维生素 $B_1$，酶活力大于或等于 3 700 U/g。

（5）维生素 $B_1$ 标准品：盐酸硫胺素，CAS：67-03-8，纯度大于或等于 99.0%。

（6）铁氰化钾溶液（20 g/L）：称取 2 g 铁氰化钾，用水溶解并定容至 100 mL，摇匀。临用前配制。

（7）氢氧化钠溶液（100 g/L）：称取 25 g 氢氧化钠，用水溶解并定容至 250 mL，摇匀。

（8）碱性铁氰化钾溶液：将 5 mL 铁氰化钾溶液与 200 mL 氢氧化钠溶液混合，摇匀。临用前配制。

（9）盐酸溶液（0.1 mol/L）：移取 8.5 mL 盐酸，加水稀释至 1 000 mL，摇匀。

（10）盐酸溶液（0.01 mol/L）：量取 0.1 mol/L 盐酸溶液 50 mL，用水稀释并定容至 500 mL，摇匀。

（11）乙酸钠溶液（0.05 mol/L）：称取 6.80 g 乙酸钠，加 900 mL 水溶解，用冰乙酸调 pH 值为 4.0~5.0，加水定容至 1 000 mL。经 0.45 μm 微孔滤膜过滤后使用。

（12）乙酸钠溶液（2.0 mol/L）：称取 27.2 g 乙酸钠，用水溶解并定容至 100 mL，摇匀。

（13）混合酶溶液：称取 1.76 g 木瓜蛋白酶、1.27 g 淀粉酶，加水定容至 50 mL，涡旋，使呈浑悬状液体，冷藏保存。临用前再次摇匀后使用。

（14）维生素 $B_1$ 标准储备液（500 μg/mL）：准确称取经五氧化二磷或者氯化钙干燥 24 h 的盐酸硫胺素标准品 56.1 mg（精确至 0.1 mg），相当于 50 mg 硫胺素、用 0.01 mol/L 盐酸溶液溶解并定容至 100 mL，摇匀。置于 0~4 ℃冰箱中，保存期为 3 个月。

（15）维生素 $B_1$ 标准中间液（10.0 μg/mL）：准确移取 2.00 mL 标准储备液，用水稀释并定容至 100 mL，摇匀。临用前配制。

（16）维生素 $B_1$ 标准系列工作液：吸取维生素 $B_1$ 标准中间液 0 μL、50.0 μL、100 μL、200 μL、400 μL、800 μL、1 000 μL，用水定容至 10 mL，标准系列工作液中维生素 $B_1$ 的浓度分别为 0 μg/mL、0.050 0 μg/mL、0.100 μg/mL、0.200 μg/mL、0.400 μg/mL、0.800 μg/mL、1.00 μg/mL。临用时配制。

（二）仪器

（1）高效液相色谱仪，配置荧光检测器。

（2）分析天平：感量为 0.01 g 和 0.1 mg。

（3）离心机：转速大于或等于 4 000 r/min。

（4）pH 计：精度 0.01。

（5）组织捣碎机（最大转速不低于 10 000 r/min）。

（6）电热恒温干燥箱或高压灭菌锅。

三、检测程序

液相色谱法测定食品中维生素 $B_1$ 的检测程序，见图 1-23。

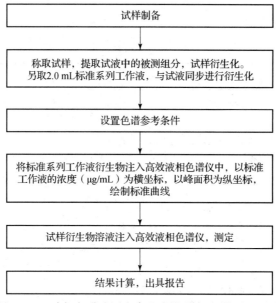

试样制备

↓

称取试样，提取试液中的被测组分，试样衍生化。
另取2.0 mL标准系列工作液，与试液同步进行衍生化

↓

设置色谱参考条件

↓

将标准系列工作液衍生物注入高效液相色谱仪中，以标准
工作液的浓度（μg/mL）为横坐标，以峰面积为纵坐标，
绘制标准曲线

↓

试样衍生物溶液注入高效液相色谱仪，测定

↓

结果计算，出具报告

图 1 – 23　液相色谱法测定食品中维生素 B$_1$ 的检测程序

## 四、任务实施

### 1. 方案制定及准备

通过相关知识学习，解读国标，小组完成检测方案的设计（表 1 – 71），并依据方案完成任务准备。

表 1 – 71　检测方案设计

| 组长 | | 组员 | |
|---|---|---|---|
| 学习项目 | | 学习时间 | |
| 依据标准 | | | |
| 准备内容 | 仪器和设备<br>（规格、数量） | | |
| | 试剂和耗材<br>（规格、浓度、数量） | | |
| | 样品 | | |
| 任务分工 | 姓名 | 具体工作 | |
| | | | |
| | | | |
| | | | |
| 具体步骤 | | | |

## 2. 检测过程

根据表1-72实施检测。

**表1-72　检测过程**

| 任务 | 具体实施 | | 要求 |
| --- | --- | --- | --- |
| | 实施步骤 | 实验记录 | |
| 试样制备 | 液体或固体粉末样品：将样品混合均匀后，立即测定或于冰箱中冷藏保存 | 1. 记录原始样品名称、编号以及样品包装、外观形状、颜色和状态等感官性状指标。<br>2. 记录试样制备的方法、时间和制样人等信息 | 1. 规范、完整记录原始样品和试样制备信息。<br>2. 正确使用粉碎机、匀浆机等试样制备的仪器设备。<br>3. 熟练掌握四分法缩分样品的操作 |
| | 新鲜水果、蔬菜和肉类：取500 g左右样品（肉类取250 g），用匀浆机或者粉碎机将试样均质后，制得均匀性一致的匀浆，立即测定或者于冰箱中冷藏保存 | | |
| | 其他水分含量较低的固体样品：如水分含量在15%左右的谷物，取100 g左右样品，用粉碎机将试样粉碎后，制得均匀性一致的粉末，立即测定或者于冰箱中冷藏保存 | | |
| 试样处理 | 试液提取：称取3~5 g（精确至0.01 g）固体试样或者10~20 g液体试样于100 mL锥形瓶中（带有软质塞子），记录$m$。加60 mL 0.1 mol/L盐酸溶液，充分摇匀，塞上软质塞子，高压灭菌锅中121 ℃保持30 min。水解结束待冷却至40 ℃以下取出，轻摇数次，用pH计指示，用2.0 mol/L乙酸钠溶液调节pH值至4.0左右，加入2.0 mL（可根据酶活力不同适当调整用量）混合酶溶液，摇匀后，置于培养箱中37 ℃过夜（约16 h）；将酶解液全部转移至100 mL容量瓶中，用水定容至刻度，摇匀，离心或者过滤，取上清液备用，记录$V$ | $m$：试样质量，g<br>$V$：试液（提取液）定容体积，mL<br>$f$：试液（上清液）衍生前的稀释倍数<br>$m$：_____<br>$V$：_____<br>$f$：_____ | 1. 根据样品状态，按要求称取。<br>2. 正确规范进行分析天平检查、使用、维护，完成试样的称取工作。<br>3. 正确规范进行高压灭菌、培养箱和涡旋振荡器等设备的操作。<br>4. 掌握试样中维生素$B_1$的提取和衍生化的操作 |
| | 试液衍生化：准确移取上述上清液或者滤液2.0 mL于10 mL试管中，加入1.0 mL碱性铁氰化钾溶液，涡旋混匀后，准确加入2.0 mL正丁醇，再次涡旋混匀1.5 min后静置约10 min或者离心，待充分分层后，吸取正丁醇相（上层）经0.45 μm有机微孔滤膜过滤，取滤液于2 mL棕色进样瓶中，供分析用。若试液中维生素$B_1$浓度超出线性范围的最高浓度值，应将上清液稀释适宜倍数后，重新衍生后进样，记录$f$。另取2.0 mL标准系列工作液，与试液同步进行衍生化 | | |

| 任务 | 具体实施 | | 要求 |
|---|---|---|---|
| | 实施步骤 | 实验记录 | |
| 试样测定 | **色谱参考条件**<br>(1) 色谱柱：$C_{18}$反相色谱柱(粒径 5 μm, 250 mm × 4.6 mm)或相当者。<br>(2) 流动相：0.05 mol/L 乙酸钠溶液 – 甲醇(65 + 35)。<br>(3) 流速：0.8 mL/min。<br>(4) 检测波长：激发波长 375 nm，发射波长 435 nm。<br>(5) 进样量：20 μL | 1. 记录液相色谱仪制作标准曲线和测定试液的实际色谱条件参数。<br>2. 记录标准系列工作液的浓度和进样量等数据。<br>3. 记录标准曲线的回归方程和吸光系数 | 1. 正确进行液相色谱仪开关机、进样及简单维护等基本操作。<br>2. 依据色谱参考条件能使用色谱工作站完成色谱参数设置。<br>3. 规范、正确、完整记录标准曲线绘制、空白实验和试样测定中相关数据。<br>4. 计算结果正确，按照计算公式完成结果计算并根据要求进行数据修约。<br>5. 计算结果保留两位有效数字。<br>6. 精密度：在重复性条件下获得的两次独立测定结果的绝对差值不得超过算术平均值的10% |
| | **标准曲线的制作**：将标准系列工作衍生物注入高效液相色谱仪中，测定相应的维生素 $B_1$ 峰面积，以标准工作液的浓度(μg/mL)为横坐标，以峰面积为纵坐标，绘制标准曲线。维生素 $B_1$ 标准衍生物的高效液相色谱图见图 1 – 24 | | |
| | **试样的测定**：在与绘作标准曲线相同的色谱条件下，将试样衍生物溶液注入高效液相色谱仪中，得到维生素 $B_1$ 的峰面积，根据标准曲线计算，得到 c | $c$：由标准曲线计算得到的试液(提取液)中维生素 $B_1$ 的浓度，μg/mL。<br>$c$：_____ | |
| | 根据公式，计算试样中维生素 $B_1$(以硫胺素计)的含量：<br>$$X = \frac{c \times V \times f}{m \times 1\,000} \times 100$$<br>式中：<br>100——单位换算系数 | $X$：试样中维生素 $B_1$(以硫胺素计)的含量，mg/100 g<br>$X$：_____ | |
| 结束工作 | 结束后倒掉废液，清理台面，关闭液相色谱仪，关闭电源总闸。洗净玻璃器皿等用具并归位 | | 1. 实验室安全操作。<br>2. 团队进行工作总结 |

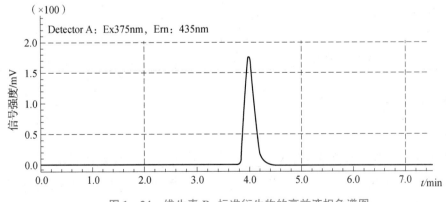

**图 1 – 24 维生素 $B_1$ 标准衍生物的高效液相色谱图**

## 检查与评价

学生完成本项目的学习，通过学生自评、小组互评以检查自己对本任务学习的掌握情况。指导教师在整个教学过程中，关注每个小组的检测过程及小组成员的动手能力，并对小组成员动手能力进行评价，学生对所学的各项任务进行抽签决定考核的内容。将具体的检查与评价填入表1-73。评价表对应工作任务。

**表1-73 食品中维生素 $B_1$ 含量得测定任务实施评价表**

| 项目 | 评价标准 | 分值/分 | 学生自评 | 小组互评 | 教师评价 |
|---|---|---|---|---|---|
| 方案设计与准备 | 认真负责、一丝不苟进行资料查阅，确定检测依据 | 5 | | | |
| | 协同合作，设计方案并合理分工 | 5 | | | |
| | 相互沟通，完成方案诊改 | 5 | | | |
| | 正确清洗及检查仪器 | 5 | | | |
| | 合理领取药品 | 5 | | | |
| | 正确取样 | 5 | | | |
| 试样制备与处理 | 根据样品类型选择正确方法进行试样制备 | 5 | | | |
| | 正确进行试液提取 | 5 | | | |
| | 规范操作完成试液衍生化 | 5 | | | |
| 试样测定 | 设置色谱参考条件 | 5 | | | |
| | 准确绘制标准曲线 | 10 | | | |
| | 规范进行试样溶液测定 | 10 | | | |
| | 正确识别谱图，数据记录正确、完整 | 5 | | | |
| | 正确计算结果，按照要求进行数据修约 | 5 | | | |
| | 规范编制检测报告 | 5 | | | |
| 结束工作 | 关闭仪器，切断电源 | 5 | | | |
| | 结束后倒掉废液，清洗仪器设备，正确归位。文明操作 | 5 | | | |
| | 合理分工，按时完成工作任务 | 5 | | | |

## 学习思考

1. 填空题

（1）食品中维生素按照溶解性分为_____和_____，维生素 $B_1$ 又称_____。

（2）测定维生素 $B_1$ 的国家标准标号是_____，该标准中检测维生素 $B_1$ 的方法有_____种，分别是_____和_____。

（3）高效液相色谱法测得食品中维生素 $B_1$ 的检出限为_____，定量限为_____。

（4）硫胺素在碱性铁氰化钾溶液中被氧化生成的荧光物质是_____。

（5）荧光分光光度法测得食品中维生素 $B_1$ 的检出限为_____，定量限为_____，

2. 简答题

（1）试述维生素的命名方式有几种？命名的依据分别是什么？

（2）列举各种维生素的生理作用，并说明其检测的意义。

（3）简述维生素 $B_1$ 测定方法的基本原理，并说明测定过程中应该注意的事项。

# 任务3　食品中钙的测定

## ◎ 案例导入

钙是人体内含量最多的金属元素，也是人体生命活动的调节剂，在维持人体循环、呼吸、神经、内分泌、消化、血液、肌肉、骨骼、免疫等各系统正常生理功能中起重要调节作用。保持足够钙的摄入量可有效提高骨峰值，预防和治疗骨质疏松等疾病，中国居民营养学调查显示中国人群平均每日钙的摄入量在 450 mg 左右，低于每日钙的膳食最低推荐供给量 800 mg，人体缺钙应主要通过食物来补充，也可以适量服用一些钙制剂。牡蛎、海鱼、虾和乳制品等都是含钙量较高的食品，牛奶中含钙量就比较多，如果每天能够保证摄入 500 mL 的纯牛奶，就能基本满足人一天钙的需求量。

## ◎ 问题启发

含钙量比较丰富的食品有哪些？人体缺钙会有哪些不适症状？补充钙质有哪些途径？要注意哪些事项？测定食品中钙含量的方法有哪些？它们的适用范围是什么？

## ◎ 食品安全检测知识

### 一、食品中矿物质

食品中的矿物质有 80 多种，根据其含量多少分为常量元素和微量元素两类。

常量元素是指占生物体总质量 0.01% 以上，每日膳食需求量在 100 mg 以上的元素，如钙、磷、镁、钾、钠、氯和硫等。微量元素是指占生物体总质量 0.01% 以下的元素，其中必需的元素有（8 种）碘、锌、硒、铁、铜、钼、铬和钴。可能必需元素有（5 种）：锰、硅、硼、钒、镍。具有潜在毒性的元素有：氟、铅、镉、汞、砷、铝和锡等。

许多矿物质是人体生理活动必需的元素，测定食品中矿物质一方面可以评价食品的营养价值，另一方面可根据营养学开发生产功能性强化食品，补充缓解人体对某些矿物质的缺乏症。

## 二、食品中钙测定的意义

钙是人体最重要的矿物质之一，也是人体必需的矿物质。成人钙含量为 850~1 200 g，占人体重 1.5%~2.0%。钙的生理作用体现在它是构成骨骼和牙齿的重要组分，具有调节神经组织、控制心脏、调节肌肉活性和体液的功能。我国推荐钙的每日推荐膳食供给量为 800~1 000 mg。通过测定食品中包括钙在内的矿物质含量，一方面可以评价食品的营养价值，开发功能性强化食品，另一方面还可以有效防止和杜绝食品中有毒有害矿物质元素含量超标而引发的群体性中毒事件。

## 三、食品中钙测定的方法

GB 5009.92—2016《食品安全国家标准　食品中钙的测定》对食品中钙含量测定方法有火焰原子吸收光谱法、滴定法、电感耦合等离子体发射光谱法和电感耦合等离子体质谱法，本书重点介绍火焰原子吸收光谱法和 EDTA 滴定法。

## 四、食品中钙测定的注意事项

(1) 试样制备过程中，粉碎试样不得用石磨研碎。所用容器必须使用玻璃或者聚乙烯制品。

(2) 试样消化时，注意不要干烧，以免发生危险。

(3) 火焰原子吸收光谱法中标准溶液系列中钙元素的具体浓度要根据仪器的灵敏度及样品中钙的实际含量灵活确定。

(4) 火焰原子吸收光谱法以称样量 0.5 g(或 0.5 mL)，定容至 25 mL 计算，方法检出限为 0.5 mg/kg(或 0.5 mg/L)，定量限为 1.5 mg/kg(或 1.5 mg/L)。

# 工作任务　火焰原子吸收光谱法测定食品中的钙

## 一、检测依据

检测依据为 GB 5009.92—2016《食品安全国家标准　食品中钙的测定》。试样经消化分解处理后，加入镧溶液作为释放剂，经原子吸收火焰原子化，在 422.7 nm 处测定的吸光度值在一定浓度范围内与钙含量成正比，与标准系列比较定量。

食品中钙的
测定

## 二、任务准备

### (一) 试剂

除非另有规定，本方法所用试剂均为优级纯，水为 GB/T 6682 的二级水。

（1）高氯酸。

（2）碳酸钙（CAS 号 471 - 34 - 1）：纯度大于 99.99%，或经国家认证并授予标准物质证书的一定浓度的钙标准溶液。

（3）硝酸溶液（5 + 95）：量取 50 mL 硝酸，加入 950 mL 水，混匀。

（4）硝酸溶液（1 + 1）：量取 500 mL 硝酸，与 500 mL 水混合均匀。

（5）盐酸溶液（1 + 1）：量取 500 mL 盐酸，与 500 mL 水混合均匀。

（6）镧溶液（20 g/L）：称取 23.45 g 氧化镧，先用少量水湿润后再加入 75 mL 盐酸溶液（1 + 1）溶解，转入 1 000 mL 容量瓶中，加水定容至刻度，混匀。

（7）钙标准储备液（1 000 mg/L）：准确称取 2.496 3 g（精确至 0.000 1 g）碳酸钙，加盐酸溶液（1 + 1）溶解，移入 1 000 mL 容量瓶中，加水定容至刻度，混匀。

（8）钙标准中间液（100 mg/L）：准确吸取钙标准储备液（1 000 mg/L）10 mL 于 100 mL 容量瓶中，加硝酸溶液（5 + 95）至刻度，混匀。

（9）钙标准系列溶液：分别吸取钙标准中间液（100 mg/L）0 mL、0.500 mL、1.00 mL、2.00 mL、4.00 mL、6.00 mL 于 100 mL 容量瓶中，另在各容量瓶中加入 5 mL 镧溶液（20 g/L），最后加硝酸溶液（5 + 95）定容至刻度，混匀。此钙标准系列溶液中钙的质量浓度分别为 0 mg/L、0.500 mg/L、1.00 mg/L、2.00 mg/L、4.00 mg/L 和 6.00 mg/L。

（二）仪器

（1）原子吸收光谱仪：配火焰原子化器，钙空心阴极灯。

（2）分析天平：感量为 1 mg 和 0.1 mg。

（3）微波消解系统：配聚四氟乙烯消解内罐。

（4）可调式电热炉。

（5）可调式电热板。

（6）压力消解罐：配聚四氟乙烯消解内罐。

（7）恒温干燥箱。

（8）马弗炉。

注：所有玻璃器皿及聚四氟乙烯消解内罐均需硝酸溶液（1 + 5）浸泡过夜，用自来水反复冲洗，最后用蒸馏水冲洗干净。

三、检测程序

火焰原子化法测定食品中钙含量检测程序，见图 1 - 25。

四、任务实施

1. 方案制定及准备

通过相关知识学习，解读国标，小组完成检测方案的设计（表 1 - 74），并依据方案完成任务准备。

2. 检测过程

根据表 1 - 75 实施检测。

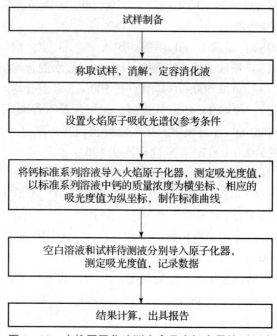

图 1-25 火焰原子化法测定食品中钙含量检测程序

表 1-74 检测方案设计

| 组长 | | 组员 | |
|---|---|---|---|
| 学习项目 | | 学习时间 | |
| 依据标准 | | | |
| 准备内容 | 仪器和设备（规格、数量） | | |
| | 试剂和耗材（规格、浓度、数量） | | |
| | 样品 | | |
| 任务分工 | 姓名 | 具体工作 | |
| | | | |
| | | | |
| | | | |
| 具体步骤 | | | |

表 1-75　检测过程

| 任务 | 具体实施 | | 要求 |
|---|---|---|---|
| | 实施步骤 | 实验记录 | |
| 试样制备 | 粮食、豆类样品：样品去除杂物后，粉碎，储于塑料瓶中 | 1. 记录原始样品的感官指标。<br>2. 记录样品唯一编号。<br>3. 记录检测开始时间和检测环境数据 | 1. 正确使用粉碎机、匀浆机等仪器设备。<br>2. 熟练掌握原始样品到平均试样制备和缩分的操作。<br>3. 在试样制备过程中应避免试样污染 |
| | 蔬菜、水果、鱼类、肉类等样品：样品用水洗净晾干，取可食部分，制成匀浆储于塑料瓶中 | | |
| | 饮料、酒、醋、酱油、食用植物油、液态乳等液体样品：将样品摇匀 | | |
| 试样消解 | 湿法消解：准确称取固体试样 0.2~3 g(精确至 0.001 g)或准确移取液体试样 0.500~5.00 mL 于带刻度消化管中，记录 $m$。加入 10 mL 硝酸、0.5 mL 高氯酸，在可调式电热炉上消解(参考条件：120 ℃/0.5 h~120 ℃/1 h，升至 180 ℃/2 h~180 ℃/4 h，升至 200~220 ℃)。若消化液呈棕褐色，再加硝酸，消解至冒白烟，消化液无色透明或略带黄色。取出消化管，冷却后用水定容至 25 mL，记录 $V$。再根据实际测定需要稀释，并在稀释液中加入一定体积的镧溶液(20 g/L)，使其在最终稀释液中的浓度为 1 g/L，混匀备用，此为试样待测液，记录 $f$。同时做试剂空白实验。亦可采用锥形瓶，于可调式电热板上，按上述操作方法进行湿法消解 | $m$：试样质量或移取体积，g 或 mL<br>$V$：试样消化液定容体积，mL<br>$f$：试样消化液的稀释倍数 | 1. 正确规范进行电子分析天平检查、使用、维护。完成准确称取试样的操作。<br>2. 掌握湿法消解法中高温消解的基本原理，消解过程中常产生大量有害气体，操作过程应在通风橱内进行。<br>3. 掌握湿法消解法中微波消解的基本原理，消解过程中常产生大量有害气体，操作过程应在通风橱内进行。<br>4. 掌握湿法消解法中压力罐消解的基本原理，消解过程中常产生大量有害气体，操作过程应在通风橱内进行。 |
| | 微波消解：准确称取固体试样 0.2~0.8 g(精确至 0.001 g)或准确移取液体试样 0.500~3.00 mL 于微波消解罐中，记录 $m$。加入 5 mL 硝酸，按照微波消解的操作步骤消解试样，消解条件参考表 1-76。冷却后取出消解罐，在电热板上于 140~160 ℃赶酸至 1 mL 左右。消解罐放冷后，将消化液转移至 25 mL 容量瓶中，用少量水洗涤消解罐 2~3 次，合并洗涤液于容量瓶中并用水定容至刻度，记录 $V$。根据实际测定需要稀释，并在稀释液中加入一定体积镧溶液(20 g/L)使其在最终稀释液中的浓度为 1 g/L，混匀备用，此为试样待测液，记录 $f$。同时做试剂空白实验 | | |
| | 压力罐消解：准确称取固体试样 0.2~1 g(精确至 0.001 g)或准确移取液体试样 0.500~5.00 mL 于消解内罐中，记录 $m$。加入 5 mL 硝酸，盖好内盖，旋紧不锈钢外套，放入恒温干燥箱，于 140~160 ℃下保持 4~5 h。冷却后缓慢旋松外罐，取出消解内罐，放在可调式电热板上于 140~160 ℃赶酸至 1 mL 左右。冷却后将消化液转移至 25 mL 容量瓶中，用少量水洗涤内罐和内盖 2~3 次，合并洗涤液于容量瓶中并用水定容至刻度，混匀备用，记录 $V$。根据实际测定需要稀释，并在稀释液中加入一定体积的镧溶液(20 g/L)，使其在最终稀释液中的浓度为 1 g/L，混匀备用，此为试样待测液，记录 $f$。同时做试剂空白实验 | | |

| 任务 | 具体实施 | | 要求 |
|---|---|---|---|
| | 实施步骤 | 实验记录 | |
| 试样消解 | 准确称取固体试样 0.5~5 g(精确至 0.001 g)或准确移取液体试样 0.500~10.0 mL 于坩埚中,记录 $m$。小火加热,炭化至无烟,转移至马弗炉中,于 550 ℃ 炭化 3~4 h。冷却,取出。对于灰化不彻底的试样,加数滴硝酸,小火加热,小心蒸干,再转入 550 ℃ 马弗炉中,继续灰化 1~2 h,至试样呈白灰状,冷却,取出,用适量硝酸溶液(1+1)溶解转移至刻度管中,用水定容至 25 mL,记录 $V$。根据实际测定需要稀释,并在稀释液中加入一定体积镧溶液,使其在最终稀释液中的浓度为 1 g/L,混匀备用,此为试样待测液,记录 $f$。同时做试剂空白实验 | $m$: —— <br> $V$: —— <br> $f$: —— | 5. 灰化温度一般控制在 500~550 ℃,温度不宜太高,防止部分易挥发无机元素损失,也可加入氯化镁或硝酸镁等灰化助剂 |
| 试样测定 | 火焰原子吸收光谱仪参考条件: <br>(1)波长:422.7 nm。<br>(2)狭缝:1.3 nm。<br>(3)灯电流:5~15 mA。<br>(4)燃烧头高度:3 mm。<br>(5)空气流量 9 L/min。<br>(6)乙炔流量:2 L/min | $\rho$:试样待测液中钙的质量浓度,mg/L <br><br> $\rho_0$:空白溶液中钙的质量浓度,mg/L <br> $\rho$: —— <br> $\rho_0$: —— | 1. 当钙含量大于或等于 10.0 mg/kg 或 10.0 mg/L 时,计算结果保留三位有效数字,当钙含量小于 10.0 mg/kg 或 10.0 mg/L 时,计算结果保留两位有效数字。<br> 2. 精密度:在重复性条件下获得的两次独立测定结果的绝对差值不得超过算术平均值10% |
| | 标准曲线的制作:将钙标准系列溶液按浓度由低到高的顺序分别导入火焰原子化器,测定吸光度值,以标准系列溶液中钙的质量浓度为横坐标,相应的吸光度值为纵坐标,制作标准曲线 | | |
| | 试样溶液的测定:在与测定标准溶液相同的实验条件下,将空白溶液和试样待测液分别导入原子化器,测定相应的吸光度值,与标准系列比较定量,记录 $\rho$、$\rho_0$ | | |
| | 根据公式,计算试样中钙的含量: $$X = \frac{(\rho - \rho_0) \times f \times V}{m}$$ | $X$:试样中钙的含量,mg/kg 或 mg/L <br> $X$: —— | |
| 结束工作 | 结束后倒掉废液,清理台面,洗净用具并归位。<br>关闭原子吸收光谱仪,关闭电源总闸 | | 1. 实验室安全操作。<br> 2. 团队进行总结 |

表 1-76 微波消解升温程序参考条件

| 步骤 | 设定温度/℃ | 升温时间/min | 恒温时间/min |
|---|---|---|---|
| 1 | 120 | 5 | 5 |
| 2 | 160 | 5 | 10 |
| 3 | 180 | 5 | 10 |

# 知识拓展　EDTA 滴定法测定食品中的钙

## 一、检测依据

检测依据为 GB 5009.92—2016《食品安全国家标准　食品中钙的测定》。在适当的 pH 值范围内，钙与 EDTA(乙二胺四乙酸二钠)可形成金属络合物，以 EDTA 滴定，在达到当量点时，溶液呈现游离指示剂的颜色，再根据 EDTA 的用量可计算出钙的含量。

## 二、任务准备

### (一) 试剂

除非另有说明，本方法所用水为 GB/T 6682 规定的三级水。

(1) 硝酸($HNO_3$)：优级纯。

(2) 高氯酸($HClO_4$)：优级纯。

(3) 碳酸钙(CAS 号 471 - 34 - 1)：纯度大于 99.99%，或经国家认证并授予标准物质证书的一定浓度的钙标准溶液。

(4) 氢氧化钾溶液(1.25 mol/L)：称取 70.13 g 氢氧化钾，用水稀释至 1 000 mL，混匀。

(5) 硫化钠溶液(10 g/L)：称取 1 g 硫化钠，用水稀释至 100 mL，混匀。

(6) 柠檬酸钠溶液(0.05 mol/L)：称取 14.7 g 柠檬酸钠，用水稀释至 1 000 mL，混匀。

(7) EDTA 溶液：称取 4.5 g EDTA(乙二胺四乙酸二钠)，用水稀释至 1 000 mL，混匀，储存于聚乙烯瓶中，4 ℃保存。使用时稀释 10 倍即可。

(8) 钙红指示剂：称取 0.1 g 钙红指示剂，用水稀释至 100 mL，混匀。

(9) 盐酸溶液(1 + 1)：量取 500 mL 盐酸(优级纯)，与 500 mL 水混合均匀。

(10) 钙标准储备液(100.0 mg/L)：准确称取 0.249 6 g(精确至 0.000 1 g)碳酸钙，加盐酸溶液(1 + 1)溶解，移入 1 000 mL 容量瓶中，加水定容至刻度，混匀。

### (二) 仪器

注：所有玻璃器皿均需硝酸溶液(1 + 5)浸泡过夜，用自来水反复冲洗，最后用水冲洗干净。

(1) 分析天平：感量为 1 mg 和 0.1 mg。

(2) 可调式电热炉。

(3) 可调式电热板。

(4) 马弗炉。

## 三、检测过程

根据表 1-77 实施检测。

表 1-77　检测过程

| 任务 | 具体实施 | | 要求 |
|---|---|---|---|
| | 实施步骤 | 实验记录 | |
| 坩埚准备与试样制备 | 试样的制备：同工作任务 | 同工作任务 | 同工作任务 |
| | 试样的消解：同工作任务 | $V_2$：试样消化液的定容体积，mL$V_2$：_____ | |
| 试样测定 | 滴定度($T$)的测定：吸取 0.500 mL 钙标准储备液(100.0 mg/L)于试管中，加 1 滴硫化钠溶液(10 g/L)和 0.1 mL 柠檬酸钠溶液(0.05 mol/L)，加 1.5 mL 氢氧化钾溶液(1.25 mol/L)，加 3 滴钙红指示剂，立即以稀释 10 倍的 EDTA 溶液滴定，至指示剂由紫红色变蓝色为止，记录消耗稀释 10 倍的 EDTA 溶液的体积。根据滴定结果计算出每毫升稀释 10 倍的 EDTA 溶液相当于钙的毫克数，记录 $T$ | $T$：EDTA 滴定度 mg/mL；$V_3$：滴定用试样待测液的体积，mL；$V_1$：滴定试样溶液时所消耗的稀释 10 倍的 EDTA 溶液的体积，mL；$V_0$：滴定空白溶液时所消耗的稀释 10 倍的 EDTA 溶液的体积，mL。$T$：_____$V_3$：_____$V_1$：_____$V_0$：_____ | 1. 加入指示剂后，不宜等太久，最好立即滴定。2. 加硫化钠和柠檬酸钠作用是掩蔽剂，目的是为了消除铜、镍和铁等干扰离子对主反应的影响。3. 加氢氧化钾的目的是控制反应体系的 pH 值为 12~14。计算结果保留三位有效数字。精密度：在重复性条件下获得的两次独立测定结果的绝对差值不得超过算术平均值的10% |
| | 试样及空白滴定：分别吸取 0.100~1.00 mL(根据钙的含量而定)试样消化液及空白液于试管中，记录 $V_3$。加 1 滴硫化钠溶液(10 g/L)和 0.1 mL 柠檬酸钠溶液(0.05 mol/L)，加 1.5 mL 氢氧化钾溶液(1.25 mol/L)，加 3 滴钙红指示剂，立即以稀释 10 倍的 EDTA 溶液滴定，至指示剂由紫红色变蓝色为止，记录 $V_1$、$V_0$ | | |
| | 根据公式，计算试样中钙的含量：$$X = \frac{T \times (V_1 - V_0) \times V_2 \times 1\ 000}{m \times V_3}$$式中：1 000——换算系数 | $X$：试样中钙的含量，mg/kg 或 mg/L；$m$：试样质量或移取体积，g 或 mL。$X$：_____ | |
| 结束工作 | 结束后倒掉废液，清理台面，洗净用具并归位。关闭水源和电源总闸 | | 1. 实验室安全操作。2. 团队工作总结 |

## ◎ 检查与评价

学生完成本项目的学习，通过学生自评、小组互评以检查自己对本任务学习的掌握情况。指导教师在整个教学过程中，关注每个小组的检测过程及小组成员的动手能力，并对小组成员动手能力进行评价，学生对所学的各项任务进行抽签决定考核的内容。将具体的检查与评价填入表 1-78。评价表对应工作任务。

表1-78 食品中钙含量测定任务实施评价表

| 项目 | 评价标准 | 分值/分 | 学生自评 | 小组互评 | 教师评价 |
|---|---|---|---|---|---|
| 方案设计与准备 | 认真负责、一丝不苟进行资料查阅，确定检测依据 | 5 | | | |
| | 协同合作，设计方案并合理分工 | 5 | | | |
| | 相互沟通，完成方案诊改 | 5 | | | |
| | 正确清洗及检查仪器 | 5 | | | |
| | 合理领取药品 | 5 | | | |
| | 正确取样 | 5 | | | |
| | 根据样品类型选择正确方法进行试样制备 | 5 | | | |
| 试样制备 | 正确进行试样制备 | 5 | | | |
| | 准确称样，规范操作进行试样消解操作 | 5 | | | |
| 试样测定 | 规范操作设置仪器条件 | 10 | | | |
| | 准确绘制标准曲线 | 10 | | | |
| | 规范操作进行试样测定 | 5 | | | |
| | 数据记录正确、完整 | 5 | | | |
| | 正确计算结果，按照要求进行数据修约 | 5 | | | |
| | 规范编制检测报告 | 5 | | | |
| 结束工作 | 结束后倒掉废液，清理台面，洗净用具并归位 | 5 | | | |
| | 关闭仪器电源，清洗玻璃器皿并归位。规范操作 | 5 | | | |
| | 合理分工，按时完成工作任务 | 5 | | | |

## 学习思考

1. 填空题

（1）食品中矿物质按照含量分为_____和_____。

（2）测定食品中钙含量的依据是_____。

（3）GB 5009.92—2016中测定食品中钙的方法有_____、_____、电感耦合等离子体发射光谱法和电感耦合等离子体质谱法。

（4）火焰原子吸收光谱法测定食品中钙在波长为_____ nm处测定的吸光度值在一定浓度范围内与钙含量成正比，与标准系列比较定量。

2. 简答题

（1）测定食品中矿物质元素含量的意义有哪些？

（2）钙作为人体含量最多的金属元素，其生理作用有哪些？

（3）火焰原子吸收光谱法测定食品中钙含量的基本原理是什么？

# 任务4 食品中灰分的测定

小麦是生产面粉的主要原料，小麦在加工成面粉的过程中，由于加工设备和工艺的不同，使得面粉的质量等级也存在一定差异。在国外，法式面粉—T(type)系列面粉按照其灰分含量将面粉分为白面粉、全麦粉和黑麦粉，即按每100 g面粉中所含灰分的重量百分比进行划分，如T45白面粉就是指100 g面粉经高温灼烧恒重后残余灰分为0.45 g。在我国，按照面粉中灰分和蛋白质含量的不同，将面粉分成特一粉、特二粉、标准粉和普通粉，以及高筋面粉、中筋面粉和低筋面粉等不同类型。例如，灰分含量以干物质计：特一粉不超过0.70%，特二粉不超过0.85%，标准粉不超过1.10%，普通粉不超过1.40%。

◎ 问题启发

食品中灰分的主要成分是什么？为什么将食品灼烧后的残留物称为粗灰分？测定食品中灰分有什么现实意义？测定食品灰分的基本原理是什么？实操中我们需要注意哪些事项？

◎ 食品安全检测知识

## 一、食品中灰分及其分类

食品的组成非常复杂，除了C、H、O、N四种构成水分和有机物质以外，还有许多无机矿物质。当食品在高温下灼烧灰化时，食品中的有机成分经燃烧、分解而挥发逸散，无机成分则留在残灰中，所以通常将食品经灼烧后的残留物称为总灰分。从数量和组成上看，食品的灰分与食品中原有无机组分并不完全相同。一方面食品在灰化时，有些易挥发元素氯、碘、铅等会产生部分的挥发散失，硫和磷等也能以含氧酸的形式挥发散失，使食品中无机成分减少。另一方面灰分中某些金属氧化物会吸收有机物分解产生的二氧化碳而形成碳酸盐，又使无机成分增加。因此，灰分并不能准确代表食品中原有无机成分的总量，所以又把食品经高温灼烧后的残留物称为粗灰分。

总灰分是食品中无机成分总量的标志，按照其溶解性可分为水溶性灰分、水不溶性灰分和酸不溶性灰分。水溶性灰分反映的可溶性钠、钾、钙、镁等氧化物和盐类的含量。水不溶性灰分反映的是污染食品的泥沙和铁、铝等氧化物及碱土金属的碱式磷酸盐的含量。酸不溶性灰分反映的是污染的泥沙和食品中原有的微量氧化硅的含量。因此，食品灰分的测定包括总灰分、水溶性灰分、水不溶性灰分和酸不溶性灰分等。

## 二、食品中灰分的测定意义

食品总灰分中的无机成分在维持人体正常生理功能、构成人体组织方面有着十分重要的作用。食品中灰分通常在一个比较稳定的范围内，如谷物和豆类为 1%~4%，蔬菜为 0.5%~2%，水果为 0.5%~1.0%。如果灰分含量超过了正常值范围，说明食品生产可能使用了不符合卫生标准的原料或食品添加剂，又或在食品的加工、储运过程中受到了污染。对于有些食品总灰分也是衡量食品加工精度或质量等级的重要指标，如生产面粉时，加工精度越高，灰分含量越低。另外，食品灰分中主要成分矿物质是食品七大营养素之一，因此灰分含量也是评价食品营养的重要参考指标之一。

## 三、食品中灰分测定的方法

GB 5009.4—2016《食品安全国家标准　食品中灰分的测定》规定了食品中灰分的测定方法，适用于食品中灰分的测定(淀粉类灰分的方法适用于灰分质量分数不大于 2% 的淀粉和变性淀粉)；规定了食品中水溶性灰分和水不溶性灰分的测定方法，适用于食品中水溶性灰分和水不溶性灰分的测定；规定了食品中酸不溶性灰分的测定方法，适用于食品中酸不溶性灰分的测定。

## 四、食品中灰分测定的注意事项

### 1. 灰化容器的选择

坩埚是测定灰分常用的灰化容器。其中最常用的是素烧瓷坩埚，它具有耐高温、耐酸、价格低廉等优点；但耐碱性差。灰化碱性食品时(如水果、蔬菜、豆类等)时，瓷坩埚内壁的釉层会被部分溶解，造成坩埚吸留现象，多次使用往往难以得到恒量，在这种情况下宜使用新的瓷坩埚或使用铂坩埚。铂坩埚具有耐高温、耐碱、导热性好、吸湿性小等优点，但价格是黄金的 9 倍，故使用时应特别注意其性能和使用规则，个别情况下可使用蒸发皿。灰化容器的大小要根据试样的性状来选用，需要前处理的液体样品，加热易膨胀的样品，以及灰分含量低、取样量较大的样品，须选用稍大些的坩埚，或选用蒸发皿；但灰化容器过大会使称量误差增大。

### 2. 取样量的确定

取样量应根据试样的种类和形状来决定。食品的灰分与其他成分相比含量较少，取样时应考虑称量误差，以灼烧后得到的灰分量为 10~100 mg 来决定取样量。

### 3. 灰化温度的设置

灰化温度的高低对灰分测定的结果影响很大，确定合适的灰化温度应以在保证灰化完全的前提下尽可能减少无机成分的挥发损失和缩短灰化时间为前提各种食品中无机成分的组成、性质及含量各不相同，灰化温度也应有所不同，一般鱼类剂海产品、酒、谷类及其制品、乳制品(奶油除外)不大于 550 ℃；水果、蔬菜及其制品、糖及其制品、肉及肉制品不大于 525 ℃；奶油不大于 500 ℃；个别样品(如谷类饲料)可以达到 600 ℃。灰化温度过高将引起钠、钾、铝等元素的挥发损失，而且磷酸盐也会熔融，将炭粒包藏起来，使炭粒无法氧化；灰化温度过低则灰化速度慢，时间长，不易灰化完全。

#### 4. 灰化时间

以样品灼烧至灰分呈白色或浅灰色，无炭粒存在并达到恒量为止。灰化达到恒量的时间因试样不同而异，一般需 2~5 h。对有些样品，即使灰化完全，残灰也不一定呈白色或浅灰色，如铁含量高的食品，残灰呈褐色；锰、铜量高的食品，残灰呈蓝绿色；有时即使灰的表面呈白色，内部仍残留炭块，所以应根据样品的组成、性状注意观察残灰的颜色，正确判断灰化的程度。

# 工作任务　食品中总灰分的测定

## 一、检测依据

食品中灰分的测定

检测依据为 GB 5009.4—2016《食品安全国家标准　食品中灰分的测定》。食品中总灰分的测定，测定原理是基于食品经高温灼烧后所残留的无机物质。食品经灼烧后所残留的无机物质为灰分，灰分数值用灼烧、称重后计算得出。

## 二、任务准备

### (一) 试剂

除非另有说明，本方法所用试剂均为分析纯，水为 GB/T 6682 规定的三级水。

(1) 乙酸镁溶液(80 g/L)：称取 8.0 g 乙酸镁$[(CH_3COO)_2Mg \cdot 4H_2O]$加水溶解并定容至 100 mL，混匀。

(2) 乙酸镁溶液(240 g/L)：称取 24.0 g 乙酸镁加水溶解并定容至 100 mL，混匀。

(3) 10% 盐酸溶液：量取 24 mL 浓盐酸用蒸馏水稀释至 100 mL。

### (三) 仪器

(1) 高温炉：最高使用温度大于或等于 950 ℃。

(2) 分析天平：感量分别为 0.1 mg、1 mg、0.1 g。

(3) 石英坩埚或瓷坩埚。

(4) 干燥器(内有干燥剂)。

(5) 电热板。

(6) 恒温水浴锅：控温精度 ±2 ℃。

## 三、检测程序

气化重量法测定食品中总灰分的检测程序，见图 1-26。

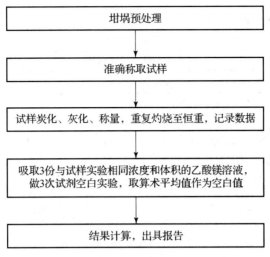

图 1 − 26　气化重量法测定食品中总灰分的检测程序

# 五、任务实施

## 1. 方案制定及准备

通过相关知识学习，解读国标，小组完成检测方案的设计（表 1 − 79），并依据方案完成任务准备。

表 1 − 79　检测方案设计

| 组长 | | 组员 | |
|---|---|---|---|
| 学习项目 | | 学习时间 | |
| 依据标准 | | | |
| 准备内容 | 仪器和设备<br>（规格、数量） | | |
| | 试剂和耗材<br>（规格、浓度、数量） | | |
| | 样品 | | |
| 任务分工 | 姓名 | 具体工作 | |
| | | | |
| | | | |
| | | | |
| 具体步骤 | | | |

## 2. 检测过程

根据表 1-80 实施检测。

**表 1-80　检测过程**

| 任务 | 具体实施 | | 要求 |
|---|---|---|---|
| | 实施步骤 | 实验记录 | |
| 坩埚准备与试样称取 | 坩埚的预处理<br><br>(1) 含磷量较高的食品和其他食品：取大小适宜的石英坩埚或瓷坩埚置高温炉中，在 550 ℃±25 ℃ 下灼烧 30 min，冷却至 200 ℃ 左右，取出，放入干燥器中冷却 30 min，准确称量。重复灼烧至前后两次称量相差不超过 0.5 mg 为恒重，记为 $m_2$。<br><br>(2) 淀粉类食品：先用沸腾的稀盐酸洗涤，再用大量自来水洗涤，最后用蒸馏水冲洗。将洗净的坩埚置于高温炉内，在 900 ℃±25 ℃ 下灼烧 30 min，并在干燥器内冷却至室温，称重记为 $m_2$，精确至 0.000 1 g | 记录原始样品名称、编号以及样品包装、外观形状、颜色和状态等感官性状指标。<br><br>$m_2$：恒重后空坩埚重量，g<br>$m_2$：_____ | 1. 操作台整齐，着工作服，仪表整洁。<br>2. 正确使用高温炉、干燥器和分析天平等试样制备和称量仪器。<br>3. 明确判断称量恒重的标准 |
| | 试样的称取<br><br>(1) 含磷量较高的食品和其他食品：灰分大于或等于 10 g/100 g 的试样取 2~3 g（精确至 0.000 1 g）；灰分小于或等于 10 g/100 g 的试样取 3~10 g（精确至 0.000 1 g，对于灰分含量更低的样品可适当增加称样量），记为 $m_3$。<br><br>(2) 淀粉类食品：迅速称取样品 2~10 g（马铃薯粉、小麦淀粉及大米淀粉至少 5 g，玉米淀粉和木薯淀粉称 10 g），精确至 0.000 1 g，记为 $m_3$。将样品均匀分布在坩埚内，不要压紧 | $m_3$：称样后坩埚和试样的质量，g<br>$m_3$：_____ | 1. 掌握原始样品到平均试样制备和缩分的操作。<br>2. 正确规范进行分析天平检查、使用和维护完成试样准确的称取 |
| 试样测定 | 含磷量较高的豆类及其制品、肉禽及其制品、蛋及其制品、水产及其制品、乳及乳制品：称取试样后，加入 1.00 mL 乙酸镁溶液（240 g/L）或 3.00 mL 乙酸镁溶液（80 g/L），使试样完全润湿。放置 10 min 后，在水浴上将水分蒸干，在电热板上以小火加热使试样充分炭化至无烟，然后置于高温炉中，在 550 ℃±25 ℃ 灼烧 4 h。冷却至 200 ℃ 左右，取出，放入干燥器中冷却 30 min，称量前如发现灼烧残渣有炭粒时，应向试样中滴入少许水湿润，使结块松散，蒸干水分再次灼烧至无炭粒即表示灰化完全，方可称量，记录 $m_1$。重复灼烧至前后两次称量相差不超过 0.5 mg 为恒重 | | 1. 含水量高的食品需要置于烘箱中干燥后再炭化，或者直接取样品水分测定后的干燥试样直接炭化。<br>2. 炭化操作：一般在电炉上进行，把坩埚置于电炉上，半盖坩埚盖，使试样在通气条件下逐渐炭化。直至无黑烟产生为止。先炭化后灰化是防止不经炭化而直接灰化，炭粒被包裹住，使得灰化不完全。 |
| | 淀粉类食品：将坩埚置于高温炉口或电热板上，半盖坩埚盖，小心加热使样品在通气情况下完全炭化至无烟，即刻将坩埚放入高温炉内，将温度升高至 900 ℃±25 ℃，保持此温度直至剩余的碳全部消失为止，一般 1 h 可灰化完毕，冷却至 200 ℃ 左右，取出，放入干燥器中冷却 30 min，称量前如发现灼烧残渣有炭粒时，应向试样中滴入少许水湿润，使结块松散，蒸干水分再次灼烧至无炭粒即表示灰化完全，方可称量，记录 $m_1$。重复灼烧至前后两次称量相差不超过 0.5 mg 为恒重 | $m_1$：灼烧恒重后坩埚和灰分的质量，g | |

| 任务 | 具体实施 | | 要求 |
|------|----------|--|------|
| | 实施步骤 | 实验记录 | |
| 试样测定 | 其他食品:液体和半固体试样应先在沸水浴上蒸干。固体或蒸干后的试样,先在电热板上以小火加热使试样充分炭化至无烟,然后置于高温炉中,在 550 ℃ ±25 ℃ 灼烧 4 h。冷却至 200 ℃ 左右,取出,放入干燥器中冷却 30 min,称量前如发现灼烧残渣有炭粒时,应向试样中滴入少许水湿润,使结块松散,蒸干水分再次灼烧至无炭粒即表示灰化完全,方可称量,记录 $m_1$。重复灼烧至前后两次称量相差不超过 0.5 mg 为恒重 | $m_0$:氧化镁(乙酸镁灼烧后生成物)的质量,g<br><br>$m_1$:_____<br>$m_0$:_____ | 3. 在高温下易发生膨胀而溢出坩埚的含糖、淀粉和蛋白质较高的试样,可加数滴辛醇或植物油消泡,再进行炭化。<br>4. 把坩埚放入马弗炉或从炉中取出时,要放在炉口停留片刻,使坩埚预热或冷却,防止因温度剧变而使坩埚破裂。<br>5. 数据记录正确、完整、美观。 |
| | 同时做试剂空白:吸取 3 份与试样测定相同浓度和体积的乙酸镁溶液,做 3 次试剂空白实验。当 3 次实验结果的标准偏差小于 0.003 g 时,取算术平均值作为空白值,记录 $m_0$。若标准偏差大于或等于 0.003 g 时,应重新做空白实验 | | |
| | (1)以试样质量计<br>根据公式,计算加了乙酸镁溶液的试样中灰分的含量:<br>$$X_1 = \frac{m_1 - m_2 - m_0}{m_3 - m_2} \times 100$$<br>根据公式,计算未加乙酸镁溶液的试样中灰分的含量:<br>$$X_2 = \frac{m_1 - m_2}{m_3 - m_2} \times 100$$<br>(2)以干物质计<br>根据公式,计算加了乙酸镁溶液的试样中灰分的含量:<br>$$X_1 = \frac{m_1 - m_2 - m_0}{(m_3 - m_2) \times \omega} \times 100$$<br>根据公式,计算未加乙酸镁溶液的试样中灰分的含量:<br>$$X_1 = \frac{m_1 - m_2}{(m_3 - m_2) \times \omega} \times 100$$ | $X_1$:试样中加了乙酸镁溶液试样中灰分的含量,g/100 g<br>$X_2$:试样中未加乙酸镁溶液试样中灰分的含量,g/100 g<br>$\omega$:试样干物质含量(质量分数),%<br>$X_1$:_____<br>$X_2$:_____<br>$\omega$:_____ | 6. 计算结果正确,按照要求进行数据修约。<br>7. 试样中灰分含量大于或等于 10 g/100 g 时,保留三位有效数字;试样中灰分含量小于 10 g/100 g 时,保留两位有效数字。<br>8. 精密度:在重复性条件下获得的两次独立测定结果的绝对差值不得超过算术平均值的 5% |
| 结束工作 | 结束后倒掉残灰,清洗坩埚,清理台面,洗净用具并归位。关闭马弗炉,关闭电源总闸 | | 1. 实验室安全操作。<br>2. 团队工作总结 |

# 知识拓展　食品中水溶性灰分和水不溶性灰分的测定

## 一、检测依据

检测依据为 GB 5009.4—2016《食品安全国家标准　食品中灰分的测定》。用热水提取总灰分,经无灰滤纸过滤、灼烧,称量残留物,测得水不溶性灰分,由总灰分和水不溶性灰分的质量之差计算水溶性灰分。

## 二、任务准备

### (一) 试剂

除非另有说明，本方法所用水为 GB/T 6682 规定的三级水。

### (二) 仪器

(1) 高温炉：最高温度大于或等于 950 ℃。

(2) 分析天平：感量分别为 0.1 mg、1 mg、0.1 g。

(3) 石英坩埚或瓷坩埚。

(4) 干燥器(内有干燥剂)。

(5) 无灰滤纸。

(6) 漏斗。

(7) 表面皿：直径 6 cm。

(8) 烧杯(高型)：容量 100 mL。

(9) 恒温水浴锅：控温精度 ±2 ℃。

## 三、检测过程

根据表 1-81 实施检测。

表 1-81　检测过程

| 任务 | 具体实施 | | 要求 |
|---|---|---|---|
| | 实施步骤 | 实验记录 | |
| 坩埚准备<br>与<br>试样预处理 | 坩埚预处理：同工作任务 | 同工作任务 | 同工作任务 |
| | 样品预处理：同工作任务 | 同工作任务 | 同工作任务 |
| 试样测定 | 总灰分的测定：同工作任务 | 同工作任务 | 1. 试样中灰分含量大于或等于 10 g/100 g，保留三位有效数字。<br><br>2. 试样中灰分含量小于 10 g/100 g 时，保留两位有效数字。 |
| | 水溶性灰分测定：用约 25 mL 热蒸馏水分次将总灰分从坩埚中洗入 100 mL 烧杯中，盖上表面皿，用小火加热至微沸，防止溶液溅出。趁热用无灰滤纸过滤，并用热蒸馏水分次洗涤杯中残渣，直至滤液和洗液体积约达 150 mL 为止，将滤纸连同残渣移入原坩埚内，放在沸水浴锅上小心地蒸去水分，然后将坩埚烘干并移入高温炉内，以 550 ℃ ±25 ℃ 灼烧至无炭粒(一般需 1 h)。待炉温降至 200 ℃ 时，放入干燥器内，冷却至室温，称重(准确至 0.000 1 g)。再放入高温炉内，以 550 ℃ ±25 ℃ 灼烧 30 min，如前冷却并称重。如此重复操作，直至连续两次称重之差不超过 0.5 mg 为止，记录最低质量为 $m_1$ | $m_1$：灼烧恒重后坩埚和灰分的质量，g<br>$m_1$：_____ | |

| 任务 | 具体实施 | | 要求 |
|---|---|---|---|
| | 实施步骤 | 实验记录 | |
| 试样测定 | (1)以试样质量计<br>根据公式，计算水不溶性灰分的含量：<br>$$X_1 = \frac{m_1 - m_2}{m_3 - m_2} \times 100$$<br>根据公式，计算水溶性灰分的含量：<br>$$X_2 = \frac{m_4 - m_5}{m_0} \times 100$$<br>(2)以干物质计<br>根据公式，计算水不溶性灰分的含量：<br>$$X_1 = \frac{m_1 - m_2}{(m_3 - m_2) \times \omega} \times 100$$<br>根据公式，计算水溶性灰分的含量：<br>$$X_2 = \frac{m_4 - m_5}{m_0 \times \omega} \times 100$$ | $X_1$：水不溶性灰分的含量，g/100 g<br>$X_2$：水溶性灰分的含量，g/100 g<br>$m_2$：坩埚的质量，g<br>$m_3$：坩埚和试样的质量，g<br>$m_4$：总灰分的质量，g<br>$m_5$：水不溶性灰分的质量，g<br>$m_0$：试样的质量，g<br>$\omega$：试样干物质含量（质量分数），%<br>$X_1$：_____<br>$X_2$：_____<br>$m_2$：_____<br>$m_3$：_____<br>$m_4$：_____<br>$m_5$：_____<br>$m_0$：_____<br>$\omega$：_____ | 3. 精密度：在重复性条件下同一样品获得的测定结果的绝对差值不得超过算术平均值的5% |
| 结束工作 | 结束后倒掉残灰，清洗坩埚，清理台面，洗净用具并归位。关闭马弗炉，关闭电源总闸 | | 1. 实验室安全操作。<br>2. 团队工作总结 |

## 检查与评价

学生完成本项目的学习，通过学生自评、小组互评以检查自己对本任务学习的掌握情况。指导教师在整个教学过程中，关注每个小组的检测过程及小组成员的动手能力，并对小组成员动手能力进行评价，学生对所学的各项任务进行抽签决定考核的内容。将具体的检查与评价填入表1-82。评价表对应工作任务。

**表1-82 食品中灰分测定任务实施评价表**

| 项目 | 评价标准 | 分值/分 | 学生自评 | 小组互评 | 教师评价 |
|---|---|---|---|---|---|
| 方案设计与准备 | 认真负责、一丝不苟进行资料查阅，确定检测依据 | 5 | | | |
| | 协同合作，设计方案并合理分工 | 5 | | | |
| | 相互沟通，完成方案诊改 | 5 | | | |
| | 正确清洗及检查仪器 | 5 | | | |
| | 合理领取药品 | 5 | | | |

| 项目 | 评价标准 | 分值/分 | 学生自评 | 小组互评 | 教师评价 |
|------|----------|---------|----------|----------|----------|
| 方案设计<br>与准备 | 正确取样 | 5 | | | |
| | 根据样品类型选择正确方法进行试样制备 | 5 | | | |
| 试样处理 | 正确进行试样制备 | 5 | | | |
| 试样测定 | 准确称样，规范操作进行试样炭化处理 | 10 | | | |
| | 规范操作进行试样灰化处理 | 10 | | | |
| | 规范使用干燥器 | 5 | | | |
| | 规范进行试样测定 | 5 | | | |
| | 数据记录正确、完整 | 5 | | | |
| | 正确计算结果，按照要求进行数据修约 | 5 | | | |
| | 规范编制检测报告 | 5 | | | |
| 结束工作 | 结束后倒掉废液、清理台面、洗净用具并归位 | 5 | | | |
| | 清洗坩埚，正确归位。规范操作 | 5 | | | |
| | 合理分工，按时完成工作任务 | 5 | | | |

## 学习思考

1. 填空题

(1) 食品中灰分按照溶解性分为_____、_____和_____三种。

(2) 测定食品中灰分的国家标准是_____。

(3) 食品灰分的测定流程一般分为_____、_____、_____、_____和_____五步。

(4) 以样品灼烧至灰分呈_____色或_____色，无_____存在并达到恒量为止。

(5) 灰化达到恒量的时间因试样不同而异，一般需_____ h。应根据样品的_____、_____注意观察残灰的颜色，正确判断灰化程度。

2. 简答题

(1) 简述矿物质含量测定对于食品分析有怎样的意义？

(2) 食品总灰分、水溶性灰分和酸溶性灰分的主要成分包括哪些？

(3) 如何加速灰化反应？

# 食品微生物检测操作及规范

# 项目 9  食品中卫生指标菌的检测

**知识目标**

1. 熟悉食品卫生指标菌检测的内容及意义。
2. 正确解读和使用 GB 4789.2—2022《食品安全国家标准　食品微生物学检验 菌落总数测定》及 GB 4789.3—2016《食品安全国家标准　食品微生物学检验 大肠菌群计数》。
3. 掌握菌落总数和大肠菌群的概念及测定原理。
4. 能正确理解菌落计数方法，掌握菌落总数计算方式，并对结果进行报告。
5. 熟练掌握无菌操作技术原理及方法。

**能力目标**

1. 能够正确查阅食品中卫生指标菌检测相关标准，并正确选用检测方法。
2. 能够整理分析资料并设计检测方案，安排合理，分工明确。
3. 能根据样品特性选择适宜的处理方法，并正确接种和培养方法。
4. 能根据实际情况选择正确的灭菌消毒方法。
5. 能够有较强的无菌操作意识。
6. 能够对实验结果进行记录、分析和处理，并编制报告。
7. 能够正确处理实验废弃物，建立环保意识，自觉遵守安全操作规程。

**素养目标**

1. 树立职业自信，培养敬业的职业精神。
2. 培养自主学习、合作探究、沟通交流的能力。
3. 培养安全操作、节约环保的实验习惯。
4. 培养创新意识，提升创新能力。
5. 培养温故知新的学习习惯，获得独立思考、擅于总结的品质。

# 任务 1 食品中菌落总数测定

## 案例导入

菌落总数是食品检样经过处理，在一定条件下培养后(如培养基成分、培养温度和时间、pH 值、需氧性质等)，所得 1 mL (或 1 g)检样中形成菌落的总数。食品中细菌数量越多，说明被污染的程度就越严重，越不新鲜，对人体健康威胁越大。相反，食品中细菌数量越少，说明该食品被污染的程度越轻，食品卫生质量越好，对人体健康影响也越小。一般讲，细菌数量越少，食品耐放时间越长；相反，食品耐放时间就越短，例如用 0 ℃ 保存牛肉，菌落总数为 103 cfu/cm² 时，可保存 18 d，而当菌落总数增至 105 CFU/cm² 时则只能保存 7 d。

## 问题启发

什么是菌落总数？菌落总数测定的意义有哪些？如何测定菌落总数呢？不同的食品对菌落总数限量指标要求是否相同？

## 食品安全检测知识

### 一、术语和定义

#### (一) 菌落

菌落是指细菌在固体培养基上生长繁殖而形成的能被肉眼识别的生长物，它是由数以万计相同的细菌集合而成。当样品被稀释到一定程度，与培养基混合，在一定培养条件下，每个能够生长繁殖的细菌细胞都可以在平板上形成一个可见的菌落。

#### (二) 菌落总数

菌落总数指食品检样经过处理，在一定条件下(如培养基、培养温度和培养时间等)培养后，所得每 1 g(mL)检样中形成的微生物菌落总数。按国家标准方法规定，即在需氧情况下，37 ℃ 培养 48 h，能在普通营养琼脂平板上生长的细菌菌落总数，但是厌氧或微需氧菌、有特殊营养要求的及非嗜中温的细菌，由于现有条件不能满足其生理需求，故难以繁殖生长。因此菌落总数并不表示实际中的所有细菌总数，也不能区分其中细菌的种类，所以有时被称为杂菌数、需氧菌数等。菌落总数测定用来判定食品被细菌污染的程度及卫生质量，它反映食品在生产过程中是否符合卫生要求，以便对被检样品做出适当的卫生学评价。菌落总数的多少在一定程度上标志着食品卫生质量的优劣。

### 二、菌落总数测定的意义

菌落总数主要作为判别食品被污染程度的标志，了解食品生产中从原料加工到成品包装所受到外界污染的情况；也可以观察细菌在食品中繁殖的动态，确定食品的保存期，以便对被检样品进行卫生学评价提供依据。食品中菌落总数越多，说明食品质量越差，即病原菌污染的可能性越大，当菌落总数仅少量存在时，则病原菌污染的可能性就会降低，或者几乎不存在。如果食品中菌落总数多于 10 万个，就足以引起细菌性食物中毒，如果人的感官能察觉食品发生变质时，细菌数已达到 $10^6 \sim 10^7$ 个/g(mL)。

菌落总数严重超标，说明食品的卫生状况达不到基本的卫生要求，会破坏食品的营养成分，加速食品的腐败变质，使食品失去食用价值。消费者食用微生物超标严重的食品，很容易患痢疾等肠道疾病，可能引起呕吐、腹泻等，危害人体健康安全。

需要强调的是，菌落总数和致病菌有着本质区别，菌落总数包括致病菌和有益菌，对人体有损害的主要是其中的致病菌，这些病菌会破坏肠道里正常的菌落环境，一部分可能在肠道被杀灭，一部分会留在身体里引起腹泻、损伤肝脏等身体器官，而有益菌包括酸奶中常被提起的乳酸菌等。菌落总数超标也意味着致病菌超标的概率增大，即增加危害人体健康的概率。

## 三、菌落总数测定的方法

菌落总数测定的方法依据 GB 4789.2—2022《食品安全国家标准　食品微生物学检验　菌落总数测定》。

## 四、测定过程中的注意事项

（1）整个操作过程要确保无菌操作。

（2）10 倍系列稀释时，每递增稀释一次，换用 1 次 1 mL 无菌吸管或吸头。稀释样液时，注意吸管或吸头尖端不要触及稀释液面。

（3）接种时，需要将平板计数琼脂培养基冷却至 46 ~ 50 ℃倾注培养皿。

（4）稀释度的选择要适宜，不能过高也不能过低。

# 工作任务　食品中菌落总数测定

## 一、检测依据

检测依据为 GB 4789.2—2022《食品安全国家标准　食品微生物学检验　菌落总数测定》。平板菌落计数法是将待测样品经适当稀释之后，其中的微生物充分分散成单个细胞，取一定量的稀释样液接种到平板上，经过培养，由每个单细胞生长繁殖而形成肉眼可见的菌落，即一个单菌落应代表原样品中的一个单细胞。统计菌落数，根据其稀释倍数和取样接种量即可换算出样品中的含菌数。

食品中菌落总数测定

## 二、工作准备

### （一）试剂

#### 1. 平板计数琼脂培养基（PCA）

（1）成分。胰蛋白胨 5.0 g、酵母浸膏 2.5 g、葡萄糖 1.0 g、琼脂 15.0 g、蒸馏水 1 000 mL。

（2）制法。将上述成分加于蒸馏水中，煮沸溶解，调节 pH 值至 7.0 ±0.2。分装于适宜容器，121 ℃高压灭菌 15 min。

#### 2. 无菌磷酸盐缓冲液

（1）成分。磷酸二氢钾（$KH_2PO_4$）34.0 g、蒸馏水 500 mL。

（2）制法。①储存液：称取 34.0 g 的磷酸二氢钾溶于 500 mL 蒸馏水中，用大约 175 mL 的 1 mol/L 氢氧化钠溶液调节 pH 值至 7.2，用蒸馏水稀释至 1 000 mL 后储存于冰箱。

②稀释液：取储存液 1.25 mL，用蒸馏水稀释至 1 000 mL，分装于适宜容器中，121 ℃高压灭菌 15 min。

#### 3. 无菌生理盐水

（1）成分。氯化钠 8.5 g、蒸馏水 1 000 mL。

（2）制法。称取 8.5 g 氯化钠溶于 1 000 mL 蒸馏水中，121 ℃高压灭菌 15 min。

### （二）仪器

（1）恒温培养箱：36 ℃ ±1 ℃，30 ℃ ±1 ℃。

（2）冰箱：2~5 ℃。

（3）恒温装置：48 ℃ ±2 ℃。

（4）天平：感量为 0.1 g。

（5）均质器。

（6）振荡器。

（7）无菌吸管：1 mL（具 0.01 mL 刻度）、10 mL（具 0.1 mL 刻度）或微量移液器及吸头。

（8）无菌锥形瓶：容量 250 mL、500 mL。

（9）无菌培养皿：直径 90 mm

（10）pH 计或 pH 比色管或精密 pH 试纸。

（11）放大镜和/或菌落计数器。

## 三、检测程序

菌落总数的检测程序见图 2-1。

## 四、工作实施

#### 1. 方案制定及准备

通过相关知识学习，解读国标，小组完成检测方案的设计（表 2-1），并依据方案完成工作准备。

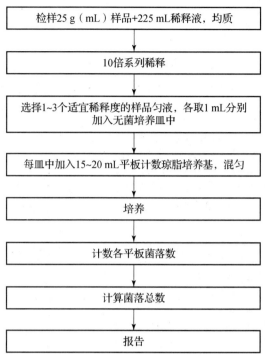

図 2-1 菌落总数的检测程序

## 表 2-1 检测方案设计

| 组长 | | | 组员 | |
|---|---|---|---|---|
| 学习项目 | | | 学习时间 | |
| 依据标准 | | | | |
| 准备内容 | 仪器和设备<br>（规格、数量） | | | |
| | 试剂和耗材<br>（规格、浓度、数量） | | | |
| | 样品 | | | |
| | 无菌室 | | | |
| 任务分工 | 姓名 | | 具体工作 | |
| | | | | |
| | | | | |
| | | | | |
| | | | | |
| 具体步骤 | | | | |

## 2. 检测过程

根据表2-2实施检测。

表2-2 检测过程

| 任务 | 具体实施 | | 要求 |
|------|---------|---------|------|
| | 实施步骤 | 实验记录 | |
| 样品处理 | 固体和半固体样品：称取25 g样品置于盛有225 mL无菌磷酸盐缓冲液或无菌生理盐水的无菌均质杯内，8 000～10 000 r/min均质1～2 min，或放入盛有225 mL稀释液的无菌均质袋中，用拍击式均质器拍打1～2 min，制成1：10的样品匀液<br><br>液体样品：以无菌吸管吸取25 mL样品置于盛有225 mL无菌磷酸盐缓冲液或无菌生理盐水的无菌锥形瓶(瓶内可预置适当数量的无菌玻璃珠)中充分混匀，或放入盛有225 mL稀释液的无菌均质袋中，用拍击式均质器拍打1～2 min，制成1：10的样品匀液。当结果要求为每克样品中菌落总数时，按固体和半固体样品操作 | 1. 记录样品的名称、采集时间、数量、采样人员等采样信息。<br>2. 记录样品状态、处理方法等。<br>3. 记录检测开始时间和检测环境数据 | 1. 正确对超净台台面、操作人员手部、试管、锥形瓶及培养皿进行消毒处理。<br>2. 酒精灯火焰10 cm范围内无菌处理样品，混合均匀。<br>3. 正确使用电子秤量样品。<br>4. 正确使用无菌均质器、振荡器等对样品进行处理。<br>5. 正确使用超净工作台、酒精灯 |
| 10倍系列稀释 | 用1 mL无菌吸管(或微量移液器)吸取1：10样品匀液1 mL，沿管壁缓慢注于盛有9 mL稀释液的无菌试管中(注意吸管或吸头尖端不要触及稀释液面)，在振荡器上振荡混匀，制成1：100的样品匀液<br><br>按上述操作程序，制备10倍系列稀释样品匀液。每递增稀释一次，换用1次1 mL无菌吸管或吸头 | 记录稀释倍数 | 1. 正确使用吸量管进行系列稀释。<br>2. 规范使用振荡器进行样品混合。<br>3. 无菌操作，避免染菌 |
| 接种 | 根据对样品污染状况的估计，选择1～3个适宜稀释度的样品匀液(液体样品可包括原液)，吸取1 mL样品匀液于无菌平皿内，每个稀释度做两个培养皿。同时，分别吸取1 mL空白稀释液加入两个无菌平皿内作空白对照<br><br>及时将15～20 mL冷却至46～50 ℃的平板计数琼脂培养基(可放置于48 ℃±2 ℃恒温装置中保温)倾注培养皿，并转动培养皿使其混合均匀 | 1. 记录稀释倍数及接种量。<br>2. 记录超净工作台使用情况 | 1. 正确使用吸量管和培养皿进行接种。<br>2. 选择正确的接种方法。<br>3. 能够准确控制培养基的用量，及时混匀。<br>4. 无菌操作，避免染菌 |
| 培养 | 水平放置待琼脂凝固后，将平板翻转，36 ℃±1 ℃培养48 h±2 h。水产品30 ℃±1 ℃培养72 h±3 h。如果样品中可能含有在琼脂培养基表面蔓延生长的菌落时，可在凝固后的琼脂培养基表面覆盖一薄层平板计数琼脂培养基(约4 mL)，凝固后翻转平板进行培养。 | 1. 记录培养温度和培养时间。<br>3. 记录恒温培养箱使用情况 | 1. 充分冷却后凝固，倒置培养。<br>2. 准确使用恒温培养箱进行培养 |

| 任务 | 具体实施 | | 要求 |
|---|---|---|---|
| | 实施步骤 | 实验记录 | |
| 菌落计数 | 可用肉眼观察，必要时用放大镜或菌落计数器，记录稀释倍数和相应的菌落数量。菌落计数以菌落形成单位（CFU）表示 | 1. 记录稀释倍数。 2. 记录平板菌落数量 | 1. 按照菌落计数要求进行计数。 2. 可用肉眼观察，必要时用放大镜或菌落计数器。 3. 若空白对照上有菌落生长，则此次检验结果无效 |
| | 选取菌落数在 30～300 CFU 之间、无蔓延菌落生长的平板计数菌落总数。低于 30 CFU 的平板记录具体菌落数，大于 300 CFU 的可记录为多不可计 | | |
| | 其中一个平板有较大片状菌落生长时，则不宜采用，而应以无较大片状菌落生长的平板作为该稀释度的菌落数；若片状菌落不到平板的一半，而其余一半中菌落分布又很均匀，可计算半个平板后乘以 2，代表一个平板菌落数 | | |
| | 当平板上出现菌落间无明显界线的链状生长时，则将每条单链作为一个菌落计数 | | |
| 结果计算 | 若只有一个稀释度平板上的菌落数在适宜计数范围内，计算两个平板菌落数的平均值，再将平均值乘以相应稀释倍数，作为每 1 g(mL)样品中菌落总数结果 | 记录每 1 g(mL)样品中菌落总数结果。 $N$：样品中菌落数； $\sum c$：平板（含适宜范围菌落数的平板）菌落数之和； $n_1$：第一稀释度（低稀释倍数）平板个数； $n_2$：第二稀释度（高稀释倍数）平板个数； $d$：稀释因子（第一稀释度） $N$：_____ $\sum c$：_____ $n_1$：_____ $n_2$：_____ $d$：_____ | 根据不同情况，采用相应的计算方法进行菌落总数结果计算 |
| | 若有两个连续稀释度的平板菌落数在适宜计数范围内时，按公式计算： $$N = \frac{\sum c}{(n_1 + 0.1 n_2)d}$$ 式中： $d$——稀释因子（第一稀释度） | | |
| | 若所有稀释度的平板上菌落数均大于 300 CFU，则对稀释度最高的平板进行计数，其他平板可记录为多不可计，结果按平均菌落数乘以最高稀释倍数计算 | | |
| | 若所有稀释度的平板菌落数均小于 30 CFU，则应按稀释度最低的平均菌落数乘以稀释倍数计算 | | |
| | 若所有稀释度（包括液体样品原液）平板均无菌落生长，则以小于 1 乘以最低稀释倍数计算 | | |
| | 若所有稀释度的平板菌落数均不在 30～300 CFU 之间，其中一部分小于 30 CFU 或大于 300 CFU 时，则以最接近 30 CFU 或 300 CFU 的平均菌落数乘以稀释倍数计算 | | |

| 任务 | 具体实施 | | 要求 |
|---|---|---|---|
| | 实施步骤 | 实验记录 | |
| 结果报告 | 1. 菌落数小于 100 CFU 时，按"四舍五入"原则修约，以整数报告。<br>2. 菌落数大于或等于 100 CFU 时，第三位数字采用"四舍五入"原则修约后，采用两位有效数字，后面用 0 代替位数；也可用 10 的指数形式来表示，按"四舍五入"原则修约后，采用两位有效数字。<br>3. 若空白对照上有菌落生长，则此次检测结果无效。 | 记录修约后的菌落总数，称重取样以 CFU/g 为单位报告，体积取样以 CFU/mL 为单位报告 | 根据修约原则，编制结果修约报告 |
| 结束工作 | 结束后熄灭酒精灯，关闭超净台，擦拭消毒台面和工作人员手部，无菌室灭菌，倒掉废液，洗净用具并归位 | | 1. 实验室安全操作。<br>2. 团队进行工作总结 |

## 检查与评估

学生完成本项目的学习，通过学生自评、小组互评以检查自己对本任务学习的掌握情况。指导教师在整个教学过程中，关注每个小组的检测过程及小组成员的动手能力，并对小组成员动手能力进行评估，学生对所学的各项任务进行抽签决定考核的内容。将具体的检查与评估填入表 2 - 3。

**表 2 - 3　食品中菌落总数测定任务实施评价表**

| 项目 | 评价标准 | 分值/分 | 学生自评 | 小组互评 | 教师评价 |
|---|---|---|---|---|---|
| 方案设计与准备 | 认真负责、一丝不苟进行资料查阅，确定检测依据 | 2 | | | |
| | 协同合作，设计方案并合理分工 | 5 | | | |
| | 相互沟通完成方案诊改 | 3 | | | |
| | 正确清洗玻璃仪器与灭菌 | 5 | | | |
| | 合理领取药品 | 2 | | | |
| | 正确完成试剂的配制与灭菌 | 5 | | | |
| | 提前完成无菌室的灭菌及相关准备工作 | 3 | | | |
| 试样处理及稀释 | 正确使用超净工作台 | 2 | | | |
| | 准确称样，无菌进行处理样品 | 5 | | | |
| | 正确使用吸量管进行 10 倍系列稀释 | 5 | | | |
| 接种培养 | 选择合适的稀释度 | 5 | | | |
| | 规范进行无菌操作 | 5 | | | |
| | 准确吸取样液进行接种 | 5 | | | |

| 项目 | 评价标准 | 分值/分 | 学生自评 | 小组互评 | 教师评价 |
|---|---|---|---|---|---|
| 接种培养 | 根据无菌操作要求倒平板，摇匀 | 5 | | | |
| | 水平放置待琼脂凝固后，将平板翻转，倒置培养 | 5 | | | |
| | 正确设置培养温度和培养时间 | 3 | | | |
| 菌落计数 | 计数方法正确 | 5 | | | |
| | 计数结果准确 | 5 | | | |
| 结果计算及报告 | 根据实际情况选择正确的菌落计数方法进行计数 | 5 | | | |
| | 按照要求进行数据修约 | 5 | | | |
| | 规范编制检测报告 | 5 | | | |
| 结束工作 | 熄灭酒精灯，关闭超净台，擦拭消毒台面和工作人员手部，无菌室灭菌 | 5 | | | |
| | 关闭仪器电源，清洗玻璃器皿并归位，实验废弃物及时处理，规范操作 | 2 | | | |
| | 合理分工，按时完成工作任务 | 3 | | | |

## 教学反思

1. 填空题

(1)根据菌落总数报告原则，某样品经菌落总数测定的数据为 3 775 CFU/mL，应报告为_____ CFU/mL。

(2)微生物检验培养基等含有水分物质只能采用_____灭菌。

(3)高压蒸汽灭菌时，温度 121 ℃时，维持时间_____。

(4)采用高压蒸汽灭菌，_____是影响灭菌质量的关键。

(5)平板计数培养基，赤沸溶解后，调节 pH 值至_____。

2. 简答题

(1)什么是菌落？什么是菌落总数？

(2)菌落总数检测的卫生学意义是什么？

(3)培养微生物的培养基应具备哪些条件？为什么？

# 任务 2　食品中大肠菌群计数

⊙ 案例导入

　　食品的微生物污染是指食品在加工、运输、储藏、销售过程中被微生物及其毒素污染。与食品中滥用添加剂的危害相比，很多食品安全专家、营养专家更担心的是日常生活中更常见的微生物污染。食品中大肠菌群超标会破坏其营养成分，加快食品腐败变质的速度，降低食物营养价值。食用大肠菌群超标的食物易引起肠道疾病，特别是导致肠胃感染、腹泻呕吐、严重威胁健康安全。

⊙ 问题启发

　　什么是大肠菌群？食品中大肠菌群计数的意义是什么？大肠菌群的主要来源有哪些？

⊙ 食品安全检测知识

## 一、大肠菌群

　　大肠菌群是指在 36 ℃条件下培养 48 h 能发酵乳糖，并产酸产气，需氧或兼性厌氧生长的革兰氏阴性无芽孢杆菌，包括埃希氏菌属、柠檬酸菌属、肠杆菌属、克雷伯菌属等，其中以埃希氏菌属为主，称为典型大肠埃希菌；其他三属习惯上称为非典型大肠埃希菌。这群细菌在含有胆盐的培养基上生长，能发酵乳糖而产酸产气。

## 二、食品中大肠菌群计数的意义

　　由于大肠菌群都是直接或间接来自人与温血动物的粪便，来自粪便以外的极为罕见，所以，大肠菌群作为食品安全标准的意义在于它是较为理想的粪便污染的指示菌群。另外，肠道致病菌如沙门氏菌属和志贺氏菌属等，对食品安全的威胁很大，经常检验致病菌有一定困难，而食品中的大肠菌群较容易被检出来，肠道致病菌与大肠菌群的来源相同，而且在一般条件下大肠菌群在外环境中的生存时间也与主要肠道致病菌一致，所以大肠菌群的另一重要食品安全意义是作为肠道致病菌污染食品的指示菌。

## 三、食品中大肠菌群计数的方法

　　GB 4789.3—2016《食品安全国家标准　食品微生物学检验　大肠菌群计数》对食品中大肠菌群计数方法包括大肠菌群 MPN 计数法、大肠菌群平板计数法。

## 四、食品中大肠菌群计数的注意事项

　　(1)稀释样液时，注意吸管或吸头尖端不要触及稀释液面。

（2）每递增稀释一次，换用 1 次 1 mL 无菌吸管或吸头。

（3）如接种量超过 1 mL，则用双料 LST 肉汤。

（4）初发酵及复发酵接种时，样液混匀速度要慢，防止小倒管进气泡。

# 工作任务　MPN 计数法测定食品中大肠菌群

## 一、检测依据

食品中大肠菌群计数

检测依据为 GB 4789.3—2016《食品安全国家标准　食品微生物学检验　大肠菌群计数》。MPN 法是统计学和微生物学结合的一种定量检测法。待测样品经系列稀释并培养后，根据其未生长的最低稀释度与生长的最高稀释度，应用统计学概率论推算出待测样品中大肠菌群的最大可能数。

## 二、工作准备

### (一) 试剂

#### 1. 月桂基硫酸盐胰蛋白胨(LST)肉汤

（1）成分：胰蛋白胨或胰酪胨 20.0 g、氯化钠 5.0 g、乳糖 5.0 g、磷酸氢二钾（$K_2HPO_4$）2.75 g、磷酸二氢钾（$KH_2PO_4$）2.75 g、月桂基硫酸钠 0.1 g、蒸馏水 1 000 mL。

（2）制法：将上述成分溶解于蒸馏水中，调节 pH 值为 6.8 ± 0.2。分装到有玻璃小倒管的试管中，每管 10 mL。121 ℃ 高压灭菌 15 min。

#### 2. 煌绿乳糖胆盐(BGLB)肉汤

（1）成分：蛋白胨 10.0 g、乳糖 10.0 g、牛胆粉（oxgall 或 oxbile）溶液 200 mL、0.1% 煌绿水溶液 13.3 mL、蒸馏水 800 mL。

（2）制法：将蛋白胨、乳糖溶于约 500 mL 蒸馏水中，加入牛胆粉溶液 200 mL（将 20.0 g 脱水牛胆粉溶于 200 mL 蒸馏水中，调节 pH 值为 7.0~7.5），用蒸馏水稀释到 975 mL，调节 pH 值为 7.2 ± 0.1，再加入 0.1% 煌绿水溶液 13.3 mL，用蒸馏水补足到 1 000 mL，用棉花过滤后，分装到有玻璃小倒管的试管中，每管 10 mL。121 ℃ 高压灭菌 15 min。

#### 3. 无菌磷酸盐缓冲液

（1）成分：磷酸二氢钾（$KH_2PO_4$）34.0 g、蒸馏水 500 mL。

（2）制法：①储存液：称取 34.0 g 磷酸二氢钾溶于 500 mL 蒸馏水中，用大约 175 mL 1 mol/L 氢氧化钠溶液调节 pH 值至 7.2，用蒸馏水稀释至 1 000 mL 后储存于冰箱。

②稀释液：取储存液 1.25 mL，用蒸馏水稀释至 1 000 mL，分装于适宜容器中，121 ℃ 高压灭菌 15 min。

#### 4. 无菌生理盐水

（1）成分：氯化钠 8.5 g、蒸馏水 1 000 mL。

（2）制法：称取 8.5 g 氯化钠溶于 1 000 mL 蒸馏水中，121 ℃ 高压灭菌 15 min。

5. 1 mol/L 氢氧化钠

(1) 成分：氢氧化钠 40.0 g、蒸馏水 1 000 mL。

(2) 制法：称取 40 g 氢氧化钠溶于 1 000 mL 无菌蒸馏水中。

6. 1 mol/L 盐酸

(1) 成分：盐酸 90 mL、蒸馏水 1 000 mL。

(2) 制法：移取浓盐酸 90 mL，用无菌蒸馏水稀释至 1 000 mL。

（二）仪器

(1) 恒温培养箱：36 ℃ ±1 ℃。

(2) 冰箱：2~5 ℃。

(3) 恒温水浴箱：46 ℃ ±1 ℃。

(4) 天平：感量为 0.1 g。

(5) 均质器。

(6) 振荡器。

(7) 无菌吸管：1 mL(具 0.01 mL 刻度)、10 mL(具 0.1 mL 刻度)或微量移液器及吸头。

(8) 无菌锥形瓶：容量为 500 mL。

(9) pH 计或 pH 比色管或精密 pH 试纸。

## 三、检测程序

MPN 计数法检测大肠菌群的检验程序见图 2 - 2。

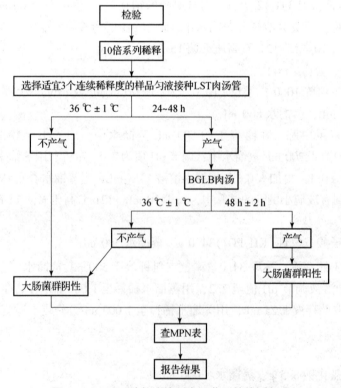

图 2 - 2　MPN 计数法检测大肠菌群的检测程序

## 六、工作实施

### 1. 方案制定及准备

通过相关知识学习，解读国标，小组完成检测方案的设计（表2-4），并依据方案完成工作准备。

表2-4 检测方案设计

| 组长 | | 组员 | |
|---|---|---|---|
| 学习项目 | | 学习时间 | |
| 依据标准 | | | |
| 准备内容 | 仪器和设备（规格、数量） | | |
| | 试剂和耗材（规格、浓度、数量） | | |
| | 样品 | | |
| | 无菌室 | | |
| 任务分工 | 姓名 | 具体工作 | |
| | | | |
| | | | |
| | | | |
| 具体步骤 | | | |

### 2. 检测过程

根据表2-5实施检测。

表2-5 检测过程

| 任务 | 具体实施 | | 要求 |
|---|---|---|---|
| | 实施步骤 | 实验记录 | |
| 样品稀释 | 固体和半固体样品：称取25 g样品，放入盛有225 mL磷酸盐缓冲液或生理盐水的无菌均质杯内，8 000~10 000 r/min均质1~2 min，或放入盛有225 mL磷酸盐缓冲液或生理盐水的无菌均质袋中，用拍击式均质器拍打1~2 min，制成1:10的样品匀液 | 1. 记录样品取样量。 | 1. 正确对超净台台面、操作人员手部、试管、锥形瓶等进行消毒处理。 |

| 任务 | 具体实施 | | 要求 |
|---|---|---|---|
| | 实施步骤 | 实验记录 | |
| 样品稀释 | 液体样品：以无菌吸管吸取 25 mL 样品置盛有 225 mL 磷酸盐缓冲液或生理盐水的无菌锥形瓶（瓶内预置适当数量的无菌玻璃珠）中，充分混匀，制成 1:10 的样品匀液 | | 2. 酒精灯火焰 10 cm 范围内无菌处理样品，混合均匀。 3. 正确使用电子秤称量样品。 4. 正确使用无菌均质器、振荡器等对样品进行处理。 5. 正确使用超净工作台、酒精灯 |
| | 样品匀液的 pH 值应为 6.5～7.5，必要时分别用 1 mol/L NaOH 或 1 mol/L HCl 调节。用 1 mL 无菌吸管（或微量移液器）吸取 1:10 样品匀液 1 mL，沿管壁缓缓注入 9 mL 磷酸盐缓冲液或生理盐水的无菌试管中，振摇试管或换用 1 支 1 mL 无菌吸管反复吹打，使其混合均匀，制成 1:100 的样品匀液。根据对样品污染状况的估计，按上述操作，依次制成 10 倍递增系列稀释样品匀液。每递增稀释 1 次，换用 1 支 1 mL 无菌吸管或吸头。从制备样品匀液至样品接种完毕，全过程不得超过 15 min | 2. 记录样品稀释度。 3. 记录检测开始时间和检测环境数据 | |
| 初发酵试验 | 每个样品选择 3 个适宜的连续稀释度的样品匀液（液体样品可以选择原液），每个稀释度接种 3 管月桂基硫酸盐胰蛋白胨（LST）肉汤，每管接种 1 mL（如接种量超过 1 mL，则用双料 LST 肉汤），36 ℃±1 ℃ 培养 24 h±2 h，观察倒管内是否有气泡产生，24 h±2 h 产气者进行复发酵试验，如未产气则继续培养至 48 h±2 h，产气者进行复发酵试验，未产气者为大肠菌群阴性 | 1. 记录培养 24 h±2 h，倒管内是否有气泡产生。 2. 记录培养 48 h±2 h，倒管内的气泡产生情况及相应的稀释度，未产气者记录为大肠菌群阴性 | 1. 正确使用吸量管或微量移液器进行接种。 2. 接种时动作要轻，避免小倒管内进入气泡。 3. 无菌操作，避免染菌。 4. 每管接种 1 mL，如接种量超过 1 mL，则用双料 LST 肉汤 |
| 复发酵试验（证实试验） | 用接种环从产气的 LST 肉汤管中分别取培养物 1 环，移种于煌绿乳糖胆盐肉汤（BGLB）管中，于 36 ℃±1 ℃ 培养 48 h±2 h，观察产气情况。产气者，记为大肠菌群阳性管 | 1. 记录培养 48 h±2 h，倒管内气泡产生情况及相应的稀释度，产气者，计为大肠菌群阳性管。 2. 恒温培养箱的使用记录 | 1. 正确使用接种环进行接种。 2. 无菌操作，避免染菌 |
| 大肠菌群最可能数（MPN）的报告 | 按复发酵试验确证的大肠菌群 BGLB 阳性管数，检索 MPN 表（表 2-6），报告每 1 g(mL) 样品中大肠菌群的 MPN 值 | 根据产气情况，查询 MPN 检索表并记录结果 | 注意 MPN 检索表中检样量和 MPN 结果的对应关系 |
| 结束工作 | 结束后熄灭酒精灯，关闭超净台，擦拭消毒台面和工作人员手部，无菌室灭菌，倒掉废液，洗净用具并归位 | | 1. 实验室安全操作。 2. 团队进行总结 |

表 2-6　大肠菌群最可能数(MPN)检索表　　　　　　单位：g(mL)

| 阳性管数/管 | | | MPN | 95%可信限 | | 阳性管数/管 | | | MPN | 95%可信限 | |
|---|---|---|---|---|---|---|---|---|---|---|---|
| 0.10 | 0.01 | 0.001 | | 下限 | 上限 | 0.10 | 0.01 | 0.001 | | 下限 | 上限 |
| 0 | 0 | 0 | <3.0 | — | 9.5 | 2 | 2 | 0 | 21 | 4.5 | 42 |
| 0 | 0 | 1 | 3.0 | 0.15 | 9.6 | 2 | 2 | 1 | 28 | 8.7 | 94 |
| 0 | 1 | 0 | 3.0 | 0.15 | 11 | 2 | 2 | 2 | 35 | 8.7 | 94 |
| 0 | 1 | 1 | 6.1 | 1.2 | 18 | 2 | 3 | 0 | 29 | 8.7 | 94 |
| 0 | 2 | 0 | 6.2 | 1.2 | 18 | 2 | 3 | 1 | 36 | 8.7 | 94 |
| 0 | 3 | 0 | 9.4 | 3.6 | 38 | 3 | 0 | 0 | 23 | 4.6 | 94 |
| 1 | 0 | 0 | 3.6 | 0.17 | 18 | 3 | 0 | 1 | 38 | 8.7 | 110 |
| 1 | 0 | 1 | 7.2 | 1.3 | 18 | 3 | 0 | 2 | 64 | 17 | 180 |
| 1 | 0 | 2 | 11 | 3.6 | 38 | 3 | 1 | 0 | 43 | 9 | 180 |
| 1 | 1 | 0 | 7.4 | 1.3 | 20 | 3 | 1 | 1 | 75 | 17 | 200 |
| 1 | 1 | 1 | 11 | 3.6 | 38 | 3 | 1 | 2 | 120 | 37 | 420 |
| 1 | 2 | 0 | 11 | 3.6 | 42 | 3 | 1 | 3 | 160 | 40 | 420 |
| 1 | 2 | 1 | 15 | 4.5 | 42 | 3 | 2 | 0 | 93 | 18 | 420 |
| 1 | 3 | 0 | 16 | 4.5 | 42 | 3 | 2 | 1 | 150 | 37 | 420 |
| 2 | 0 | 0 | 9.2 | 1.4 | 38 | 3 | 2 | 2 | 210 | 40 | 430 |
| 2 | 0 | 1 | 14 | 3.6 | 42 | 3 | 2 | 3 | 290 | 90 | 1 000 |
| 2 | 0 | 2 | 20 | 4.5 | 42 | 3 | 3 | 0 | 240 | 42 | 1 000 |
| 2 | 1 | 0 | 15 | 3.7 | 42 | 3 | 3 | 1 | 460 | 90 | 2 000 |
| 2 | 1 | 1 | 20 | 4.5 | 42 | 3 | 3 | 2 | 1 100 | 180 | 4 100 |
| 2 | 1 | 2 | 27 | 8.7 | 94 | 3 | 3 | 3 | >1 100 | 420 | — |

注：1. 本表采用 3 个稀释度[0.1 g(mL)、0.01 g(mL)和 0.001 g(mL)]，每个稀释度接种 3 管。

2. 表内所列检样量如改用 1 g(mL)、0.1 g(mL)和 0.01 g(mL)，表内数字应相应降低 10 倍；如改用 0.01 g(mL)、0.001 g(mL)、0.000 1 g(mL)，则表内数字应相应增高 10 倍，其余类推。

# 知识拓展　平板计数法测定食品中大肠菌群

## 一、检测依据

检测依据为 GB 4789.3—2016《食品安全国家标准　食品微生物学检验　大肠菌群计数》。大肠菌群在固体培养基中发酵乳糖产酸，在指示剂的作用下形成可计数的红色或紫色，带有或不带有沉淀环的菌落。

## 二、任务准备

### (一) 试剂

1. 结晶紫中性红胆盐琼脂(VRBA)

(1) 成分：蛋白胨 7.0 g、酵母膏 3.0 g、乳糖 10.0 g、氯化钠 5.0 g、胆盐或 3 号胆盐 1.5 g、中性红 0.03 g、结晶紫 0.002 g、琼脂 15~18 g、蒸馏水 1 000 mL。

(2) 制法：将上述成分溶于蒸馏水中，静置几分钟，充分搅拌，调节 pH 值为 7.4 ± 0.1。煮沸 2 min，将培养基冷却并恒温至 45~50 ℃倾注平板。使用前临时制备，不得超过 3 h。

2. 磷酸盐缓冲液

(1) 无菌成分：磷酸二氢钾($KH_2PO_4$)34.0 g、蒸馏水 500 mL。

(2) 制法：①储存液：称取 34.0 g 磷酸二氢钾溶于 500 mL 蒸馏水中，用大约 175 mL 1 mol/L 氢氧化钠溶液调节 pH 值至 7.2，用蒸馏水稀释至 1 000 mL 后储存于冰箱。

②稀释液：取储存液 1.25 mL，用蒸馏水稀释至 1 000 mL，分装于适宜容器中，121 ℃高压灭菌 15 min。

3. 无菌生理盐水

(1) 成分：氯化钠 8.5 g、蒸馏水 1 000 mL。

(2) 制法：称取 8.5 g 氯化钠溶于 1 000 mL 无菌蒸馏水中，121 ℃高压灭菌 15 min。

4. 1 mol/L 氢氧化钠

(1) 成分：氢氧化钠 40.0 g、蒸馏水 1 000 mL。

(2) 制法：称取 40 g 氢氧化钠溶于 1 000 mL 蒸馏水中。

5. 1 mol/L 盐酸

(1) 成分：盐酸 90 mL、蒸馏水 1 000 mL。

(2) 制法：移取浓盐酸 90 mL，用无菌蒸馏水稀释至 1 000 mL。

### (二) 仪器

(1) 恒温培养箱：36 ℃ ±1 ℃。

(2) 冰箱：2~5 ℃。

(3) 恒温水浴箱：46 ℃ ±1 ℃。

(4) 天平：感量为 0.1 g。

(5) 均质器。

(6) 振荡器。

(7) 无菌吸管：1 mL(具 0.01 mL 刻度)、10 mL(具 0.1 mL 刻度)或微量移液器及吸头。

(8) 无菌锥形瓶：容量为 500 mL。

(9) 无菌培养皿：直径为 90 mm。

(10) pH 计或 pH 比色管或精密 pH 试纸。

(11) 菌落计数器。

## 三、检测过程

根据表 2-7 实施检测。

表 2-7　检测过程

| 任务 | 具体实施 | | 要求 |
|---|---|---|---|
| | 实施步骤 | 实验记录 | |
| 样品稀释 | 固体和半固体样品：称取 25 g 样品，放入盛有 225 mL 磷酸盐缓冲液或生理盐水的无菌均质杯内，8 000 ~ 10 000 r/min 均质 1 ~ 2 min，或放入盛有 225 mL 磷酸盐缓冲液或生理盐水的无菌均质袋中，用拍击式均质器拍打 1 ~ 2 min，制成 1：10 的样品匀液<br><br>液体样品：以无菌吸管吸取 25 mL 样品置盛有 225 mL 磷酸盐缓冲液或生理盐水的无菌锥形瓶(瓶内预置适当数量的无菌玻璃珠)中，充分混匀，制成 1：10 的样品匀液。<br><br>样品匀液的 pH 值应为 6.5 ~ 7.5，必要时分别用 1 mol/L NaOH 或 1 mol/L HCl 调节。用 1 mL 无菌吸管(或微量移液器)吸取 1：10 样品匀液 1 mL，沿管壁缓缓注入 9 mL 磷酸盐缓冲液或生理盐水的无菌试管中，振摇试管或换用 1 支 1 mL 无菌吸管反复吹打，使其混合均匀，制成 1：100 的样品匀液。根据对样品污染状况的估计，按上述操作，依次制成 10 倍递增系列稀释样品匀液。每递增稀释 1 次，换用 1 支 1 mL 无菌吸管或吸头。从制备样品匀液至样品接种完毕，全过程不得超过 15 min | 1. 记录样品取样量。<br>2. 记录样品稀释度。<br>3. 记录检测开始时间和检测环境数据 | 1. 正确对超净台台面、操作人员手部、试管、锥形瓶等进行消毒处理。<br>2. 酒精灯火焰 10 cm 范围内无菌处理样品，混合均匀。<br>3. 正确使用电子秤称量样品。<br>4. 正确使用无菌均质器、振荡器等对样品进行处理。<br>5. 正确使用超净工作台、酒精灯 |
| 平板计数 | 1. 选取 2 ~ 3 个适宜的连续稀释度，每个稀释度接种 2 个无菌培养皿，每皿 1 mL。同时取 1 mL 生理盐水加入无菌培养皿作空白对照。<br><br>2. 及时将 15 ~ 20 mL 熔化并恒温至 46 ℃ 的结晶紫中性红胆盐琼脂(VRBA)倾注于每个无菌培养皿中心。小心旋转无菌培养皿，将培养基与样液充分混匀，待琼脂凝固后，再加 3 ~ 4 mL VRBA 覆盖平板表层。翻转平板，置于 36 ℃ ±1 ℃ 培养 18 ~ 24 h | 1. 记录稀释倍数。<br>2. 记录培养温度及时间。<br>3. 记录恒温培养箱的使用情况 | 1. 正确使用吸量管和培养皿进行接种。<br>2. 选择正确的接种方法。<br>3. 能够准确控制培养基的用量，及时混匀。<br>4. 正确使用恒温培养箱进行培养。<br>5. 无菌操作，避免染菌 |
| 平板菌落数的选择 | 选取菌落数在 15 ~ 150 CFU 之间的平板，分别计数平板上出现的典型和可疑大肠菌群菌落(菌落直径较典型菌落小)。典型菌落为紫红色，菌落周围有红色的胆盐沉淀环，菌落直径为 0.5 mm 或更大，最低稀释度平板低于 15 CFU 的记录具体菌落数 | 记录典型和可疑大肠菌群菌落数 | 选取菌落数在 15 ~ 150 CFU/g(mL) 的平板，分别计数平板上出现的典型和可疑大肠菌群菌落，最低稀释度平板低于 15 CFU/g(mL) 的记录具体菌落数 |
| 证实试验 | 从 VRBA 平板上挑取 10 个不同类型的典型和可疑菌落，少于 10 个菌落的挑取全部典型和可疑菌落。分别移种于 BGLB 肉汤管内，36 ℃ ±1 ℃ 培养 24 ~ 48 h，观察产气情况。凡 BGLB 肉汤管产气，即可报告为大肠菌群阳性 | 1. 记录 BGLB 肉汤管产气情况及对应的稀释倍数。<br>2. 记录培养温度及时间。<br>3. 记录恒温培养箱的使用情况。<br>4. 记录超净工作台使用情况 | 根据 BGLB 肉汤管产气情况，确定最终的大肠菌群阳性管数 |

| 任务 | 具体实施 | | 要求 |
|---|---|---|---|
| | 实施步骤 | 实验记录 | |
| 大肠菌群平板计数的报告 | 大肠菌群平板计数的报告：经最后证实为大肠菌群阳性的试管比例乘以平板菌落数，再乘以稀释倍数，即为每g(mL)样品中大肠菌群数。例如，$10^{-4}$样品稀释液 1 mL，在VRBA 平板上有 100 个典型和可疑菌落，挑取其中 10 个接种BGLB 肉汤管，证实有 6 个阳性管，则该样品的大肠菌群数为$6.0 \times 10^5$ CFU。若所有稀释度(包括液体样品原液)平板均无菌落生长，则以小于 1 乘以最低稀释倍数计算 | 1. 记录稀释倍数。<br>2. 记录典型和可疑大肠菌群菌落数。<br>3. 记录大肠菌群阳性的试管数 | 根据实验结果，计算得出样品中大肠菌群数 |
| 结束工作 | 结束后熄灭酒精灯，关闭超净台，擦拭消毒台面和工作人员手部，无菌室灭菌，倒掉废液、洗净用具并归位 | | 1. 实验室安全操作。<br>2. 团队进行总结 |

## 检查与评价

学生完成本项目的学习，通过学生自评、小组互评以检查自己对本任务学习的掌握情况。指导教师在整个教学过程中，关注每个小组的检测过程及小组成员的动手能力，并对小组成员动手能力进行评价，学生对所学的各项任务进行抽签决定考核的内容。将具体的检查与评价填入表 2 -8。评价表对应工作任务。

### 表 2 -8 食品中大肠菌群计数任务实施评价表

| 项目 | 评价标准 | 分值/分 | 学生自评 | 小组互评 | 教师评价 |
|---|---|---|---|---|---|
| 方案设计与准备 | 认真负责、一丝不苟进行资料查阅，确定检测依据 | 5 | | | |
| | 协同合作，设计方案并合理分工 | 2 | | | |
| | 相互沟通，完成方案诊改 | 3 | | | |
| | 正确清洗玻璃仪器与灭菌 | 5 | | | |
| | 合理领取药品 | 2 | | | |
| | 正确完成试剂的配制与灭菌 | 5 | | | |
| | 提前完成无菌室的灭菌及相关准备工作 | 3 | | | |
| 样品稀释 | 正确使用超净工作台 | 5 | | | |
| | 准确称样，无菌进行处理样品 | 5 | | | |
| | 正确使用吸量管进行 10 倍系列稀释 | 5 | | | |
| 初发酵试验 | 正确使用吸量管或微量移液器进行接种 | 5 | | | |
| | 规范进行无菌操作，避免染菌 | 5 | | | |
| | 准确控制接种量 | 5 | | | |
| | 正确设置培养温度和培养时间 | 5 | | | |

| 项目 | 评价标准 | 分值/分 | 学生自评 | 小组互评 | 教师评价 |
|---|---|---|---|---|---|
| 复发酵试验<br>(证实试验) | 正确使用接种环进行接种 | 5 | | | |
| | 初发酵产气管稀释度的标记对应复发酵管稀释度的标记 | 3 | | | |
| | 规范使用酒精灯 | 2 | | | |
| 大肠菌群最可能数(MPN)的报告 | 正确使用和查询 MPN 计数表 | 5 | | | |
| | 准确报告每 1 g(mL)样品中大肠菌群的 MPN 值 | 5 | | | |
| | 规范编制检测报告 | 5 | | | |
| 结束工作 | 熄灭酒精灯,关闭超净台,擦拭消毒台面和工作人员手部,无菌室灭菌 | 5 | | | |
| | 关闭仪器电源,清洗玻璃器皿并归位,实验废弃物及时处理,规范操作 | 5 | | | |
| | 合理分工,按时完成工作任务 | 5 | | | |

## 🔵 学习思考

1. 填空题

(1) 在检验肠道细菌时应将培养物置_____℃培养。

(2) 检测大肠菌群时,待检样品接种 LST 发酵管,经培养如不产气,则大肠菌群_____。

(3) 某样品经增菌后,取增菌液 1 环,接种 VRBA 无菌培养皿,其培养温度是 36 ℃ ± 1 ℃,培养时间是_____。

(4) MPN 计数法复发酵试验中,产气者,计为_____。

(5) 接种后的平板应该及时倾注 15~20 mL 熔化并恒温至 46 ℃的_____培养基。

2. 简答题

(1) 什么是大肠菌群?大肠菌群测定的卫生学意义是什么?

(2) MPN 计数法的检验原理是什么?

(3) 从制备样品匀液至样品接种完毕,为什么全过程不得超过 15 min?

# 项目 10　食品中霉菌及酵母菌的检测

## 任务　食品中霉菌和酵母菌计数

### ◎ 案例导入

在我们的厨房里，食物发霉是一件常见的事情，尤其是在湿润的环境中。一块发霉的面包，一罐长了霉斑的果酱，或是一块布满白色霉点的硬奶酪，都会让我们面临一个常见的疑问：食物去掉发霉的部分，剩下的还能安全食用吗？面对发霉的食物，正确的处理方法至关重要。根据食品安全专家的建议，对于硬质且低水分含量的食物，如硬奶酪，如果霉斑仅限于表面小部分，可以将其去除，并确保切除部分距离霉斑至少约 2.54 cm 的范围。对于软质高水分含量的食物，如面包、果酱和软奶酪，一旦发现霉斑，最安全的做法是丢弃整个食品。

## ◎ 问题启发

霉菌及酵母菌作为日常生活中比较常见的微生物，你知道它们有哪些应用和危害吗？是否所有的霉菌都会产生毒素？日常食用的酱油、腐乳等食品，在酿造过程中选用的是什么菌种？糕点中霉菌指标限量值是多少？

## ◎ 食品安全检测知识

### 一、霉菌和酵母菌

霉菌是形成分枝菌丝的真菌的统称。霉菌的繁殖靠孢子，部分霉菌的孢子肉眼难辨，却很容易播散，它们可以随着大门、窗口、通风口等途径进入室内，还能附着在衣服、鞋子和宠物身上。部分霉菌适宜生长的温度稍高，其特点是菌丝体较发达，无较大的子实体，同其他真菌一样，也有细胞壁，寄生或腐生方式生存。霉菌有的使食品转变为有毒物质，有的可能在食品中产生毒素，即霉菌毒素。它对人体健康造成的危害极大，主要表现为慢性中毒、致癌、致畸、致突变作用。

酵母菌泛指能发酵糖类的各种单细胞真菌，并非系统演化分类的单元。是一种肉眼看不见的单细胞微生物，能将糖发酵成乙醇和二氧化碳，是一种典型的异养兼性厌氧微生物。经常被用于乙醇酿造或者面包烘焙行业。

霉菌和酵母菌广泛分布于自然界并可作为食品中正常菌相的一部分。长期以来，人们利用某些霉菌和酵母菌加工一些食品，但在某些情况下，霉菌和酵母菌也可造成食品腐败变质，往往使食品表面失去色、香、味。例如，酵母菌在食品中繁殖，可使食品产生难闻的异味，还可以使液体发生浑浊，产生气泡，形成薄膜，改变颜色及散发不正常的气味等。

### 二、食品中霉菌和酵母菌的测定意义

霉菌和酵母菌作为评价食品卫生质量的指示菌，并以霉菌和酵母菌计数来判定食品被污染的程度。

### 三、食品中霉菌和酵母菌的测定方法

依据 GB 4789.15—2016《食品安全国家标准　食品微生物学检验　霉菌和酵母计数》。标准中食品中霉菌和酵母菌的测定方法有霉菌和酵母菌平板计数法、霉菌直接镜检计数法，本项目重点介绍霉菌和酵母菌平板计数法。

### 四、食品中霉菌和酵母菌测定的注意事项

（1）保证被检样品检测前包装完好。

（2）保证整个操作过程为无菌操作。

（3）样品稀释时要充分混合均匀。

（4）马铃薯－葡萄糖－琼脂或孟加拉红培养基必须冷却至 46 ℃后才能倒平板。

（5）应选取菌落数在 10～150 CFU 的平板，根据菌落形态分别计数霉菌和酵母菌数。

# 工作任务　食品中霉菌和酵母菌计数

## 一、检 测 依 据

食品中霉菌和
酵母菌计数

检测依据为 GB 4789.15—2016《食品安全国家标准　食品微生物学检验　霉菌和酵母计数》。

## 二、任 务 准 备

### （一）试剂

1. 无菌生理盐水

（1）成分：氯化钠 8.5 g、蒸馏水 1 000 mL。

（2）制法：将氯化钠加入 1 000 mL 蒸馏水中，搅拌至完全溶解，分装后，121 ℃高压灭菌 15 min。

2. 马铃薯葡萄糖琼脂

①（1）成分：马铃薯（去皮切块）300 g、葡萄糖 20.0 g、琼脂 20.0 g、氯霉素 0.1 g、蒸馏水 1 000 mL。

（2）制法：将马铃薯去皮切块，加 1 000 mL 蒸馏水，煮沸 10～20 min。用纱布过滤，补加蒸馏水至 1 000 mL。加入葡萄糖和琼脂，加热溶解，分装后，121 ℃灭菌 15 min，备用。

3. 孟加拉红培养基

（1）成分：蛋白胨 5.0 g、葡萄糖 10.0 g、磷酸二氢钾 1.0 g、硫酸镁（无水）0.5 g、琼脂 20.0 g、孟加拉红 0.033 g、氯霉素 0.1 g、蒸馏水 1 000 mL。

（2）制法：上述各成分加入蒸馏水中，加热溶解，补足蒸馏水至 1 000 mL，分装后，121 ℃灭菌 15 min，避光保存备用。

4. 磷酸盐缓冲液

（1）成分：磷酸二氢钾（$KH_2PO_4$）34.0 g、蒸馏水 500 mL。

（2）制法。

①储存液：称取 34.0 g 的磷酸二氢钾溶于 500 mL 蒸馏水中，用大约 175 mL 1 mol/L 氢氧化钠溶液调节 pH 值为 7.2±0.1，用蒸馏水稀释至 1 000 mL 后储存于冰箱。

②稀释液：取储存液 1.25 mL，用蒸馏水稀释至 1 000 mL，分装于适宜容器中，121 ℃

高压灭菌 15 min。

（二）仪器

除微生物实验室常规灭菌及培养仪器外，其他仪器如下。

（1）恒温培养箱：28 ℃ ±1 ℃。

（2）拍击式均质器及均质袋。

（3）涡旋混合器。

（4）电子天平：感量为 0.1 g。

（5）无菌锥形瓶：容量为 500 mL。

（6）无菌吸管：1 mL（具 0.01 mL 刻度）、10 mL（具 0.1 mL 刻度）。

（7）无菌培养皿：直径为 90 mm。

（8）无菌试管：18 mm × 180 mm。

（9）恒温水浴箱：46 ℃ ±1 ℃。

（10）微量移液器及吸头：1.0 mL。

## 三、检测程序

霉菌和酵母菌计数的检测程序见图 2 − 3。

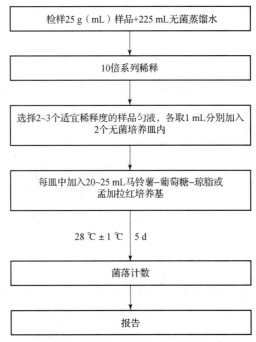

图 2 − 3　霉菌和酵母菌计数的检测程序

## 七、任务实施

1. 方案制定及准备

通过相关知识学习，解读国标，小组完成检测方案的设计（表 2 − 9），并依据方案完成工作准备。

表 2 - 9　检测方案设计

| 组长 | | 组员 | |
|---|---|---|---|
| 学习项目 | | 学习时间 | |
| 依据标准 | | | |
| 准备内容 | 仪器和设备<br>（规格、数量） | | |
| | 试剂和耗材<br>（规格、浓度、数量） | | |
| | 样品 | | |
| | 无菌室 | | |
| 任务分工 | 姓名 | 具体工作 | |
| | | | |
| | | | |
| | | | |
| 具体步骤 | | | |

**2. 检测过程**

根据表 2 - 10 实施检测。

表 2 - 10　检测过程

| 任务 | 具体实施 | | 要求 |
|---|---|---|---|
| | 实施步骤 | 实验记录 | |
| 样品稀释 | 固体和半固体样品：称取 25 g 样品，加入 225 mL 无菌稀释液（蒸馏水或生理盐水或磷酸盐缓冲液），充分振摇，或用拍击式均质器拍打 1～2 min，制成 1∶10 的样品匀液 | 1. 记录样品的名称、采集时间、数量、采样人员等采样信息。<br>2. 样品状态、处理方法等。<br>3. 记录检测开始时间和检测环境数据 | 1. 正确对超净台台面、操作人员手部、试管、锥形瓶及培养皿进行消毒处理。<br>2. 酒精灯火焰 10 cm 范围内无菌处理样品，混合均匀。<br>3. 正确使用电子秤称量样品。<br>4. 正确使用无菌均质器、振荡器等对样品进行处理。<br>5. 正确使用超净工作台、酒精灯 |
| | 液体样品：以无菌吸管吸取 25 mL 样品至盛有 225 mL 无菌稀释液（蒸馏水或生理盐水或磷酸缓冲液）的适宜容器内（可在瓶内预置适当数量的无菌玻璃珠）或无菌均质袋中，充分振摇或用拍击式均质器拍打 1～2 min，制成 1∶10 的样品匀液 | | |

| 任务 | 具体实施 | | 要求 |
|---|---|---|---|
| | 实施步骤 | 实验记录 | |
| 10倍系列稀释 | 取1 mL 1∶10样品匀液注入含有9 mL无菌稀释液的试管中，另换一支1 mL无菌吸管反复吹吸，或在涡旋混合器上混匀，此液为1∶100的样品匀液 | 记录稀释倍数 | 1. 正确使用吸量管进行系列稀释。<br>2. 规范使用振荡器进行样品混合。<br>3. 无菌操作，避免染菌 |
| | 按上述操作，制备10倍递增系列稀释样品匀液。每递增稀释一次，换用1支1 mL无菌吸管 | | |
| 接种 | 根据对样品污染状况的估计，选择2~3个适宜稀释度的样品匀液(液体样品可包括原液)，在进行10倍递增稀释的同时，每个稀释度分别吸取1 mL样品匀液于2个无菌平皿内。同时分别取1 mL无菌稀释液加入2个无菌平皿作空白对照 | 1. 记录稀释倍数及接种量。<br>2. 记录超净工作台使用情况 | 1. 正确使用吸量管和培养皿进行接种。<br>2. 选择正确的接种方法。<br>3. 能够准确控制培养基的用量，及时混匀。<br>4. 无菌操作，避免染菌 |
| | 及时将20~25 mL冷却至46 ℃的马铃薯葡萄糖琼脂或孟加拉红琼脂(可放置于46 ℃±1 ℃恒温水浴箱中保温)倾注平皿，并转动平皿使其混合均匀。置水平台面待培养基完全凝固 | | |
| 培养 | 琼脂凝固后，正置平板，置28 ℃±1 ℃培养，观察并记录培养至第五天的结果 | 1. 记录培养温度。<br>2. 记录培养时间。<br>3. 记录恒温培养箱使用情况 | 1. 充分冷却后凝固，倒置培养。<br>2. 准确使用恒温培养箱进行培养 |
| 菌落计数 | 肉眼观察，必要时可用放大镜或低倍镜，记录各稀释倍数和相应的霉菌和酵母菌数。以菌落形成单位CFU/g(mL)表示 | 记录各稀释倍数和相应的霉菌和酵母菌数 | 1. 按照菌落计数要求进行计数。<br>2. 若空白对照上有菌落生长，则此次检验结果无效 |
| | 选取菌落数在10~150 CFU/g(mL)的平板，根据菌落形态分别计数霉菌和酵母菌落数。霉菌蔓延生长覆盖整个平板的可记录为菌落蔓延 | | |
| 结果计算 | 计算同一稀释度的两个平板菌落数的平均值，再将平均值乘以相应稀释倍数 | 记录每1 g(mL)样品中酵母菌和/或霉菌菌落总数结果 | 根据不同情况，采用相应的计算方法进行菌落总数结果计算 |
| | 若有两个稀释度平板上菌落数均在10~150 CFU之间，则按照GB 4789.2—2022的相应规定进行计算 | | |
| | 若所有平板上菌落数均大于150 CFU，则对稀释度最高的平板进行计数，其他平板可记录为多不可计，结果按平均菌落数乘以最高稀释倍数计算 | | |
| | 若所有平板上菌落数均小于10 CFU，则应按稀释度最低的平均菌落数乘以稀释倍数计算 | | |
| | 若所有稀释度(包括液体样品原液)平板均无菌落生长，则以小于1乘以最低稀释倍数计算 | | |
| | 若所有稀释度的平板菌落数均不在10~150 CFU之间，其中一部分小于10 CFU或大于150 CFU时，则以最接近10 CFU或150 CFU的平均菌落数乘以稀释倍数计算 | | |

| 任务 | 具体实施 | | 要求 |
|---|---|---|---|
| | 实施步骤 | 实验记录 | |
| 结果报告 | 菌落数按"四舍五入"原则修约。菌落数在 10 以内时，采用一位有效数字报告；菌落数在 10~100 时，采用两位有效数字报告 | 1. 分别记录修约后的酵母菌和/或霉菌的菌落总数。<br>2. 称重取样以 CFU/g 为单位报告，体积取样以 CFU/mL 为单位报告 | 根据修约原则，进行结果修约报告 |
| | 菌落数大于或等于 100 时，第 3 位数字采用"四舍五入"原则修约后，取前 2 位数字，后面用 0 代替位数来表示结果；也可用 10 的指数形式来表示，此时也按"四舍五入"原则修约，采用两位有效数字 | | |
| | 若空白对照平板上有菌落出现，则此次检测结果无效 | | |
| | 称重取样以 CFU/g 为单位报告，体积取样以 CFU/mL 为单位报告，报告或分别报告霉菌和/或酵母数 | | |
| 结束工作 | 结束后熄灭酒精灯，关闭超净台，擦拭消毒台面和工作人员手部，无菌室灭菌，倒掉废液，洗净用具并归位 | | 1. 实验室安全操作。<br>2. 团队进行总结 |

## ◉ 检查与评价

学生完成本项目的学习，通过学生自评、小组互评以检查自己对本任务学习的掌握情况。指导教师在整个教学过程中，关注每个小组的检测过程及小组成员的动手能力，并对小组成员动手能力进行评价，学生对所学的各项任务进行抽签决定考核的内容。将具体的检查与评价填入表 2-11。评价表对应方法一。

表 2-11  食品中霉菌和酵母菌计数检测任务实施评价表

| 项目 | 评价标准 | 分值/分 | 学生自评 | 小组互评 | 教师评价 |
|---|---|---|---|---|---|
| 方案设计与准备 | 认真负责、一丝不苟进行资料查阅，确定检测依据 | 2 | | | |
| | 协同合作，设计方案并合理分工 | 5 | | | |
| | 相互沟通，完成方案诊改 | 3 | | | |
| | 正确清洗玻璃仪器与灭菌 | 5 | | | |
| | 合理领取药品 | 2 | | | |
| | 正确完成试剂的配制与灭菌 | 5 | | | |
| | 提前完成无菌室的灭菌及相关准备工作 | 3 | | | |
| 样品稀释 | 正确使用超净工作台 | 5 | | | |
| | 准确称样，无菌进行处理样品 | 5 | | | |
| | 正确使用吸量管进行 10 倍系列稀释 | 5 | | | |
| 接种培养 | 选择合适的稀释度 | 5 | | | |
| | 规范进行无菌操作 | 5 | | | |
| | 准确吸取样液进行接种 | 5 | | | |

| 项目 | 评价标准 | 分值/分 | 学生自评 | 小组互评 | 教师评价 |
|---|---|---|---|---|---|
| 接种培养 | 根据无菌操作要求倒平板，摇匀 | 5 | | | |
| | 水平放置待琼脂凝固后，将平板翻转，正置培养 | 5 | | | |
| | 正确设置培养温度和培养时间 | 3 | | | |
| 菌落计数 | 计数方法正确 | 5 | | | |
| | 计数结果准确 | 5 | | | |
| 结果计算及报告 | 根据实际情况选择正确的菌落计算方法进行计算 | 5 | | | |
| | 按照要求进行数据修约 | 5 | | | |
| | 规范编制检测报告 | 5 | | | |
| 结束工作 | 熄灭酒精灯，关闭超净台，擦拭消毒台面和工作人员手部，无菌室灭菌 | 5 | | | |
| | 关闭仪器电源，清洗玻璃器皿并归位，实验废弃物及时处理，规范操作 | 2 | | | |
| | 合理分工，按时完成工作任务 | 3 | | | |

## ◉ 学习思考

1. 填空题

（1）试验时应选择_____个稀释度进行接种。

（2）接种后的平板置于_____℃培养_____d。

（3）选取菌落数在_____ ~ _____CFU/g(mL)的平板，根据菌落形态分别计数霉菌和酵母菌落数。

（4）结果处理时，计算_____的平均值，再将_____乘以相应_____计算结果。

（5）若所有平板上菌落数均小于10 CFU，则应按稀释度最_____的平均菌落数乘以_____计算。

2. 简答题

（1）霉菌和酵母菌计数的检测依据是什么？

（2）简述霉菌的典型菌落特征。

（3）简述酵母菌的典型菌落特征。

# 食品添加剂检测操作及规范

# 项目11  食品防腐剂的测定

## 知识目标

1. 熟悉食品防腐剂的定义及分类。
2. 正确解读和使用 GB 2760—2024《食品安全国家标准  食品添加剂使用标准》。
3. 掌握食品防腐剂测定的操作标准、意义、原理、方法及注意事项。
4. 能正确理解高效液相色谱仪的基本原理及标准曲线相关系数，明晰影响曲线相关系数的主要因素。
5. 掌握苯甲酸和山梨酸混合标准系列工作溶液的配制方法。

## 能力目标

1. 能够正确查阅食品防腐剂检测相关标准，正确选择检测方法。
2. 能够整理分析资料并设计检测方案。
3. 能根据样品特性正确进行试样处理。
4. 能准确配制混合标准溶液，绘制工作曲线。
5. 能够识别高效液相色谱仪的基本结构，并对其进行日常维护。
6. 能够对实验结果进行记录、分析和处理，并编制报告。
7. 能够正确处理实验废弃物，建立环保意识，自觉遵守安全操作规程。

## 素养目标

1. 弘扬和培育民族精神，认识当代青年的社会责任，树立正确的人生观和价值观。
2. 强化操作的规范性，养成科学严谨的态度。
3. 培养学生安全操作、节约环保的实验习惯。
4. 培养创新意识，提升创新能力。

## 任务  食品中苯甲酸和山梨酸的测定

### ◎ 案例导入

食品添加剂是经济发展、科学进步的产物，如果没有食品添加剂，人们的生活质量将大打折扣。对于一些网红品牌、新生品牌以"零添加"食品添加剂为宣传点的做法，按照我国现行标准和规定，企业不允许声称"零添加""无添加"，不能以此作为吸引消费者的噱头。此外，一些商家或消费者追求配料表简洁化，但食品品质的好坏跟配料表中所列的成分多少没有必然联系。通过配料表是看不出食品安全存在的问题，一种食品的品质、需要检测才能得出结论。

## ◎ 问题启发

什么是防腐剂？生活中常见的防腐剂有哪些？防腐剂的功能是什么？国标中对防腐剂的添加量有要求吗？防腐剂的检测方法是什么？

## ◎ 食品安全检测知识

### 一、食品防腐剂

食品防腐剂是通过抑制微生物繁殖，从而减少食品腐败及延长食品保存期的一种添加剂。它还有防止食物中毒和杀菌的作用，广泛应用于饮料、面包、糕点、果汁、酱油、果糖、蜜饯、葡萄酒和酱菜等诸多产品中。

1. 食品防腐剂的分类

食品防腐剂一般可分为四类：酸性防腐剂、酯性防腐剂、无机防腐剂和生物防腐剂。

（1）常用的酸性防腐剂有苯甲酸、山梨酸和丙酸（及其盐类），其抑菌效果主要取决于它们未解离的酸分子，其效力随 pH 值而定，酸性越大效果越好，而在碱性环境中则几乎无效。

（2）酯性防腐剂指对羟基苯甲酸酯类（甲、乙、丙、异丙、丁、异丁、庚等酯）化合物，其特点是在 pH 值 4~8 的均有较好效果，不像酸型防腐剂其效果随 pH 值变化而变化，故可代替酸型防腐剂，且毒性低于苯甲酸（但高于山梨酸）。

（3）无机防腐剂主要有亚硫酸盐、焦亚硫酸盐和二氧化硫，由于使用亚硫酸盐后残存的二氧化硫能引起严重的过敏反应，尤其是对哮喘患者，故美国食品药品监督管理局（FDA）于 1986 年禁止其在新鲜果蔬中作为防腐剂使用。

（4）生物防腐剂主要是指乳酸链球菌素。联合国粮食及农业组织和世界卫生组织（FAO/WHO）于 1969 年确认乳酸链球菌素为食品防腐剂。

此外，复合性防腐剂的开发也多起来，这样可以克服单一防腐剂在防腐效力上的局限性，扩大抑菌范围和效力，改善物理性能。

2. 常见的食品防腐剂

（1）苯甲酸及其盐类。

苯甲酸，又名安息香酸，纯品为无色无定形结晶性粉末，熔点为 121~123 ℃，微溶于水，易溶于乙醇等有机溶剂。

苯甲酸在酸性环境中对多种微生物有明显的抑制作用，防腐效果较好，对人体也较安全无害，因此，它广泛应用于酱油、食醋、罐头、汽水、葡萄酒、果子酒、蜜饯类、面酱类和低盐酱菜等偏酸性食品的防腐。由于苯甲酸在水中的溶解度较低，故多使用其钠盐即苯甲酸钠。苯甲酸钠为白色结晶性粉末，易溶于水和乙醇中，在空气中稳定，其抗菌作用是苯甲酸钠转化为苯甲酸后起作用的，但在酸性饮料中使用时应先溶解再加入柠檬酸，否则会出现絮状沉淀。由于苯甲酸主要与人体内氨基乙酸结合生成马尿酸，少量与葡萄糖醛酸化合都可经尿排出，故无毒性蓄积作用。上述两种作用都是在肝脏内进行的，所以肝功能衰弱者不宜食用含有苯甲酸的食品。

苯甲酸抗菌效果受 pH 值影响较大，一般适宜 pH 值为 2~4，此时对所有微生物有效。苯甲酸可干扰细菌细胞中酶的结构，尤其可阻碍乙酰辅酶 A 的缩合反应，还可阻碍细胞膜的作用。常用于酸性食物和饮料。

（2）山梨酸及其盐类。

山梨酸(又名花楸酸)是一种不饱和脂肪酸，有钾盐、钠盐和钙盐。山梨酸为无色针状结晶或白色结晶性粉末，有特殊酸味。熔点为 132~135 ℃，在空气中易被氧化变色。难溶于水，易溶于乙醇。其水溶液被加热时，易与水蒸气一起挥发。山梨酸防腐能力随 pH 值升高而降低，在酸性条件下（pH 值为 5~6），对霉菌、好气性菌、酵母菌有抑制作用，但对嫌气性芽孢形成菌与嗜酸乳杆菌几乎无效。

山梨酸钾是罐头中常用的防腐剂之一。山梨酸钾为白色鳞片状结晶，稍有臭味，在空气中放置会吸湿，也会氧化着色，易溶于水。山梨酸钠为白色粉末，不易保持特性，不能用。山梨酸钙，呈粉末状，像滑石粉，难溶于水。山梨酸及其盐类毒性很低或无毒，与食盐相似，可在机体内被同化产生二氧化碳和水，是目前安全性最好的防腐剂。

## 二、食品中苯甲酸和山梨酸测定的意义

在食品工业中，苯甲酸、山梨酸作为常用的防腐剂，已证实对人体不会产生任何急性、亚急性或慢性的危害，食品生产厂商应依据 GB 2760—2024《食品安全国家标准　食品添加剂使用标准》严格控制其使用量在规定的范围之内。对食品中苯甲酸和山梨酸进行有效检测可以判定其添加量是否超出规定范围、超出限量要求，对其进行监测控制。同时也是食品质量安全部门监管食品防腐剂使用情况的重要手段。

## 三、食品中苯甲酸和山梨酸测定的方法

GB 5009.28—2016《食品安全国家标准　食品中苯甲酸、山梨酸和糖精钠的测定》中规定了食品中苯甲酸、山梨酸的测定，液相色谱法适用于食品中苯甲酸、山梨酸的测定，气相色谱法适用于酱油、水果汁、果酱中苯甲酸、山梨酸的测定。

## 四、食品中苯甲酸和山梨酸测定的注意事项

（1）测定食品中苯甲酸、山梨酸时，称量山梨酸标准品时应快速，避免其受潮、受热分解。

（2）测定食品中苯甲酸、山梨酸时，配成的标准溶液在不使用时置于 4 ℃冰箱中保存。

（3）进行样液提取时，为提高滤液通过 0.45 μm 微孔滤膜的过滤速度，可将样品处理液先经滤纸初滤。

（4）使用液相色谱仪测定，进样针进样时确保进样针中没有残留气泡，每次检测完毕，必须冲洗管路及色谱柱。

（5）为了提高标准曲线的拟合度，可以重复进样多次，并且由同一人进样，以免因个体习惯不同引起实验误差。

（6）液相色谱法测定食品中苯甲酸、山梨酸的测定，按取样量 2 g，定容 50 mL 时，苯甲酸、山梨酸的检出限为 0.005 g/kg，定量限均为 0.01 g/kg。气相色谱法测定食品中苯甲酸、山梨酸的测定，取样量 2.5 g，按试样前处理方法操作，最后定容到 2 mL 时，苯甲酸、山梨酸的检出限为 0.005 g/kg，定量限均为 0.01 g/kg。

# 工作任务　液相色谱法测定食品中的苯甲酸和山梨酸

## 一、检测依据

检测依据为 GB 5009.28—2016《食品安全国家标准　食品中苯甲酸、山梨酸和糖精钠的测定》。样品经水提取，高脂肪样品经正己烷脱脂，高蛋白样品经蛋白沉淀剂沉淀蛋白，采用液相色谱分离、紫外检测器检测，外标法定量。

食品中苯甲酸和山梨酸的测定

## 二、任务准备

### （一）试剂

除另有说明外，本方法所用试剂均为分析纯，水为 GB/T 6682 规定的一级水。

（1）甲醇：色谱纯。

（2）乙酸铵：色谱纯。

（3）甲酸：色谱纯。

（4）氨水溶液（1+99）：取氨水（$NH_3 \cdot H_2O$）1 mL，加到 99 mL 水中，混匀。

（5）亚铁氰化钾溶液（92 g/L）：称取 106 g 亚铁氰化钾[$K_4Fe(CN)_6 \cdot 3H_2O$]，加入适量水溶解，用水定容至 1 000 mL。

（6）乙酸锌溶液（183 g/L）：称取 220 g 乙酸锌[$Zn(CH_3COO)_2 \cdot 2H_2O$]溶于少量水中，加入 30 mL 冰乙酸，用水定容至 1 000 mL。

（7）乙酸铵溶液（20 mmol/L）：称取 1.54 g 乙酸铵，加入适量水溶解，用水定容至 1 000 mL，经 0.22 μm 水相微孔滤膜过滤后备用。

（8）甲酸－乙酸铵溶液（2 mmol/L 甲酸 + 20 mmol/L 乙酸铵）：称取 1.54 g 乙酸铵，加入适量水溶解，再加入 75.2 μL 甲酸，用水定容至 1 000mL，经 0.22 μm 水相微孔滤膜过滤后备用。

（9）苯甲酸、山梨酸标准储备溶液（1 000 mg/L）：分别准确称取苯甲酸钠、山梨酸钾 0.118 g、0.134 g（精确到 0.000 1 g），用水溶解并分别定容至 100 mL，于 4 ℃储存，保存期为 6 个月。当使用苯甲酸和山梨酸标准品时，需要用甲醇溶解并定容。

（10）苯甲酸、山梨酸混合标准中间溶液（200 mg/L）：分别准确吸取苯甲酸、山梨酸标准储备溶液各 10.0 mL 于 50 mL 容量瓶中，用水定容。于 4 ℃储存，保存期为 3 个月。

（11）苯甲酸、山梨酸混合标准系列工作溶液：分别准确吸取苯甲酸、山梨酸混合标准中间溶液 0 mL、0.05 mL、0.25 mL、0.50 mL、1.00 mL、2.50 mL、5.00 mL 和 10.0 mL，用水定容至 10 mL，配制成质量浓度分别为 0 mg/L、1.00 mg/L、5.00 mg/L、10.0 mg/L、20.0 mg/L、50.0 mg/L、100 mg/L 和 200 mg/L 的混合标准系列工作溶液。临用现配。

（二）标准品

（1）苯甲酸钠（CAS 号：532 - 32 - 1），纯度大于或等于 99.0%；或苯甲酸（CAS 号：65 - 85 - 0），纯度大于或等于 99.0%，或经国家认证并授予标准物质证书的标准物质。

（2）山梨酸钾（CAS 号：590 - 00 - 1），纯度大于或等于 99.0%；或山梨酸（CAS 号：110 - 44 - 1），纯度大于或等于 99.0%，或经国家认证并授予标准物质证书的标准物质。

（三）仪器

（1）高效液相色谱仪：配紫外检测器。

（2）分析天平：感量为 0.001 g 和 0.000 1 g。

（3）涡旋振荡器。

（4）离心机：转速大于 8 000 r/min。

（5）匀浆机。

（6）恒温水浴锅。

（7）超声波发生器。

（8）水相微孔滤膜：0.22 μm。

（9）塑料离心管：50 mL。

三、检 测 程 序

液相色谱法测定食品中苯甲酸、山梨酸的检测程序见图 3 - 1。

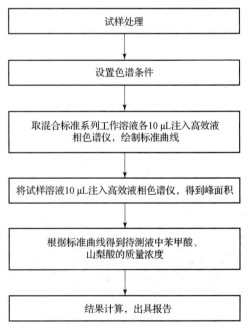

图 3 - 1　液相色谱法测定食品中苯甲酸、山梨酸的检测程序

## 四、任务实施

### 1. 方案制定及准备

通过相关知识学习，解读国标，小组完成检测方案的设计（表3-1），并依据方案完成任务准备。

表3-1 检测方案设计

| 组长 | | | 组员 | |
|---|---|---|---|---|
| 学习项目 | | | 学习时间 | |
| 依据标准 | | | | |
| 准备内容 | 仪器和设备<br>（规格、数量） | | | |
| | 试剂和耗材<br>（规格、浓度、数量） | | | |
| | 样品 | | | |
| 任务分工 | 姓名 | | 具体工作 | |
| | | | | |
| | | | | |
| | | | | |
| 具体步骤 | | | | |

### 2. 检测过程

根据表3-2实施检测。

表3-2 检测过程

| 任务 | 具体实施 | | 要求 |
|---|---|---|---|
| | 实施步骤 | 实验记录 | |
| 试样制备 | 取多个预包装的饮料、液态奶等均匀样品直接混合；非均匀的液态、半固态样品用组织匀浆机匀浆；固体样品用研磨机充分粉碎并搅拌均匀；奶酪、黄油、巧克力等采用50~60℃加热熔融，并趁热充分搅拌均匀。取其中的200 g装入玻璃容器中，密封，液体试样于4℃保存，其他试样于-18℃保存 | 样品的名称、采集时间、数量、采样人员等采样信息。 | 1. 桌面整齐，着工作服，仪表整洁。<br>2. 样品混合均匀，保存方法得当。<br>3. 正确使用织匀浆机、研磨机对需要粉碎的样品进行处理 |

| 任务 | 具体实施 | | 要求 |
|---|---|---|---|
| | 实施步骤 | 实验记录 | |
| 试样提取 | 一般性试样：准确称取约 2 g(精确到 0.001 g)试样于 50 mL 具塞离心管中，记录 *m*。加水约 25 mL，涡旋混匀，于 50 ℃ 水浴超声 20 min，冷却至室温后加亚铁氰化钾溶液 2 mL 和乙酸锌溶液 2 mL，混匀，于 8 000 r/min 离心 5 min，将水相转移至 50 mL 容量瓶中，于残渣中加水 20 mL，涡旋混匀后超声 5 min，于 8 000 r/min 离心 5 min，将水相转移到同一 50 mL 容量瓶中，并用水定容至刻度，混匀，记录 *V*。取适量上清液过 0.22 μm 滤膜，待液相色谱测定 | *m*：试样质量，g；<br>*V*：试样定容体积，mL<br>*m*：_____<br>*V*：_____ | 1. 正确使用具塞离心管等玻璃仪器；规范使用电子天平，正确进行天平检查及维护。<br>2. 规范使用涡旋振荡器进行样品混合。<br>3. 规范使用超声波发生器。<br>4. 规范使用离心机，正确转速进行样品离心。<br>5. 正确顺序进行样品处理 |
| | 含胶基的果冻、糖果等试样：准确称取约 2 g(精确到 0.001 g)试样于 50 mL 具塞离心管中，记录 *m*。加水约 25 mL，涡旋混匀，于 70 ℃ 水浴加热溶解试样，于 50 ℃ 水浴超声 20 min，之后的操作同"一般性试样" | | |
| | 油脂、巧克力、奶油、油炸食品等高油脂试样：准确称取约 2 g(精确到 0.001 g)试样于 50 mL 具塞离心管中，记录 *m*。加正己烷 10 mL，于 60 ℃ 水浴加热约 5 min，并不时轻摇以溶解脂肪，然后加氨水溶液(1 + 99)25 mL，乙醇 1 mL，涡旋混匀，于 50 ℃ 水浴超声 20 min，冷却至室温后，加亚铁氰化钾溶液 2 mL 和乙酸锌溶液 2 mL，混匀，于 8 000 r/min 离心 5 min，弃去有机相，水相转移至 50 mL 容量瓶中，残渣同"一般性试样"再提取一次后测定 | | |
| 试样测定 | 设置色谱条件：<br>(1)色谱柱：C$_{18}$柱，柱长 250 mm，内径 4.6 mm，粒径 5 μm，或等效色谱柱。<br>(2)流动相：甲醇 + 乙酸铵溶液 = 5 + 95。<br>(3)流速：1 mL/min。<br>(4)检测波长：230 nm。<br>(5)进样量：10 μL | 1. 观察记录色谱图上显示的保留时间。<br>2. 通过保留时间，确定苯甲酸、山梨酸峰。<br>3. 观察记录色谱图上的峰面积。 | 1. 正确使用液相色谱仪，掌握仪器操作及维护的方法。<br>2. 正确配制标准溶液，绘制标准曲线。 |
| | 标准曲线的制作：将混合标准系列工作溶液分别注入液相色谱仪中，测定相应的峰面积，以混合标准系列工作溶液的质量浓度为横坐标，以峰面积为纵坐标，绘制标准曲线 | | |

| 任务 | 具体实施 | | 要求 |
|------|---------|--|------|
| | 实施步骤 | 实验记录 | |
| 试样测定 | 试样溶液的测定：将试样溶液注入液相色谱仪中，得到峰面积，根据标准曲线得到待测液中苯甲酸、山梨酸的质量浓度，记录$\rho$ | $\rho$：由标准曲线得出的样液中待测物的质量浓度，mg/L<br>$\rho$：_____ | 3. 能准确识别山梨酸、苯甲酸的色谱峰。<br>4. 能根据标准曲线对样品溶液进行定量。<br>5. 计算结果正确，按照要求进行数据修约。<br>6. 计算结果保留三位有效数字。<br>7. 精密度：在重复性条件下获得的两次独立测定结果的绝对值不得超过算术平均值的10% |
| | 根据公式，计算试样中苯甲酸、山梨酸的含量：$$X = \frac{\rho \times V}{m \times 1\ 000}$$ 式中：<br>1 000——由 mg/kg 转换为 g/kg 的换算因子 | $X$：样品中待测组分含量，g/kg<br>$X$：_____ | |
| 结束工作 | 结束后倒掉废液、清理台面、洗净用具并归位。<br>冲洗管路及色谱柱，使液相色谱仪保持最佳运行状态 | | 1. 实验室安全操作。<br>2. 团队进行工作总结 |

# 知识拓展　气相色谱法测定食品中的苯甲酸和山梨酸

## 一、检测依据

检测依据为 GB 5009.28—2016《食品安全国家标准　食品中苯甲酸、山梨酸和糖精钠的测定》。试样经盐酸酸化后，用乙醚提取苯甲酸、山梨酸，采用气相色谱 – 氢火焰离子化检测器进行分离测定，外标法定量。

## 二、任务准备

### (一) 试剂

除非另有说明，本方法所用试剂均为分析纯，水为 GB/T 6682 规定的一级水。

(1) 乙酸乙酯($CH_3CO_2C_2H_5$)：色谱纯。

(2) 盐酸溶液(1＋1)：取 50 mL 盐酸，边搅拌边慢慢加入 50 mL 水中，混匀。

(3) 氯化钠溶液(40 g/L)：称取 40 g 氯化钠，用适量水溶解，加盐酸溶液 2 mL，加水定容到 1 L。

(4) 无水硫酸钠($Na_2SO_4$)：500 ℃烘 8 h，于干燥器中冷却至室温后备用。

(5) 正己烷 – 乙酸乙酯混合溶液(1＋1)：取 100 mL 正己烷和 100 mL 乙酸乙酯，混匀。

（6）苯甲酸、山梨酸标准储备溶液（1 000 mg/L）：分别准确称取苯甲酸、山梨酸各0.1 g（精确到0.000 1 g），用甲醇溶解并分别定容至100 mL。转移至密闭容器中，于 −18 ℃储存，保存期为6个月。

（7）苯甲酸、山梨酸混合标准中间溶液（200 mg/L）：分别准确吸取苯甲酸、山梨酸标准储备溶液各10.0 mL于50 mL容量瓶中，用乙酸乙酯定容。转移至密闭容器中，于 −18 ℃储存，保存期为3个月。

（8）苯甲酸、山梨酸混合标准系列工作溶液：分别准确吸取苯甲酸、山梨酸混合标准中间溶液0 mL、0.05 mL、0.25 mL、0.50 mL、1.00 mL、2.50 mL、5.00 mL和10.0 mL，用正己烷 − 乙酸乙酯混合溶剂（1 + 1）定容至10 mL，配制成质量浓度分别为0 mg/L、1.00 mg/L、5.00 mg/L、10.0 mg/L、20.0 mg/L、50.0 mg/L、100 mg/L和200 mg/L的混合标准系列工作溶液。临用现配。

（二）标准品

（1）苯甲酸（CAS号：65 − 85 − 0），纯度大于或等于99.0%，或经国家认证并授予标准物质证书的标准物质。

（2）山梨酸（CAS号：110 − 44 − 1），纯度大于或等于99.0%，或经国家认证并授予标准物质证书的标准物质。

（四）仪器

（1）气相色谱仪：带氢火焰离子化检测器（FID）。

（2）分析天平：感量为0.001 g和0.000 1 g。

（3）涡旋振荡器。

（4）离心机：转速大于8 000 r/min。

（5）匀浆机。

（6）氮吹仪。

（7）塑料离心管：50 mL。

## 三、检测过程

根据表3 − 3实施检测。

表3 − 3　检测过程

| 任务 | 具体实施 | | 要求 |
|---|---|---|---|
| | 实施步骤 | 实验记录 | |
| 试样制备 | 取多个预包装的样品，其中均匀样品直接混合，非均匀样品用组织匀浆机充分搅拌均匀，取其中的200 g装入洁净的玻璃容器中，密封，水溶液于4 ℃保存，其他试样于 −18 ℃保存 | 样品的名称、采集时间、数量、采样人员等采样信息 | 1. 桌面整齐，着工作服，仪表整洁。 2. 样品混合均匀，保存方法得当。 3. 正确使用织匀浆机对需要粉碎的样品进行处理 |

| 任务 | 具体实施 | | 要求 |
|------|----------|---|------|
| | 实施步骤 | 实验记录 | |
| 试样提取 | 准确称取约2.5 g(精确至0.001 g)试样于50 mL 离心管中,记录m。加0.5 g氯化钠、0.5 mL盐酸溶液(1+1)和0.5 mL乙醇,用15 mL和10 mL乙醚提取两次,每次振摇1 min,于8 000 r/min离心3 min。每次均将上层乙醚提取液通过无水硫酸钠滤入25 mL容量瓶中。加乙醚清洗无水硫酸钠层并收集至约25 mL刻度,最后用乙醚定容,混匀。准确吸取5 mL乙醚提取液于5 mL具塞刻度试管中,于35 ℃氮吹至干,加入2 mL正己烷–乙酸乙酯(1+1)混合溶液溶解残渣,待气相色谱测定,记录V | $m$:试样质量,g; $V$:加入正己烷–乙酸乙酯(1+1)混合溶液体积,mL $m$:_____ $V$:_____ | 1. 正确使用具塞离心管等玻璃仪器;规范使用电子天平,正确进行天平检查及维护。 2. 规范使用离心机,正确转速进行样品离心。 3. 正确进行提取液的过滤。 4. 正确顺序进行样品处理 |
| 试样测定 | 设置仪器条件: (1)色谱柱:聚乙二醇毛细管气相色谱柱,内径320 μm,长30 m,膜厚度0.25 μm,或等效色谱柱。 (2)载气:氮气,流速3 mL/min。 (3)空气:400 L/min。 (4)氢气:40 L/min。 (5)进样口温度:250 ℃。 (6)检测器温度:250 ℃。 (7)柱温程序:初始温度80 ℃,保持2 min,以15 ℃/min的速率升温至250 ℃,保持5 min。 (8)进样量:2μL。 (9)分流比:10:1 | 1. 观察记录色谱图上显示的保留时间。 2. 通过保留时间,确定苯甲酸、山梨酸峰。 3. 观察记录色谱图上的峰面积 | 1. 认识气相色谱仪基本结构,正确使用气相色谱仪,并进行简单的日常维护。 2. 正确配制标准溶液,绘制标准曲线。 3. 能准确识别山梨酸、苯甲酸的色谱峰。 4. 能根据标准曲线对样品溶液进行定量。 5. 计算结果正确,按照要求进行数据修约。 6. 计算结果保留三位有效数字 |
| | 标准曲线的制作:将混合标准系列工作溶液分别注入气相色谱仪中,以质量浓度为横坐标,以峰面积为纵坐标,绘制标准曲线 | $\rho$:由标准曲线得出的样液中待测物的质量浓度,mg/L $\rho$:_____ | |
| | 试样溶液的测定:将试样溶液注入气相色谱仪中,得到峰面积,根据标准曲线得到待测液中苯甲酸、山梨酸的质量浓度,记录$\rho$ | | |
| | 根据公式,计算试样中苯甲酸、山梨酸的含量: $$X = \frac{\rho \times V \times 25}{m \times 5 \times 100}$$ 式中: 25——试样乙醚提取液的总体积,mL; 5——测定时吸取乙醚提取液的体积,mL; 1 000——由mg/kg转换为g/kg的换算因子 | $X$:试样中待测组分含量,g/kg $X$:_____ | |
| 结束工作 | 结束后倒掉废液,清理台面,洗净用具并归位。 检查气相色谱仪各项参数,使其保持最佳运行状态 | | 1. 实验室安全操作。 2. 团队进行工作总结 |

## 检查与评价

学生完成本项目的学习，通过学生自评、小组互评以检查自己对本任务学习的掌握情况。指导教师在整个教学过程中，关注每个小组的检测过程及小组成员的动手能力，并对小组成员动手能力进行评价，学生对所学的各项任务进行抽签决定考核的内容。将具体的检查与评价填入表3-4。评价表对应工作任务。

表3-4 食品中山梨酸、苯甲酸含量测定任务实施评价表

| 项目 | 评价标准 | 分值/分 | 学生自评 | 小组互评 | 教师评价 |
|------|----------|--------|----------|----------|----------|
| 方案设计与准备 | 认真负责、一丝不苟进行资料查阅，确定检测依据 | 2 | | | |
| | 协同合作，设计方案并合理分工 | 5 | | | |
| | 相互沟通，完成方案诊改 | 3 | | | |
| | 正确清洗及检查仪器 | 5 | | | |
| | 合理领取药品 | 5 | | | |
| | 正确取样 | 5 | | | |
| 试样制备 | 正确对样品进行处理 | 5 | | | |
| 试样提取 | 正确使用具塞离心管 | 5 | | | |
| | 规范使用涡旋振荡器进行样品混合 | 5 | | | |
| | 规范使用离心机，正确转速进行样品离心 | 5 | | | |
| 试样测定 | 正确配制混合标准系列工作溶液 | 5 | | | |
| | 设置仪器参考条件 | 5 | | | |
| | 准确绘制标准曲线 | 10 | | | |
| | 规范进行试样溶液测定 | 5 | | | |
| | 正确识别图谱，数据记录正确、完整 | 5 | | | |
| | 正确计算结果，按照要求进行数据修约 | 5 | | | |
| | 规范编制检测报告 | 5 | | | |
| 结束工作 | 结束后倒掉废液、清理台面、洗净用具并归位 | 5 | | | |
| | 冲洗管路及色谱柱，规范操作 | 5 | | | |
| | 合理分工，按时完成工作任务 | 5 | | | |

## 学习思考

1. 填空题

（1）山梨酸和苯甲酸的含量单位为_____。

（2）GB 2760—2024《食品安全国家标准 食品添加剂使用标准》严格控制苯甲酸、山梨酸使用量在规定范围内_____。

（3）山梨酸防腐剂在酸性条件下，对_____有抑制作用。

（4）样品处理过程中，亚铁氰化钾和乙酸锌溶液的作用是_____。

（5）样品处理液上机分析前，需经_____μm 微孔滤膜进行过滤处理。

2. 简答题

（1）测定食品中防腐剂含量的意义是什么？

（2）液相色谱法测定食品中山梨酸和苯甲酸含量时如何设置色谱条件？

（3）苯甲酸在什么条件下对多种微生物有明显的杀菌、抑菌作用？

# 项目 12　食品抗氧化剂的测定

## 知识目标

1. 熟悉食品抗氧化剂的定义及在作用机理。
3. 掌握食品抗氧化剂测定的操作标准、意义、原理、方法及注意事项。
4. 正确理解气相色谱质谱联用仪的基本原理。
5. 掌握标准系列工作溶液的配制方法。

## 能力目标

1. 能够正确查阅食品抗氧化剂检测相关标准，正确选择检测方法。
2. 能够整理分析资料并设计检测方案。
3. 能根据样品特性正确进行试样处理。
4. 能准确配制混合标准溶液，绘制工作曲线。
5. 能够识别气相色谱质谱联用仪、分光光度计的基本结构，并进行日常维护。
6. 能准确对样品进行定性测定。
7. 能够对实验结果进行记录、分析和处理，并编制报告。
8. 能够正确处理实验废弃物，建立环保意识，自觉遵守安全操作规程。

## 素养目标

1. 培养团队协作意识，增强集体荣誉感。
2. 强化操作的规范性，养成严谨的科学态度。
3. 培养学生安全操作、节约环保的实验习惯。
4. 培养踏实肯干、务实求真的实践能力。

# 任务　食品中抗氧化剂丁基羟基茴香醚(BHA)、二丁基羟基甲苯(BHT)与特丁基对苯二酚(TBHQ)的测定

## ◎ 案例导入

　　1980 年 11 月，第一届全国食品科技大会召开，在尹宗伦及何志华、张雪原、秦含章等食品工业领域专家共同发起下，以一些食品工业相关的学术组织为基础，成立了中国食品科学技术学会。中国食品科学技术学会共成立 19 个分支机构，食品添加剂分成为其中之一，中国食品科学技术学会参与组织影响中国食品工业与科技发展的重要决策咨询工作，是食品科技学术交流的主渠道、科普工作的主力军、民间国际交流的主要代表。从此以后，中国在国际食品业界逐步受到重视，中国食品科学技术学会在国际食品界的影响力也日渐显现。

## ◎ 问题启发

　　你认为现代食品工业得到迅猛发展的主要影响因素有哪些？日常生活中常见的食品抗氧化剂有哪些？其作用是什么？食品安全国家标准中对食品抗氧化剂有没有限量要求？如何检测？

## ◎ 食品安全检测知识

### 一、食品抗氧化剂

1. 食品抗氧化剂

　　食品抗氧化剂是能阻止或延缓食品氧化变质、提高食品稳定性和延长储存期的食品添加剂。氧化不仅会使食品中的油脂变质，而且还会使食品退色、变色和破坏维生素等，从而降低食品的感官质量和营养价值，甚至产生有害物质，引起食物中毒。

　　一般抗氧化剂都是还原性物质，如抗坏血酸是一种抗氧化剂，用于抑制水果和蔬菜切割表面的酶促褐变，同时还能与氧气反应，除去食品包装中的氧气，防止食品氧化变质；亚硫酸和亚硫酸盐是常用的抗氧化剂，通常用于干果类食品。

　　最常用的食品抗氧化剂是酚类物质。抗氧化剂中的 BHA（叔丁基对羟基茴香醚）、BHT（2,6 - 二叔丁基对甲基苯酚）、PG（没食子酸丙酯）、TBHQ（叔丁基对苯二酚）和生育酚五种是国际上广泛使用的抗氧化剂，它们可以单独使用或与柠檬酸、抗坏血酸等酸性增效剂复合使用，可满足大部分食品制品的需要。抗氧化剂一般都是直接添加到脂肪和油中，也可以使用喷雾的方法来添加，如把抗氧化剂溶解后喷在食品上。TBHQ 和 BHT 属于人工合成抗氧化剂，在国家规定的使用范围和剂量内使用时是安全可靠的。

2. 食品抗氧化剂的作用原理

　　食品抗氧化剂的作用比较复杂。抗坏血酸、异抗坏血酸及其钠盐因其食品抗氧化剂本

身易被氧化，因而可保护食品免受氧化。BHA 和 BHT 等酚型抗氧化剂可能与油脂氧化所产生的过氧化物结合，中断自动氧化反应链，阻止氧化。另一些抗氧化剂可能抑制或破坏氧化酶的活性，借以防止氧化反应进行。

由于抗氧化剂种类较多，抗氧化的作用机理也不尽相同，比较复杂，存在着多种可能性。归纳起来，主要有以下几种。

（1）通过抗氧化剂的还原作用，降低食品体系中的氧含量。

（2）中断氧化过程中的链式反应，阻止氧化过程进一步进行。

（3）破坏、减弱氧化酶的活性，使其不能催化氧化反应的进行。

（4）将能催化及引起氧化反应的物质封闭，如络合能催化氧化反应的金属离子等。

## 二、食品中抗氧化剂测定的意义

目前，GB 2760—2024《食品安全国家标准　食品添加剂使用标准》中对 BHA、BHT 和 TBHQ 限量使用，其含量均不得高于 0.2 g/kg（以油脂中含量计算）。过多使用将对人体肝、脾、肺等均有不利影响，长期服用，有可能导致肝癌等癌症的产生。对食品中抗氧化剂进行有效检测可以判定其添加量是否超出规定范围、超出限量要求，对其进行监测控制，确保消费者身心健康。

## 三、食品中抗氧化剂测定的方法

依据 GB 5009.32—2016《食品安全国家标准　食品中 9 种抗氧化剂的测定》。标准规定了食品中 PG、THBP（2,4,5 - 三羟基苯丁酮）、TBHQ、NDGA（去甲二氢愈创木酸）、BHA、Ionox - 100（2,6 - 二叔丁基 - 4 - 羟甲基苯酚）、OG（没食子酸辛酯）、BHT、DG（没食子酸十二酯）9 种抗氧化剂的 5 种测定方法：高效液相色谱法、液相色谱串联质谱法、气相色谱 - 质谱法、气相色谱法及比色法。高效液相色谱法适用于食品中 PG、THBP、TBHQ、NDGA、BHA、BHT、Ionox - 100、OG、DG 的测定；液相色谱串联质谱法适用于食品中 THBP、PG、OG、NDGA、DG 的测定；气相色谱 - 质谱法适用于食品中 BHA、BHT、TBHQ、Ionox - 100 的测定；气相色谱法适用于食品中适用于食品中 BHA、BHT、TBHQ 的测定。

## 四、食品中抗氧化剂测定的注意事项

（1）气相色谱 - 质谱法测定食品中 BHA、BHT、TBHQ 时，配成的 BHA、BHT、TBHQ 标准储备液于 4 ℃冰箱中避光保存。BHA、BHT、TBHQ 标准使用液，现用现配。

（2）气相色谱 - 质谱联用仪使用时，将试样溶液注入气相色谱质谱联用仪前，应检查进样隔垫，视情况及时更换。

（3）使用气相色谱 - 质谱联用仪进行试样测定时应随时注意系统真空度，检查传输管接头是否漏气。

（4）气相色谱 - 质谱法检出限为叔丁基对苯二酚（TBHQ）：0.5 mg/kg，叔丁基对羟基茴香醚（BHA）：1 mg/kg，2,6 - 二叔丁基 - 4 - 羟甲基苯酚（Ionox - 100）：0.5 mg/kg，2,6 - 二叔丁基对甲基苯酚（BHT）：0.5 mg/kg；定量限为 1 mg/kg。

# 工作任务　气相色谱－质谱法测定食品中的抗氧化剂 BHA、BHT 与 TBHQ

## 一、检测依据

检测依据为 GB 5009.32—2016《食品安全国家标准　食品中 9 种抗氧化剂的测定》。测定原理：油脂样品经有机溶剂溶解后，使用凝胶渗透色谱（GPC）净化；固体类食品样品用正己烷溶解，用乙腈提取，固相萃取柱净化，高效液相色谱法测定，外标法定量。

食品中抗氧化剂
BHA、BHT、
TBHQ 的测定

## 二、任务准备

（一）试剂

除另有说明外，本方法所用试剂均为色谱纯，水为 GB/T 6682 规定的一级水。

（1）正己烷：分析纯，重蒸。

（2）氯化钠：分析纯。

（3）无水硫酸钠：分析纯，650 ℃灼烧 4 h，储存于干燥器中，冷却后备用。

（4）乙腈饱和的正己烷溶液：正己烷中加入乙腈至饱和。

（5）正己烷饱和的乙腈溶液：乙腈中加入正己烷至饱和。

（6）乙酸乙酯和环己烷混合溶液（1＋1）：取 50 mL 乙酸乙酯和 50 mL 环己烷混匀。

（7）乙腈和甲醇混合溶液（2＋1）：取 100 mL 乙腈和 50 mL 甲醇混合。

（8）饱和氯化钠溶液：水中加入氯化钠至饱和。

（9）甲酸溶液（0.1＋99.9）：取 0.1 mL 甲酸移入 100 mL 容量瓶，定容至刻度。

（10）标准物质储备液：准确称取 0.1 g（精确至 0.1 mg）固体抗氧化剂标准物质，用乙腈溶于 100 mL 棕色容量瓶中，定容至刻度，配制成浓度为 1 000 mg/L 的标准储备液，0～4 ℃避光保存。

（11）标准混合使用液：移取适量体积的浓度为 1 000 mg/L 的抗氧化剂标准储备液混合后，分别稀释至浓度为 1 mg/L、2 mg/L、5 mg/L、10 mg/L、20 mg/L、50 mg/L、100 mg/L、200 mg/L 的混合标准使用液。

（二）标准品

（1）叔丁基对羟基茴香醚：纯度大于或等于 98%。

（2）叔丁基对苯二酚：纯度大于或等于 98%。

（3）2,6－二叔丁基对甲基苯酚：纯度大于或等于 98%。

（4）2,6－二叔丁基－4－羟甲基苯酚：纯度大于或等于 98%。

（三）仪器

（1）离心机：转速大于或等于 3 000 r/min。

（2）旋转蒸发仪。

（3）气相色谱、质谱联用仪。

（4）凝胶渗透色谱仪。

（5）分析天平：感量为 0.01 g 和 0.1 mg。

（6）涡旋振荡器。

（7）$C_{18}$ 固相萃取柱：2000 mg/12 mL。

（8）有机系滤膜：孔径 0.22 μm。

## 三、检测程序

气相色谱 – 质谱法测定食品中 BHA、BHT、TBHQ 的检测程序见图 3 – 2。

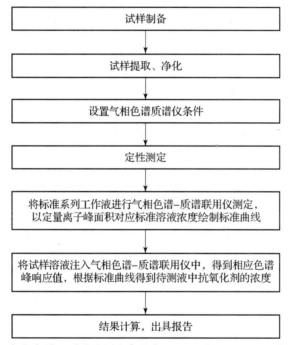

图 3 – 2　气相色谱 – 质谱法测定食品中 BHA、BHT、TBHQ 的检测程序

## 四、任务实施

1. 方案制定及准备

通过相关知识学习，解读国标，小组完成检测方案的设计（表 3 – 5），并依据方案完成任务准备。

2. 检测过程

根据表 3 – 6 实施检测。

表 3－5　检测方案设计

| 组长 | | | 组员 | |
|---|---|---|---|---|
| 学习项目 | | | 学习时间 | |
| 依据标准 | | | | |
| 准备内容 | 仪器和设备<br>（规格、数量） | | | |
| | 试剂和耗材<br>（规格、浓度、数量） | | | |
| | 样品 | | | |
| 任务分工 | 姓名 | | 具体工作 | |
| | | | | |
| | | | | |
| | | | | |
| | | | | |
| 具体步骤 | | | | |

表 3－6　检测过程

| 任务 | 具体实施 | | 要求 |
|---|---|---|---|
| | 实施步骤 | 实验记录 | |
| 试样制备 | 固体或半固体样品粉碎混匀，然后用对角线法取 2/4 或 2/6，或根据试样情况取有代表性试样，密封保存；液体样品混合均匀，取有代表性试样，密封保存 | 样品的名称、采集时间、数量、采样人员等采样信息 | 1. 桌面整齐，着工作服，仪表整洁。<br>2. 样品混合均匀，保存方法得当。<br>3. 正确进行四分法取样 |
| 试样提取 | 固体类样品：称取 1 g（精确至 0.01 g）试样于 50 mL 离心管中，加入 5 mL 乙腈饱和的正己烷溶液，涡旋 1 min 充分混匀，浸泡 10 min，记录 $m$。加 5 mL 正己烷饱和的乙腈溶液涡旋 2 min，3 000 r/min 离心 5 min，收集乙腈层于试管中，再重复使用 5 mL 正己烷饱和的乙腈溶液提取 2 次，合并 3 次提取液，加 0.1% 甲酸溶液调节 pH 值为 4，待净化。同时做空白实验 | $m$：称取的试样质量，g | 1. 正确使用吸量管、涡旋振荡器、电子天平、离心机等仪器，并对其进行简单维护。 |

| 任务 | 具体实施 | | 要求 |
|---|---|---|---|
| | 实施步骤 | 实验记录 | |
| 试样提取 | 油类：称取 1 g(精确至 0.01 g)试样于 50 mL 离心管中，加入 5 mL 乙腈饱和的正己烷溶液溶解试样，涡旋 1 min，静置 10 min，记录 m。用 5 mL 正己烷饱和的乙腈溶液涡旋提取 2 min，3 000 r/min 离心 5 min，收集乙腈层于试管中，再重复使用 5 mL 正己烷饱和的乙腈溶液提取 2 次，合并 3 次提取液，待净化。同时做空白实验 | m：_____ | 2. 正确规范进行试样提取。<br>3. 同样实验条件进行空白实验 |
| 试样净化 | 在 $C_{18}$ 固相萃取柱中装入约 2 g 的无水硫酸钠，用 5 mL 甲醇活化萃取柱，再以 5 mL 乙腈平衡萃取柱，弃去流出液。将所有提取液倾入柱中，弃去流出液，再以 5 mL 乙腈和甲醇的混合溶液洗脱，收集所有洗脱液于试管中，40 ℃下旋转蒸发至干，加 2 mL 乙腈定容，记录 V，过 0.22 μm 有机系滤膜，供气相色谱－质谱测定 | V：样液最终定容体积，mL<br>V：_____ | 1. 正确使用 $C_{18}$ 固相萃取柱进行萃取、洗脱。<br>2. 正确使用旋转蒸发仪，熟练规范使用吸量管。<br>3. 根据样品特性选择适宜的净化方法 |
| | 凝胶渗透色谱法(纯油类样品可选)：称取样品 10 g(精确至 0.01 g)于 100 mL 容量瓶中，以乙酸乙酯和环己烷混合溶液定容至刻度，作为母液；取 5 mL 母液于 10 mL 容量瓶中以乙酸乙酯和环己烷混合溶液定容至刻度，待净化。取 10 mL 待测液加入凝胶渗透色谱(GPC)进样管中，使用 GPC 净化，收集流出液，40 ℃下旋转蒸发至干，加 2 mL 乙腈定容，记录 V，过 0.22 μm 有机系滤膜，供气相色谱－质谱测定。同时做空白实验 | | |
| 试样测定 | 设置气相色谱质谱仪条件：<br>(1)色谱柱：5% 苯基－甲基聚硅氧烷毛细管柱，柱长 30 m，内径 0.25 mm，膜厚 0.25 μm，或等效色谱柱。<br>(2)色谱柱升温程序：70 ℃保持 1 min，然后以 10 ℃/min 程序升温至 200 ℃保持 4 min，再以 10 ℃/min 升温至 280 ℃保持 4 min。<br>(3)载气：氦气，纯度大于或等于 99.999%，流速 1 mL/min。<br>(4)进样口温度：230 ℃。<br>(5)进样量：1 μL。<br>(6)进样方式：无分流进样，1 min 后打开阀。<br>(7)电子轰击源：70 eV。<br>(8)离子源温度：230 ℃。<br>(9)GC－MS 接口温度：280 ℃。<br>(10)溶剂延迟 8 min。<br>(11)选择离子监测：每种化合物分别选择一个定量离子，2~3 个定性离子。每组所有需要检测离子按照出峰顺序，分时段分别检测。每种化合物的保留时间、定量离子、定性离子、驻留时间见表 3－7 | 1. 观察记录色谱图上显示的保留时间。<br>2. 观察记录色谱图，记录内标峰面积和目标物峰面积。<br>3. 以定量离子峰面积对应标准溶液浓度绘制标准曲线 | 1. 正确使用气相色谱－质谱仪，掌握仪器操作及日常维护的方法。<br>2. 正确配制标准溶液，绘制标准曲线。<br>3. 能对抗氧化剂准确进行定性测定。 |

| 任务 | 具体实施 | | 要求 |
|---|---|---|---|
| | 实施步骤 | 实验记录 | |
| 试样测定 | 定性测定：在相同实验条件下进行试样测定时，如果检出的色谱峰的保留时间与标准样品相一致，并且在扣除背景后的质谱图中，所选择的离子均出现，而且所选择的离子丰度比与标准样品相一致（相对丰度大于50%，允许±20%偏差；相对丰度20%～50%，允许±25%偏差；相对丰度10%～20%，允许±30%偏差；相对丰度小于或等于10%，允许±50%偏差），则可判断样品中存在这种抗氧化剂 | $\rho_i$：从标准曲线上得到的抗氧化剂溶液浓度，μg/mL<br>$\rho_i$：_____ | 4. 能根据标准曲线对试样溶液进行定量。<br>5. 计算结果正确，按照要求进行数据修约。<br>6. 计算结果保留三位有效数字或小数点后两位。<br>7. 精密度：在重复性条件下获得的两次独立测定结果的绝对差值不得超过算术平均值的10% |
| | 标准曲线的制作：将标准系列工作液进行气相色谱－质谱联用仪测定，以定量离子峰面积对应标准溶液浓度绘制标准曲线。4种抗氧化剂选择离子监测 GC－MS 图见图 3－3 | | |
| | 试样溶液的测定：将试样溶液注入气相色谱－质谱联用仪，得到相应色谱峰响应值，根据标准曲线得到待测液中抗氧化剂的浓度，记录 $\rho_i$ | | |
| | 根据公式，计算试样中抗氧化剂的含量：<br>$$X_i = \rho_i \times \frac{V}{m}$$ | $X_i$：试样中抗氧化剂含量，mg/kg<br>$X_i$：_____ | |
| 结束工作 | 结束后倒掉废液，清理台面，洗净用具并归位。检查仪器各项参数，使其保持最佳运行状态 | | 1. 实验室安全操作。<br>2. 团队进行工作总结 |

表 3－7 食品中抗氧化剂的保留时间、定量离子、定性离子及丰度比值和驻留时间

| 抗氧化剂名称 | 保留时间/min | 定量离子 | 定性离子1 | 定性离子2 | 驻留时间/ms |
|---|---|---|---|---|---|
| BHA | 11.981 | 165(100) | 137(76) | 180(50) | 20 |
| BHT | 12.251 | 205(100) | 145(13) | 220(25) | 20 |
| TBHQ | 12.805 | 151(100) | 123(100) | 166(47) | 20 |
| Ionox－100 | 15.598 | 221(100) | 131(8) | 236(23) | 20 |

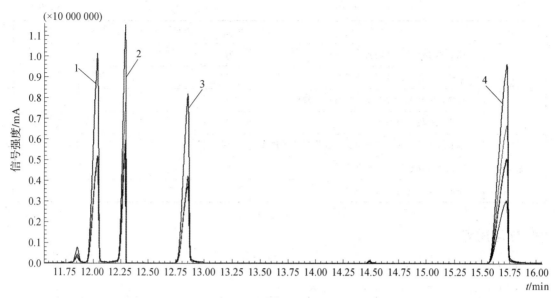

图 3-3　食品中 4 种抗氧化剂选择离子监测 GC - MS 图

说明：1—BHA；2—BHT；3—TBHQ；4—Ionox - 100

## 检查与评价

学生完成本项目的学习，通过学生自评、小组互评以检查自己对本任务学习的掌握情况。指导教师在整个教学过程中，关注每个小组的检测过程及小组成员的动手能力，并对小组成员动手能力进行评价，学生对所学的各项任务进行抽签决定考核的内容。将具体的检查与评价填入表 3-8。

表 3-8　食品中 BHA、BHT、TBHQ 含量测定任务实施评价表

| 项目 | 评价标准 | 分值/分 | 学生自评 | 小组互评 | 教师评价 |
|---|---|---|---|---|---|
| 方案设计与准备 | 认真负责、一丝不苟进行资料查阅，确定检测依据 | 2 | | | |
| | 协同合作，设计方案并合理分工 | 5 | | | |
| | 相互沟通，完成方案诊改 | 3 | | | |
| | 正确清洗及检查仪器 | 5 | | | |
| | 合理领取药品 | 5 | | | |
| | 正确取样 | 5 | | | |
| 试样制备 | 正确进行试样处理 | 5 | | | |
| | 正确进行试样提取 | 5 | | | |
| 试样测定 | 规范装柱，正确进行试样净化 | 5 | | | |
| | 正确配制混合标准系列工作溶液 | 5 | | | |
| | 设置气相色谱 - 质谱仪条件 | 5 | | | |
| | 准确绘制标准曲线 | 10 | | | |

| 项目 | 评价标准 | 分值/分 | 学生自评 | 小组互评 | 教师评价 |
|------|----------|---------|----------|----------|----------|
| 试样测定 | 规范进行试样溶液测定 | 10 | | | |
| | 正确识别图谱，数据记录正确、完整 | 5 | | | |
| | 正确计算结果，按照要求进行数据修约 | 5 | | | |
| | 规范编制检测报告 | 5 | | | |
| 结束工作 | 结束后倒掉废液，清理台面、洗净用具并归位 | 5 | | | |
| | 冲洗管路及色谱柱，规范操作 | 5 | | | |
| | 合理分工，按时完成工作任务 | 5 | | | |

## 学习思考

1. 填空题

(1) 广泛使用的食品抗氧化剂主要有_____、_____、_____、_____、_____五种。

(2) 抗氧化剂按来源分为_____和_____两类。

(3) BHA、BHT、TBHQ 检测需使用配有_____检测器的气相色谱仪。

(4) BHT、TBHQ 属于_____。

(5) 食品中 BHA、BHT、TBHQ 检测时，油脂含量15%以上的样品经处理后，需要用_____方法回收溶剂，得到的油脂试样过_____μm 滤膜备用。

2. 简答题

(1) GB 2760—2024 中规定，膨化食品中 BHA、BHT、TBHQ 的最大限量分别为多少？

(2) 食品抗氧化剂的作用是什么？

(3) BHA、BHT、TBHQ 检测时，实验用水应符合什么条件？

# 项目 13　食品着色剂的测定

知识目标

知识目标

1. 熟悉食品着色剂的定义及在食品中的应用。
2. 了解食品着色剂的种类及来源。
3. 掌握食品着色剂测定的操作标准、意义、原理、方法及注意事项。
4. 能正确理解高效液相色谱仪、电感耦合等离子体－原子发射光谱仪的基本原理。
5. 能准确识别各种着色剂的标准色谱图。
6. 掌握标准系列工作液的配制方法。

能力目标

1. 能够正确查阅食品着色剂检测相关标准，并正确选用检测方法。
2. 能够整理分析资料并设计检测方案。
3. 能根据样品特性正确处理样品。
4. 能准确配制混合标准溶液，绘制工作曲线。
5. 能够识别电感耦合等离子体－原子发射光谱仪的基本结构。
6. 能够对高效液相色谱仪、分光光度计、电感耦合等离子体－原子发射光谱仪等设备进行日常维护保养。
7. 能够对实验结果进行记录、分析和处理，并编制报告。
8. 能够正确处理实验废弃物，建立环保意识，自觉遵守安全操作规程。

素养目标

1. 培养集体意识和团队合作精神，能够有效地进行人际沟通和协作。
2. 强化操作的规范性，养成严谨的科学态度。
3. 建立深厚的爱国情感、国家认同感、中华民族自豪感。

# 任务　食品中合成着色剂的测定

## ◎ 案例导入

为了保障食品安全，我国对着色剂的使用有着明确的规定。目前我国允许使用的合成着色剂有胭脂红、苋菜红、柠檬黄、日落黄、亮蓝、靛蓝这6种，在《食品安全国家标准　食品添加剂使用标准》（GB 2760—2024）中也明确规定了可使用的范围和剂量。这些合成着色剂，也只有汽水、冷饮食品、糖果、配制酒和果汁露可以少量使用，一般不得超过1∶10 000。在其他加工食品，尤其是婴幼儿食品中，都不可以使用合成着色剂。对于各种食品添加剂，它们都需经过严格的安全风险评价，证明对人体无害，才能在比安全剂量更小的保守范围内使用。

## ◎ 问题启发

食品中常见的着色剂有哪些？来源于哪里？这些着色剂在《食品安全国家标准　食品添加剂使用标准》（GB 2760—2014）中的使用范围和剂量如何？如何进行检测？

## ◎ 食品安全检测知识

### 一、食品着色剂

食品着色剂是以给食品着色为主要目的的添加剂，也称食用色素。食品着色剂使食品具有悦目的色泽，对增加食品的嗜好性及刺激食欲有重要意义。

目前，世界上常用的食品着色剂有60余种，按其来源和性质可分为食品天然着色剂和食品合成着色剂两大类。食品天然着色剂主要来自天然色素，按其来源不同，主要有三类：一是植物色素，如甜菜红、姜黄、β-胡萝卜素、叶绿素等；二是动物色素，如紫胶红、胭脂虫红等；三是微生物类，如红曲红等。食品合成着色剂主要是依据某些特殊的化学基团或生色基团进行合成的，按其化学结构可分为两类：一是偶氮色素类，如苋菜红、胭脂红、日落黄、柠檬黄、新红、诱惑红、酸性红等；二是非偶氮色素类，如赤藓红、亮蓝等。

天然着色剂色彩易受金属离子、水质、pH值、氧化、光照、温度的影响，一般较难分散，染着性、着色剂间的相溶性较差，且价格较高。与天然色素相比，合成色素颜色更加鲜艳，不易褪色，且价格较低。

### 二、食品合成着色剂测定的意义

对于每一个批准使用的合成着色剂，在允许采用之前都必须经过一系列严格的毒理学试验和安全性评价，确实证明在一定范围内使用是安全之后，才能向政府申报，并且还要再经过一定的程序进行严格审核，最后确定其毒性，以及在各种食品中最大使用量和使用范围，最终写入国家标准。我国现行的 GB 2760—2024《食品安全国家标准　食品添加剂使用标准》就是根据我国对着色剂的安全管理要求，经过专家的毒理试验验证，并且参考了国际、发达国家的标准法规等编写而成的添加剂使用准则。其中明确规定了食品着色剂的使用原则、允许使用的种类、各种类的使用范围、最大使用量或残留量等事项。并且 GB 2760—2024 是强制性实施的国家标准，受法律保护，合格食品中着色剂的使用要流出到市场必须得符合该国家标准的相关要求，添加到食品中的着色剂受到严格的监控，能够很好地保证食品的安全。

### 三、食品合成着色剂测定的方法

GB 5009.35—2023《食品安全国家标准　食品中合成着色剂的测定》中规定了食品中 11 种合成着色剂（柠檬黄、新红、苋菜红、靛蓝、胭脂红、日落黄、诱惑红、亮蓝、酸性红、喹啉黄和赤藓红）的测定方法。

### 四、食品合成着色剂测定的注意事项

（1）液相色谱法测定合成着色剂时，合成着色剂标准使用液需要临用时现配；活化固相萃取柱时要保持柱体湿润。

（2）样品的前处理和提纯工作中，一定要充分去除杂质（油脂、蛋白质、淀粉、糖）以免影响吸附及层析效果。

（3）提取着色剂过程中，50 ℃下氮气浓缩至 3 mL 左右，防止烧干。

（4）液相色谱法检出限与定量限。当样品取样量为 2 g，定容体积为 2 mL 时，柠檬黄、新红、胭脂红、日落黄、喹啉黄、赤藓红的检出限均为 0.5 mg/kg，定量限均为 1.5 mg/kg，苋菜红、诱惑红、亮蓝、酸性红、靛蓝的检出限均为 0.3 mg/kg，定量限均为 1.0 mg/kg。

# 工作任务　液相色谱法测定食品中的合成着色剂

### 一、检测依据

检测依据为 GB 5009.35—2023《食品安全国家标准　食品中合成着色剂的测定》。试样中的合成着色剂用乙醇氨水溶液提取，经固相萃取净化后，用配有二极管阵列检测器的高效液相色谱仪测定，外标法定量。

食品中合成
着色剂的测定

### 二、任务准备

（一）试剂

除非另有说明，本方法所用试剂均为分析纯，水为 GB/T 6682 规定的一级水。

（1）甲醇：分析纯、色谱纯。

（2）乙酸铵溶液（0.02 mol/L）：称取 1.54 g 乙酸铵（色谱纯），加水至 1 000 mL。

（3）石油醚：沸程 30~60 ℃。

（4）氨水：含量 20%~25%。

（5）甲酸：含量 98%。

（6）乙醇氨水溶液：量取无水乙醇 700 mL、加入 4 mL 氨水，用水稀释至 1 L，混匀。

（7）5%甲醇水溶液：移取甲醇 5 mL，用水稀释并定容至 100 mL，混匀。

（8）2%氨水甲醇溶液：移取 2 mL 氨水，用甲醇稀释至 100 mL。

（9）乙酸铵缓冲溶液，pH 值 9.0：乙酸铵溶液加氨水调 pH 值至 9.0。

（10）2%甲酸水溶液：移取甲酸 2 mL，用水稀释至 100 mL。

①标准储备液（1.0 mg/mL）：准确称取按其纯度折算为 100% 质量的柠檬黄、新红、苋菜红、胭脂红、日落黄、诱惑红、亮蓝、酸性红、喹啉黄和赤藓红各 100 mg（精确至 0.1 mg），加水溶解并分别置于 100 mL 容量瓶中，定容至刻度，摇匀，得到浓度为 1.0 mg/mL 的标准储备液。标准储备液可于 4 ℃下避光保存 6 个月，靛蓝标准溶液临用现配。

②混合标准中间液（50.0 μg/mL）：吸取上述标准储备液和靛蓝标准溶液各 5.00 mL 于 100 mL 容量瓶中，用水稀释至刻度，摇匀，得到混合标准中间液（各合成着色剂浓度均为 50.0 μg/mL），临用现配。

（11）标准系列工作液：吸取混合标准中间液 0.2 mL、0.5 mL、1.0 mL、2.0 mL、5.0 mL 和 10.0 mL 于 50 mL 容量瓶中，用水稀释至刻度，摇匀，得到标准系列工作液。浓度分别为 0.2 μg/mL、0.5 μg/mL、1.0 μg/mL、2.0 μg/mL、5.0 μg/mL 和 10 μg/mL。

（二）标准品

（1）柠檬黄（CAS 号：1934 - 21 - 0）：纯度大于或等于 95.0%，或经国家认证并授予标准物质证书的标准品。

（2）新红（CAS 号：220658 - 76 - 4）：纯度大于或等于 95.0%，或经国家认证并授予标准物质证书的标准品。

（3）苋菜红（CAS 号：915 - 673 - 4）：纯度大于或等于 95.0%，或经国家认证并授予标准物质证书的标准品。

（4）靛蓝（CAS 号：860 - 22 - 0）：纯度大于或等于 90.0%，或经国家认证并授予标准物质证书的标准品。

（5）胭脂红（CAS 号：2611 - 82 - 7）：纯度大于或等于 95.0%，或经国家认证并授予标准物质证书的标准品。

（6）日落黄（CAS 号：2783 - 94 - 0）：纯度大于或等于 90.0%，或经国家认证并授予标准物质证书的标准品。

（7）诱惑红（CAS 号：25956 - 17 - 6）：纯度大于或等于 95.0%，或经国家认证并授予标准物质证书的标准品。

（8）亮蓝（CAS 号：3844 - 45 - 9）：纯度大于或等于 95.0%，或经国家认证并授予标准物质证书的标准品。

（9）酸性红（CAS 号：3567 - 69 - 9）：纯度大于或等于 90.0%，或经国家认证并授予标准物质证书的标准品。

（10）喹啉黄（CAS 号：8004 - 92 - 0）：纯度大于或等于95.0%，或经国家认证并授予标准物质证书的标准品。

（11）赤藓红（CAS 号：16423 - 68 - 0）：纯度大于或等于90.0%，或经国家认证并授予标准物质证书的标准品。

（三）仪器

（1）高效液相色谱仪：带二极管阵列检测器。

（2）分析天平：感量为 1 mg 和 0.1 mg。

（3）pH 计：精度为 0.01。

（4）电动搅拌器：转速范围为 30～2 000 r/min。

（5）涡旋振荡器。

（6）超声波发生器或恒温摇床：超声功率不小于 700 W，控温范围为 20～80 ℃；摇床转速范围为 10～500 r/min。

（7）高速离心机：转速不小于 15 000 r/min。

（8）固相萃取装置。

（9）氮气浓缩装置。

（10）WAX 混合型弱阴离子交换反相吸附或等效固相萃取柱，150 mg/6 mL。

（11）针筒过滤器，PVDF（聚偏氟乙烯）或 PTFE（聚四氟乙烯）滤膜，孔径为 0.45 μm。

三、检测程序

液相色谱法测定食品中合成着色剂的检测程序见图 3 - 4。

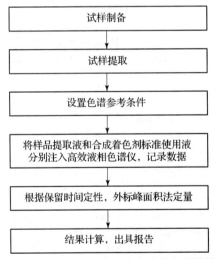

图 3 - 4　液相色谱法测定食品中合成着色剂的检测程序

四、任务实施

1. 方案制定及准备

通过相关知识学习，解读国标，小组完成检测方案的设计（表 3 - 9），并依据方案完成任务准备。

表 3-9　检测方案设计

| 组长 | | | 组员 | |
|---|---|---|---|---|
| 学习项目 | | | 学习时间 | |
| 依据标准 | | | | |
| 准备内容 | 仪器和设备<br>(规格、数量) | | | |
| | 试剂和耗材<br>(规格、浓度、数量) | | | |
| | 样品 | | | |
| 任务分工 | 姓名 | | 具体工作 | |
| | | | | |
| | | | | |
| | | | | |
| 具体步骤 | | | | |

2. 检测过程

根据表 3-10 实施检测。

表 3-10　检测过程

| 任务 | 具体实施 | | 要求 |
|---|---|---|---|
| | 实施步骤 | 实验记录 | |
| 试样制备 | 液体试样和粉状固体试样应分别混合均匀，半固体试样取固液共存物进行匀浆混合，固体试样(带核蜜饯凉果需先去核，取可食部分)经电动搅拌器粉碎等方式混合均匀，密封，制备好的试样在 -18 ℃以下避光保存，备用 | 记录样品保存温度 | 1. 桌面整齐，着工作服，仪表整洁。<br>2. 样品混合均匀，制备方法得当 |
| 试样提取 | 液体类试样(饮料、配制酒、调制乳、调味糖浆、风味发酵乳等)、冷冻饮品(风味冰、冰棍类)：准确称取试样 2 g(精确至 0.001 g)，记录 m 冷冻饮品可先温水浴加热融化再称样，置于 50 mL 具塞离心管中，加入适量乙醇氨水溶液，涡旋 1 min，5 000 r/min 离心 5 min，并用乙醇氨水溶液定容至 50 mL，记录 $V_2$ 即得提取液；准确吸取上清液 10 mL，记录 $V_3$ 50 ℃下氮气浓缩至 3 mL 左右，分 2~3 次共加入 10 mL 5% 甲醇水溶液溶解，作为待净化液 | m：试样质量，g | 1. 正确使用电子天平，并对其进行检查、维护。 |

| 任务 | 具体实施 | | 要求 |
|---|---|---|---|
| | 实施步骤 | 实验记录 | |
| 试样提取 | 固体类试样(加工水果、腌渍的蔬菜、糖果、酱及酱制品、香辛料、果冻、杂粮粉及其制品、面糊、淀粉及淀粉类制品、胶原蛋白肠衣、即食谷物、谷类和淀粉类甜品、糕点上彩装、蛋卷、焙烤食品馅料及表面用挂浆等):准确称取试样 2 g(精确至 0.001 g),记录 $m$ 置于 50 mL 具塞离心管中,先加入适量水(2~5 mL),50 ℃水浴加热混匀样品,加入 25 mL 乙醇氨水溶液,涡旋 1 min,50 ℃超声或振摇(速率≥250 r/min)提取 20 min,8 000 r/min 离心 5 min,取上清液置于 50 mL 容量瓶中,每次加入 5~10 mL 乙醇氨水溶液重复提取操作至上清液无明显颜色,离心后合并上清液,用乙醇氨水溶液定容至 50 mL,记录 $V_2$ 即得提取液。准确吸取提取液 10 mL,记录 $V_3$,50 ℃氮气浓缩至 3 mL 左右,分 2~3 次共加入 10 mL 5%甲醇水溶液溶解,作为待净化液 | $m$:_____<br>$V_2$:样品提取液体积,mL<br>$V_2$:_____<br>$V_3$:用于净化分取的样品提取液体积,mL<br>$V_3$:_____ | 2. 选择合适的色素提取方法 |
| | 含油量较大的试样(可可制品、巧克力和巧克力制品、调制乳粉、调制奶油粉、调制炼乳、膨化食品、加工坚果与籽类、熟制豆类、糕点、熟肉制品、复合调味料和冰淇淋、雪糕等):准确称取试样 2 g(精确至 0.001 g),记录 $m$ 置于 50 mL 具塞离心管中,加入 20 mL 石油醚,涡旋 1 min,超声或振摇(速率≥250 r/min)提取 10 min,8 000 r/min 离心 5 min,弃去上清液,油脂含量较高的可重复提取一次,弃去上清液,加入 25 mL 乙醇氨水溶液,涡旋 1 min,50 ℃超声或振摇(速率≥250 r/min)提取 20 min,8 000 r/min 离心 5 min(若离心后提取液仍然浑浊,可转入高速离心机专用管,15 000 r/min 离心 5 min),取上清液置于 50 mL 容量瓶中,同固体类试样中"每次加入 5~10 mL 乙醇氨水溶液……作为待净化液"操作 | | |
| 试样净化 | 活化:依次用 6 mL 甲醇和 6 mL 水活化固相萃取柱,保持柱体湿润 | $V_1$:样品经净化洗脱后的最终定容体积,mL<br>$V_1$:_____ | 1. 用甲醇和水活化固相萃取柱,保持柱体湿润。<br>2. 洗脱时分两次加入氨化甲醇溶液,流速低于 2~3 s/滴 |
| | 上样:活化后立即将待净化液以 2~3 s/滴的流速加载到固相萃取柱上 | | |
| | 淋洗:依次用 6 mL 2%甲酸水溶液和 6 mL 甲醇淋洗固相萃取柱,弃去淋洗液,真空抽 2 min 至柱体近干 | | |
| | 洗脱:用 6 mL 2%氨化甲醇溶液洗脱,分两次加入,每次 3 mL,流速低于 2~3 s/滴,收集洗脱液,于 50 ℃氮气浓缩至近干,准确加入 2 mL pH 值为 9.0 的乙酸铵缓冲溶液溶解,记录 $V_1$,溶液用针筒过滤器,孔径 0.45 μm 的滤膜过滤,弃去 2~5 滴初滤液,取续滤液作为待测液 | | |

| 任务 | 具体实施 | | 要求 |
|---|---|---|---|
| | 实施步骤 | 实验记录 | |
| 试样测定 | 设置色谱条件：<br>(1)色谱柱：$C_{18}$柱，4.6 mm×250 mm，5 μm。<br>(2)进样量：10 μL。<br>(3)柱温：30 ℃。<br>(4)二极管阵列检测器波长范围：400~800 nm，检测波长：415 nm(柠檬黄、喹啉黄)，520 nm(新红、苋菜红、胭脂红、日落黄、诱惑红、酸性红和赤藓红)，610 nm(靛蓝、亮蓝)。<br>(5)梯度洗脱表见表3-11 | 1. 观察记录色谱图上显示的保留时间。<br>2. 观察色谱图，能准确识别各种着色剂的峰。<br>3. 观察记录色谱图上的峰面积 | 1. 正确使用液相色谱仪，掌握仪器操作及维护的方法。<br>2. 正确配制标准溶液。<br>3. 能准确识别各种着色剂标准色谱图。<br>4. 能根据保留时间定性，外标峰面积法定量。<br>5. 计算结果正确，按照要求进行数据修约。<br>6. 计算结果保留三位有效数字。<br>7. 精密度：在重复性条件下获得的两次独立测定结果的绝对差值不得超过算术平均值的10% |
| | 制作标准曲线 | | |
| | 测定：将试样溶液注入高效液相色谱仪，得到对应的峰面积，根据标准曲线计算得到待测液中的各物质浓度，记录$c$。着色剂标准色谱图见图3-5~图3-7 | $c$：待测液中合成着色剂的浓度，μg/mL<br>$c$：_____ | |
| | 根据公式，计算试样中着色剂的含量：<br>$$X = \dfrac{c \times V_1 \times V_2}{V_3 \times m \times 1\,000}$$<br>式中：<br>1 000——换算系数 | $X$：试样中合成着色剂的含量，g/kg<br>$X$：_____ | |
| 结束工作 | 结束后倒掉废液、清理台面、洗净用具并归位。冲洗管路及色谱柱，使液相色谱仪保持最佳运行状态 | | 1. 实验室安全操作。<br>2. 团队进行工作总结 |

表 3-11 梯度洗脱表

| 时间/min | 流速/(mL/min) | 20 mol/L 乙酸铵溶液/% | 甲醇/% |
|---|---|---|---|
| 0.00 | 1.0 | 90 | 10 |
| 12.0 | 1.0 | 60 | 40 |
| 19.0 | 1.0 | 50 | 50 |
| 22.5 | 1.0 | 45 | 55 |
| 24.0 | 1.0 | 5 | 95 |
| 33.0 | 1.0 | 5 | 95 |
| 34.0 | 1.0 | 90 | 10 |
| 42.0 | 1.0 | 90 | 10 |

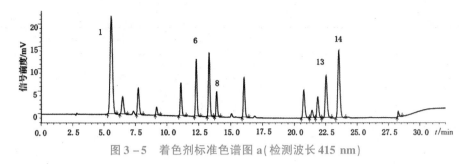

图 3-5 着色剂标准色谱图 a(检测波长 415 nm)

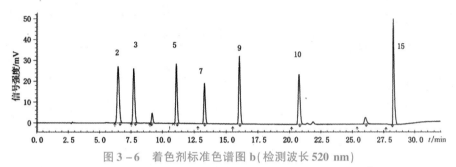

图 3-6 着色剂标准色谱图 b(检测波长 520 nm)

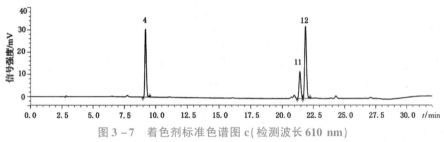

图 3-7 着色剂标准色谱图 c(检测波长 610 nm)

说明：1—柠檬黄；2—新红；3—苋菜红；4—靛蓝；5—胭脂红；6—喹啉黄 1；7—日落黄；8—喹啉黄 2；9—诱惑红；10—酸性红；11—亮蓝 1；12—亮蓝 2；13—喹啉黄 3；14—喹啉黄 4；15—赤藓红。

## 检查与评价

学生完成本项目的学习，通过学生自评、小组互评以检查自己对本任务学习的掌握情况。指导教师在整个教学过程中，关注每个小组的检测过程及小组成员的动手能力，并对小组成员动手能力进行评价，学生对所学的各项任务进行抽签决定考核的内容。将具体的检查与评价填入表 3-12。

表 3-12 食品中合成着色剂的测定任务实施评价表

| 项目 | 考核内容 | 分值/分 | 学生自评 | 小组互评 | 教师评价 |
|---|---|---|---|---|---|
| 方案设计<br>与准备 | 认真负责、一丝不苟进行资料查阅，确定检测依据 | 2 | | | |
| | 协同合作设计方案并合理分工 | 5 | | | |
| | 相互沟通，完成方案诊改 | 3 | | | |

| 项目 | 考核内容 | 分值/分 | 学生自评 | 小组互评 | 教师评价 |
|---|---|---|---|---|---|
| 方案设计与准备 | 正确清洗及检查仪器 | 5 | | | |
| | 合理领取药品 | 5 | | | |
| | 正确取样 | 5 | | | |
| | 准确配制溶液 | 5 | | | |
| 试样制备与提取 | 样品处理，制备待净化液 | 5 | | | |
| 试样净化 | 活化固相萃取柱 | 5 | | | |
| | 正确上样、淋洗 | 5 | | | |
| | 正确洗脱、浓缩、溶解、过滤 | 5 | | | |
| 试样测定 | 准确设置色谱条件 | 5 | | | |
| | 规范操作进行试样测定 | 5 | | | |
| | 准确识别谱图，数据记录正确、完整 | 10 | | | |
| | 准确进行定性及定量测定 | 5 | | | |
| | 正确计算结果，按照要求进行数据修约 | 5 | | | |
| | 完成检测报告 | 5 | | | |
| 结束工作 | 结束后倒掉废液、清理台面、洗净用具并归位 | 5 | | | |
| | 冲洗管路及色谱柱，规范操作 | 5 | | | |
| | 合理分工，按时完成工作任务 | 5 | | | |

## 学习思考

1. 填空题

(1) 着色剂因来源不同，一般分为_____和_____两大类。

(2) GB 5009.35—2023 检测方法中，包括的十一种合成着色剂有_____、_____、_____、_____、_____、_____、_____、_____、_____、_____、_____。

(3) 样品经净化洗脱后的最终定容体积为_____mL。

(4) GB 5009.35—2023 检测方法中，要求使用配有_____的高效液相色谱仪。GB 5009.35—2023 检测方法中，使用的梯度洗脱液是_____和_____溶液。

(5) 合成着色剂的检测中，含油量较大的试样需要去除_____。

2. 简答题

(1) 为什么要测定食品中合成着色剂的含量？

(2) 检测配制酒类样品中合成着色剂的含量，样品应如何进行制备？

(3) 为什么要对固相萃取柱进行活化？

# 项目 14  食品发色剂的测定

**知识目标**

1. 掌握食品发色剂的定义及其在食品中的应用。
2. 了解食品发色剂的作用机理。
3. 掌握食品发色剂测定的操作标准、意义、原理、方法及注意事项。
4. 能正确理解离子色谱仪的基本原理。
5. 掌握标准系列工作溶液的配制方法。
6. 理解固相萃取的基本原理。

**能力目标**

1. 能够正确查阅食品发色剂检测相关标准，并正确选用检测方法。
2. 能够整理分析资料并设计检测方案。
3. 能根据样品特性选择适宜的处理方法，对待测成分进行提取。
4. 能准确配制标准系列工作溶液，绘制工作曲线。
5. 能够识别离子色谱仪的基本结构，并对其进行日常维护。
6. 能够对实验结果进行记录、分析和处理，并编制报告。
7. 能够正确处理实验废弃物，建立环保意识，自觉遵守安全操作规程。

**素养目标**

1. 强化操作的规范性，养成严谨的科学态度。
2. 强化学生质量意识、安全意识、信息素养、创新精神。
3. 培养学生安全操作、节约环保的实验习惯。
4. 形成良好的职业道德和职业素养。

## 任务  食品中亚硝酸盐与硝酸盐的测定

### ◎ 案例导入

亚硝酸盐本身并不致癌，它广泛存在于自然界环境中，尤其是在食物中，如蔬菜中亚硝酸盐的平均含量大约为 4 mg/kg，肉类约为 3 mg/kg，蛋类约为 5 mg/kg。蔬菜、水果在被采摘收割之后，还会不断地产生亚硝酸盐。另外，亚硝酸盐也是可以合法使用的食品防腐剂和护色剂，只要在国家食品安全标准范围内，是没有食用风险的。例如，我们生活中常吃的火腿、腊肉等腌制食品中就添加了亚硝酸盐。

据国内相关研究报道，成人口服亚硝酸盐的最低中毒剂量为 $300 \sim 500$ mg，摄入 $1 \sim 3$ g 可导致死亡。一般在冰箱冷藏室里存放 24 h 的隔夜菜(不算腌制蔬菜、加工肉类)，亚硝酸盐含量不会超过 10 mg/kg。所以，隔夜菜中亚硝酸盐含量离中毒剂量还相差很远，大家没必要"谈隔夜菜色变"，重点是吃的频率和量。

## ◎ 问题启发

亚硝酸盐属于哪种食品添加剂？在食品中的作用是什么？食品中亚硝酸盐含量超标对人体有哪些危害？如何进行测定？

## ◎ 食品安全检测知识

### 一、食品发色剂

食品发色剂是能与食品中的某些成分发生作用，而使制品呈现良好色泽的食品添加剂，也称为护色剂、呈色剂或助色剂。它还有防止食物中毒和杀菌的作用。

我国批准使用的食品发色剂是硝酸钠(钾)和亚硝酸钠(钾)。亚硝酸盐作为肉制品中的发色剂，能与肉及肉制品中呈色物质作用，使之在食品加工、保藏等过程中不致分解、破坏，呈现良好的色泽，也能抑制微生物的生长。亚硝酸盐作为重要的食品添加剂，在我国使用历史悠久，从古代开始就使用"硝盐"来对肉制品护色，至今仍然在肉制品加工中发挥着多方面的作用。硝酸盐在亚硝酸菌的作用下可还原成亚硝酸盐，并在酸性条件下生成亚硝酸，亚硝酸分解生成亚硝基，并与肌红蛋白反应生成亮红色的亚硝基肌红蛋白，保持肉制品的良好色泽。一些还原性物质如抗坏血酸和烟酰胺等与发色剂并用，可防止亚硝基氧化，促进发色。这类物质称发色助剂。

亚硝酸盐作为一种常用的食品添加剂，广泛应用于乳制品、肉类、泡菜等腌制食品中。另外，种植期间，如果硝酸氮肥没有被蔬菜吸收，它将直接残留在蔬菜上。在随后的运输、加工和消费环节中，在细菌的作用下很容易转化为亚硝酸盐，其中甜菜、莴苣、芹菜和菠菜最为突出。

亚硝酸盐可与食物或胃中的仲胺类物质生成强致癌作用的亚硝胺。由于亚硝酸盐除发色作用外，还有抑菌和增强风味的作用，特别是可防止肉毒素中毒，且目前尚无适当的替代物，权衡利弊，各国仍都许可使用，但严格控制其使用范围、使用量和残留量。用亚硝酸盐进行肉类加工的同时，加入适量维生素 C、维生素 E 可阻止亚硝胺的形成。

### 二、食品中亚硝酸盐与硝酸盐的测定意义

亚硝酸盐与硝酸盐作为防腐与保鲜剂，可延长食品的保质期，但也对人体带来了危害。硝酸盐在体内可通过肠道微生物及唾液等作用转变为亚硝酸盐，亚硝酸盐可以与体内蛋白质分解产生亚硝胺，同时使血液中的二价铁氧化为三价铁，进而使正常的血红蛋白失

去载氧能力，引起高铁血红蛋白症。由于亚硝酸盐具有较强的毒性，食入 0.3～0.5 g 的亚硝酸盐即可引起急性中毒，长期食用含有超量亚硝酸盐的井水、污水，或长期食用含有超量亚硝酸盐的肉制品和被亚硝酸盐污染了的食品即可引起慢性中毒，中毒严重可致死亡。因此，各个国家对食品加工中的硝酸盐和亚硝酸盐使用量都制定了严格的限量标准，测定亚硝酸盐与硝酸盐的含量是食品安全检测中非常重要的项目之一。

### 三、食品中亚硝酸盐与硝酸盐的测定方法

GB 5009.33—2016《食品安全国家标准　食品中亚硝酸盐与硝酸盐的测定》规定了食品中亚硝酸盐和硝酸盐的测定方法。

### 四、食品中亚硝酸盐与硝酸盐测定的注意事项

（1）离子色谱法测定亚硝酸盐和硝酸盐时，使用前仔细阅读离子色谱柱附带的说明书，注意适用范围，如 pH 值范围、流动相类型等。脱气后的流动相要小心振动，尽量不引起气泡。

（2）使用离子色谱仪时，需对抽滤后的流动相进行超声脱气 10～20 min。

（3）测定完毕后，先关离子色谱仪的检测器，再用经过滤和脱气的适当溶剂清洗色谱系统，正相柱一般用正己烷，反相柱如使用过含盐流动相，则先用水（5% 甲醇），然后用甲醇 - 水冲洗，各种冲洗剂一般冲洗 15～30 min，最后用甲醇保存色谱柱，特殊情况应延长冲洗时间。

（4）关闭离子色谱仪时，先关闭泵、检测器等，再关闭工作站，然后关机，最后自下而上关闭色谱仪各组件，关闭洗泵溶液的开关。

（5）离子色谱法测定亚硝酸盐和硝酸盐检出限分别为 0.2 mg/kg 和 0.4 mg/kg。

# 工作任务　离子色谱法测定食品中的亚硝酸盐与硝酸盐

### 一、检测依据

检测依据为 GB 5009.33—2016《食品安全国家标准　食品中亚硝酸盐与硝酸盐的测定》。试样经沉淀蛋白质、除去脂肪后，采用相应的方法提取和净化，以氢氧化钾溶液为淋洗液，阴离子交换柱分离，电导检测器或紫外检测器检测，以保留时间定性，外标法定量。

食品中亚硝酸盐
与硝酸盐的测定

### 二、任务准备

（一）试剂

除非另有说明，本方法所用试剂均为分析纯，水为 GB/T 6682 规定的一级水。

（1）乙酸溶液（3%）：量取乙酸 3 mL 于 100 mL 容量瓶中，以水稀释至刻度，混匀。

（2）氢氧化钾溶液（1 mol/L）：称取 6 g 氢氧化钾，加入新煮沸过的冷水溶解，并稀释至 100 mL，混匀。

（3）亚硝酸盐标准储备液（100 mg/L，以 $NO_2^-$ 计，下同）：准确称取 0.150 0 g 于 110～120 ℃ 干燥至恒重的亚硝酸钠，用水溶解并转移至 1 000 mL 容量瓶中，加水稀释至刻度，混匀。

（4）硝酸盐标准储备液（1 000 mg/L 以 $NO_3^-$ 计，下同）：准确称取 1.371 0 g 于 110～120 ℃ 干燥至恒重的硝酸钠，用水溶解并转移至 1 000 mL 容量瓶中，加水稀释至刻度，混匀。

（5）亚硝酸盐和硝酸盐混合标准中间液：准确移取亚硝酸根离子（$NO_2^-$）和硝酸根离子（$NO_3^-$）的标准储备液各 1.0 mL 于 100 mL 容量瓶中，用水稀释至刻度，此溶液每升含亚硝酸根离子 1.0 mg 和硝酸根离子 10.0 mg。

（6）亚硝酸盐和硝酸盐混合标准使用液：移取亚硝酸盐和硝酸盐混合标准中间液，加水逐级稀释，制成系列混合标准使用液，亚硝酸根离子浓度分别为 0.02 mg/L、0.04 mg/L、0.06 mg/L、0.08 mg/L、0.10 mg/L、0.15 mg/L、0.20 mg/L；硝酸根离子浓度分别为 0.2 mg/L、0.4 mg/L、0.6 mg/L、0.8 mg/L、1.0 mg/L、1.5 mg/L、2.0 mg/L。

（二）标准品

（1）亚硝酸钠（CAS 号：7632 - 00 - 0）：基准试剂，或采用具有标准物质证书的亚硝酸盐标准溶液。

（2）硝酸钠（CAS 号：7631 - 99 - 4）：基准试剂，或采用具有标准物质证书的硝酸盐标准溶液。

（三）仪器

（1）离子色谱仪：配电导检测器及抑制器或紫外检测器，高容量阴离子交换柱，50 μL 定量环。

（2）食物粉碎机。

（3）超声波清洗器。

（4）分析天平：感量为 0.1 mg 和 1 mg。

（5）离心机：转速大于或等于 10 000 r/min，配 50 mL 离心管。

（6）0.22 μm 水性滤膜针头滤器。

（7）净化柱：包括 $C_{18}$ 柱、Ag 柱和 Na 柱或等效柱。

（8）注射器：1.0 mL 和 2.5 mL。

注：所有玻璃器皿使用前均需依次用 2 mol/L 氢氧化钾和水分别浸泡 4 h，然后用水冲洗 3～5 次，晾干备用。

三、检测程序

离子色谱法测定食品中亚硝酸盐与硝酸盐的检测程序见图 3 - 8。

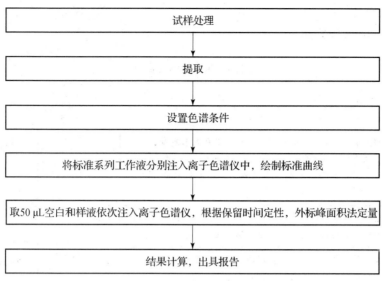

图 3 – 8　离子色谱法测定食品中亚硝酸盐与硝酸盐的检测程序

## 四、任务实施

### 1. 方案制定及准备

通过相关知识学习,解读国标,小组完成检测方案的设计(表 3 – 13),并依据方案完成任务准备。

表 3 – 13　检测方案设计

| 组长 | | | 组员 | |
|---|---|---|---|---|
| 学习项目 | | | 学习时间 | |
| 依据标准 | | | | |
| 准备内容 | 仪器和设备<br>(规格、数量) | | | |
| | 试剂和耗材<br>(规格、浓度、数量) | | | |
| | 样品 | | | |
| 任务分工 | 姓名 | | 具体工作 | |
| | | | | |
| | | | | |
| | | | | |
| 具体步骤 | | | | |

## 2. 检测过程

根据表3-14实施检测。

表3-14 检测过程

| 任务 | 具体实施 | | 要求 |
|------|---------|---------|------|
| | 实施步骤 | 实验记录 | |
| 试样处理 | 新鲜蔬菜、水果：将新鲜蔬菜、水果用自来水洗净，用水冲洗，晾干后，取可食部切碎混匀。将切碎的试样用四分法取适量，用食物粉碎机制成匀浆备用。如需加水应记录加水量 | 样品的名称、采集时间、数量、采样人员等采样信息 | 1. 桌面整齐，着工作服，仪表整洁。 2. 正确选择试样处理的方法。 3. 按要求完成试样粉碎，规范取样。 4. 试样混合均匀 |
| | 粮食及其他植物样品：除去可见杂质后，取有代表性试样50~100 g，粉碎后，过0.30 mm孔筛，混匀，备用 | | |
| | 肉类、蛋、水产及其制品：用四分法取适量或取全部，用食物粉碎机制成浆备用 | | |
| | 乳粉、豆奶粉、婴儿配方粉等固态乳制品（不包括干酪）：将试样装入能够容纳2倍样体积的带盖容器中，通过反复摇晃和颠倒容器使样品充分混匀直到试样均一化 | | |
| | 发酵乳、乳、炼乳及其他液体乳制品：通过搅拌或反复摇晃和颠倒容器使试样充分混匀 | | |
| | 干酪：取适量的试样研磨成均匀的泥浆状。为避免水分损失，研磨过程中应避免产生过多的热量 | | |
| 试样提取 | 蔬菜、水果等植物性试样：称取试样匀浆5 g（精确至0.001 g，可适当调整试样的取样量，以下相同），记录$m$。置于150 mL具塞锥形瓶中，加入80 mL水，及1 mL 1 mol/L氢氧化钾溶液，超声提取30min，每隔5 min振摇一次，保持固相完全分散。于75℃水浴中放置5 min，取出置于室温，定量转移至100 mL容量瓶中，加水稀释至刻度，混匀，记录$V$。溶液经滤纸过滤后，取部分溶液于10 000 r/min离心15 min，上清液备用 | $m$：试样质量，g； $V$：试样溶液体积，mL $f$：试样溶液稀释倍数 | 1. 正确使用吸量管、容量瓶等玻璃仪器；规范使用电子天平，正确进行天平检查及维护。 |
| | 肉类、蛋类、鱼类及其制品等：称取试样匀浆5 g（精确至0.001 g），记录$m$。置于150 mL具塞锥形瓶中，加入80 mL水，超声提取30 min，每隔5 min振摇一次，保持固相完全分散。于75℃水浴中放置5 min，取出置于室温，定量转移至100 mL容量瓶中，加水稀释至刻度，混匀，记录$V$。溶液经滤纸过滤后，取部分溶液于10 000 r/min离心15 min，上清液备用 | | |
| | 腌鱼类、腌肉类及其他腌制品：称取试样匀浆2 g（精确至0.001 g），记录$m$。置于150 mL具塞锥形瓶中，加入80 mL水，超声提取30 min，每隔5 min振摇一次，保持固相完全分散。于75℃水浴中放置5 min，取出置于室温，定量转移至100 mL容量瓶中，加水稀释至刻度，混匀，记录$V$。溶液经滤纸过滤后，取部分溶液于10 000 r/min离心15 min，上清液备用 | | |

| 任务 | 具体实施 | | 要求 |
|---|---|---|---|
| | 实施步骤 | 实验记录 | |
| 试样提取 | 乳：称取试样10 g(精确至0.01 g)，置于100 mL具塞锥形瓶中，记录 m。加入80 mL水，摇匀，超声提取30 min，加入3%乙酸溶液2 mL，于4 ℃放置20 min，取出放置至室温，加水稀释至刻度，记录 V。溶液经滤纸过滤，滤液备用 | m：_____<br>V：_____<br>f：_____ | 2. 正确规范进行样品提取<br><br>3. 提取充分，避免污染 |
| | 乳粉及干酪：称取试样2.5 g(精确至0.01 g)，置于100 mL具塞锥形瓶中，记录 m。加水80 mL，摇匀，超声30 min，取出放置至室温，定量转移至100 mL容量瓶中，加入3%乙酸溶液2mL，加水稀释至刻度，记录 V。于4℃放置20 min，取出放置至室温，溶液经滤纸过滤，滤液备用 | | |
| | 取上述备用的上清液约15 mL，记录 f。通过0.22 μm水性滤膜针头滤器、C_{18}柱，弃去前面3 mL(如果氯离子大于100 mg/L，则需要依次通过针头滤器、C_{18}柱、Ag柱和Na柱，弃去前面7 mL)，收集后面洗脱液待测。<br>固相萃取柱使用前需进行活化，C_{18}柱(1.0 mL)、Ag柱(1.0 mL)和Na柱(1.0 mL)，其活化过程为：C_{18}柱(1.0 mL)使用前依次用10 mL甲醇、15 mL水通过，静置活化30 min。Ag柱(1.0 mL)和Na柱(1.0 mL)用10 mL水通过，静置活化30 min | | |
| 试样测定 | 设置色谱参考条件：<br>(1)色谱柱：氢氧化物选择性，可兼容梯度洗脱的二乙烯基苯－乙基乙烯共聚物基质，烷醇基季铵盐功能团的高容量阴离子交换柱，4 mm×250 mm(带保护柱4 mm×50 mm)，或性能相当的离子色谱柱。<br>(2)淋洗液。<br>①氢氧化钾溶液，浓度为6～70 mmol/L；洗脱梯度为6 mmol/L 30 min, 70 mmol/L 5 min, 6 mmol/L 5 min；流速1.0 mL/min。<br>②粉状婴幼儿配方食品：氢氧化钾溶液，浓度为5～50 mmol/L；洗脱梯度为5 mmol/L 33 min, 50 mmol/L 5 min, 5 mmol/L 5 min；流速1.3 mL/min。<br>(3)抑制器。<br>(4)检测器：电导检测器，检测池温度为35 ℃；或紫外检测器，检测波长为226 nm。<br>(5)进样体积：50 μL(可根据试样中被测离子含量进行调整) | c：测定用试样溶液中的亚硝酸根离子或硝酸根离子浓度，mg/L<br>c_0：试剂空白液中亚硝酸根离子或硝酸根离子的浓度，mg/L<br>c：_____<br>c_0：_____ | 1. 正确使用离子色谱仪，掌握仪器操作及维护的方法。<br>2. 正确配制标准溶液，绘制标准曲线。<br>3. 能准确识别亚硝酸盐和硝酸盐标准色谱图。<br>4. 能根据标准曲线对样品溶液进行定量。<br>5. 计算结果正确，按照要求进行数据修约。 |
| | 标准曲线的制作：将标准系列工作液分别注入离子色谱仪中，得到各浓度标准工作液色谱图，测定相应的峰高或峰面积，以标准工作液的浓度为横坐标，以峰高或峰面积为纵坐标，绘制标准曲线(亚硝酸盐和硝酸盐标准色谱图见图3-9) | | |
| | 试样溶液测定：将空白和试样溶液注入离子色谱仪中，得到空白和试样溶液的峰高或峰面积，根据标准曲线得到待测溶液中亚硝酸根离子或硝酸根离子的浓度，记录 c、c_0 | | |

| 任务 | 具体实施 | | 要求 |
|---|---|---|---|
| | 实施步骤 | 实验记录 | |
| 试样测定 | 根据公式，计算试样中亚硝酸根离子或硝酸根离子的含量：<br><br>$$X = \frac{(c - c_0) \times V \times f \times 1\,000}{m \times 1\,000}$$<br><br>式中：<br>1 000——换算系数。<br>注：试样中测得的亚硝酸根离子含量乘以换算系数1.5，即得亚硝酸盐(按亚硝酸钠计)含量；试样中测得的硝酸根离子含量乘以换算系数1.37，即得硝酸盐(按硝酸钠计)含量 | $X$：试样中亚硝酸根离子或硝酸根离子的含量，mg/kg<br><br>$X$：_____ | 6. 计算结果保留两位有效数字。<br>7. 在重复性条件下获得的两次独立测定结果的绝对值差不得超过算术平均值的10% |
| 结束工作 | 结束后倒掉废液，清理台面，洗净用具并归位。冲洗管路及色谱柱，使离子色谱仪保持最佳运行状态 | | 1. 实验室安全操作。<br>2. 团队进行工作总结 |

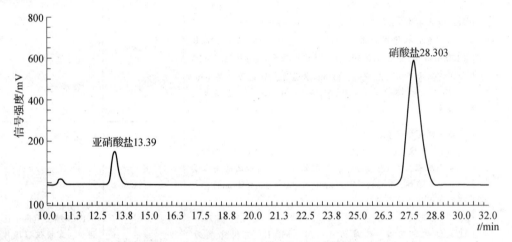

图 3-9 亚硝酸盐和硝酸盐标准色谱图

# 知识拓展 分光光度法测定食品中的亚硝酸盐与硝酸盐

## 一、检测依据

检测依据为 GB 5009.33—2016《食品安全国家标准 食品中亚硝酸盐与硝酸盐的测定》。亚硝酸盐采用盐酸萘乙二胺法测定，硝酸盐采用镉柱还原法测定。试样经沉淀蛋白质、除去脂肪后，在弱酸条件下，亚硝酸盐与对氨基苯磺酸重氮化后，再与盐酸萘乙二胺偶合形成紫红色染料，外标法测得亚硝酸盐含量。采用镉柱将硝酸盐还原成亚硝酸盐，测得亚硝酸盐总量，由测得的亚硝酸盐总量减去试样中亚硝酸盐含量，即得试样中硝酸盐含量。

## 二、任务准备

### （一）试剂

除非另有说明，本方法所用试剂均为分析纯，水为 GB/T 6682—2008 规定的一级水。

（1）氨水（$NH_3 \cdot H_2O$，25%）。

（2）锌皮或锌棒。

（3）亚铁氰化钾溶液（106 g/L）：称取 106.0 g 亚铁氰化钾，用水溶解，并稀释至 1 000 mL。

（4）乙酸锌溶液（220 g/L）：称取 220.0 g 乙酸锌，先加 30 mL 冰乙酸溶解，用水稀释至 1 000 mL。

（5）饱和硼砂溶液（50 g/L）：称取 5.0 g 硼酸钠，溶于 100 mL 热水中，冷却后备用。

（6）氨缓冲溶液（pH 值 9.6~9.7）：量取 30 mL 盐酸，加 100 mL 水，混匀后加 65 mL 氨水，再加水稀释至 1 000 mL，混匀。调节 pH 值为 9.6~9.7。

（7）氨缓冲液的稀释液：量取 50 mL pH 值 9.6~9.7 氨缓冲溶液，加水稀释至 500 mL，混匀。

（8）盐酸（0.1 mol/L）：量取 8.3 mL 盐酸，用水稀释至 1 000 mL。

（9）盐酸（2 mol/L）：量取 167 mL 盐酸，用水稀释至 1 000 mL。

（10）盐酸（20%）：量取 20 mL 盐酸，用水稀释至 100 mL。

（11）对氨基苯磺酸溶液（4 g/L）：称取 0.4 g 对氨基苯磺酸，溶于 100 mL 20% 盐酸中，混匀，置于棕色瓶中，避光保存。

（12）盐酸萘乙二胺溶液（2 g/L）：称取 0.2 g 盐酸萘乙二胺，溶于 100 mL 水中，混匀，置于棕色瓶中，避光保存。

（13）硫酸铜溶液（20 g/L）：称取 20 g 硫酸铜，加水溶解，并稀释至 1 000 mL。

（14）硫酸镉溶液（40 g/L）：称取 40 g 硫酸镉，加水溶解，并稀释至 1 000 mL。

（15）乙酸溶液（3%）：量取冰乙酸 3 mL 于 100 mL 容量瓶中，以水稀释至刻度，混匀。

（16）亚硝酸钠标准溶液（200 μg/mL，以亚硝酸钠计）：准确称取 0.100 0 g 于 110~120 ℃ 干燥恒重的亚硝酸钠，加水溶解，移入 500 mL 容量瓶中，加水稀释至刻度，混匀。

（17）硝酸钠标准溶液（200 μg/mL，以亚硝酸钠计）：准确称取 0.123 2 g 于 110~120 ℃ 干燥恒重的硝酸钠，加水溶解，移入 500 mL 容量瓶中，加水稀释至刻度。

（18）亚硝酸钠标准使用液（5.0 μg/mL）：临用前，吸取 2.50 mL 亚硝酸钠标准溶液，置于 100 mL 容瓶中，加水稀释至刻度。

（19）硝酸钠标准使用液（5.0 μg/mL）：临用前，吸取 2.50 mL 硝酸钠标准溶液，置于 100 mL 容量瓶中，加水稀释至刻度。

### （二）标准品

（1）亚硝酸钠（CAS 号：7632－00－0）：基准试剂，或采用具有标准物质证书的亚硝酸盐标准溶液。

（2）硝酸钠（CAS 号：7631－99－4）：基准试剂，或采用具有标准物质证书的硝酸盐标准溶液。

### （三）仪器

（1）分析天平：感量为 0.1 mg 和 1 mg。

（2）组织捣碎机。

（3）超声波清洗器。

（4）恒温干燥箱。

（5）分光光度计。

（6）镉柱或镀铜镉柱。

①海绵状镉的制备：镉粒直径0.3~0.8 mm。将适量的锌棒放入烧杯中，用40 g/L硫酸镉溶液浸没锌棒。在24 h之内，不断将锌棒上的海绵状镉轻轻刮下。取出残余锌棒，使镉沉底，倾去上清液。用水冲洗海绵状镉2~3次后，将镉转移至搅拌器中，加400 mL盐酸(0.1 mol/L)，搅拌数秒，以得到所需粒径的镉颗粒。将制得的海绵状镉倒回烧杯中，静置3~4 h，其间搅拌数次，以除去气泡。倾去海绵状镉中的溶液，并可按下述方法进行镉粒镀铜。

②镉粒镀铜：将制得的镉粒置于锥形瓶中(所用镉粒的量以达到要求的镉柱高度为准)，加足量的盐酸(2 mol/L)浸没镉粒，振荡5 min，静置分层，倾去上层溶液，用水多次冲洗镉粒。在镉粒中加入20 g/L硫酸铜溶液(每克镉粒约需2.5 mL)，振荡1 min，静置分层，倾去上清液后，立即用水冲洗镀铜镉粒(注意镉粒要始终用水浸没)，直至冲洗的水中不再有铜沉淀。

③镉柱的装填：如图3-10所示，用水装满镉柱玻璃柱，并装入约2 cm高的玻璃棉做垫，将玻璃棉压向柱底时，应将其中所包含的空气全部排出，轻轻敲击数下，加入海绵状镉至8~10 cm[见图3-10装置(a)]或15~20 cm[见图3-10装置(b)]，上面用1 cm高的玻璃棉覆盖。若使用装置(b)，则上置一储液漏斗，末端要穿过橡皮塞与镉柱玻璃管紧密连接。

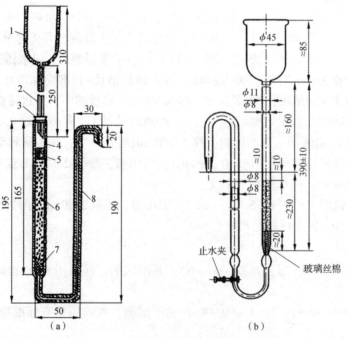

图3-10　镉柱示意图(单位：mm)

1—储液漏斗，内径35 mm，外径37 mm；2—进液毛细管，内径0.4 mm，外径6 mm；3—橡皮塞；4—镉柱玻璃管，内径12 mm，外径16 mm；5,7—玻璃棉；6—海绵状镉；8—出液毛细管，内径2 mm，外径8 mm

如无上述镉柱玻璃管时，可以用 25 mL 酸式滴定管代替，但过柱时要注意始终保持液面在镉层之上。

当镉柱填装好后，先用 25 mL 盐酸(0.1 mol/L)洗涤，再以水洗 2 次，每次 25 mL，镉柱不用时用水封盖，随时都要保持水平面在镉层之上，不得使镉层夹有气泡。

## 三、检测过程

根据表 3-15 实施检测。

表 3-15　检测过程

| 任务 | 具体实施 | | 要求 |
|------|---------|---------|------|
| | 实施步骤 | 实验记录 | |
| 试样处理 | 同工作任务 | 同工作任务 | 同工作任务 |
| 试样提取 | 干酪：称取试样 2.5 g(精确至 0.001 g)，记录 $m_0$。置于 150 mL 具塞锥形瓶中，加水 80 mL，摇匀，超声 30 min，取出放置至室温，定量转移至 100 mL 容量瓶中，加入 3% 乙酸溶液 2 mL，加水稀释至刻度，混匀，记录 $V_0$。于 4 ℃ 放置 20 min，取出放置至室温，溶液经滤纸过滤，滤液备用 | $m_0$：试样质量，g<br><br>$V_0$：试样处理液总体积，mL；<br><br>$V_2$：试样处理液总体积，mL<br><br>$m_0$：_____<br><br>$V_0$：_____<br><br>$V_2$：_____ | 1. 正确使用吸量管、容量瓶等玻璃仪器；规范使用分析天平，正确进行分析天平检查及维护。<br><br>2. 正确规范进行试样提取。<br><br>3. 提取充分，避免污染 |
| | 液体乳样品：称取试样 90 g(精确至 0.001 g)，记录 $m_0$。置于 250 mL 具塞锥形瓶中，加 12.5 mL 50 g/L 饱和硼砂溶液，加入 70 ℃ 左右的水约 60 mL，混匀，于沸水浴中加热 15 min，取出置冷水浴中冷却，并放置至室温。定量转移上述提取液至 200 mL 容量瓶中，加入 5 mL 106 g/L 亚铁氰化钾溶液，摇匀，再加入 5 mL 220 g/L 乙酸锌溶液，以沉淀蛋白质。加水至刻度，摇匀，记录 $V_0$。放置 30 min，除去上层脂肪，上清液用滤纸过滤，滤液备用 | | |
| | 乳粉：称取试样 10 g(精确至 0.001 g)，记录 $m_0$。置于 150 mL 具塞锥形瓶中，加 12.5 mL 50 g/L 饱和硼砂溶液，加入 70 ℃ 左右的水约 150 mL，混匀，于沸水浴中加热 15 min，取出置冷水浴中冷却，并放置至室温。定量转移上述提取液至 200 mL 容量瓶中，加入 5 mL 106 g/L 亚铁氰化钾溶液，摇匀，再加入 5 mL 220 g/L 乙酸锌溶液，以沉淀蛋白质。加水至刻度，摇匀，记录 $V_0$。放置 30 min，除去上层脂肪，上清液用滤纸过滤，弃去初滤液 30 mL，滤液备用 | | |
| | 其他样品：称取试样 5 g(精确至 0.001 g)匀浆试样(如制备过程中加水，应按加水量折算)，记录 $m_0$。置于 250 mL 具塞锥形瓶中，加 12.5 mL 50 g/L 饱和硼砂溶液，加入 70 ℃ 左右的水约 150 mL 混匀，于沸水浴中加热 15 min，取出置冷水浴中冷却，并放置至室温。定量转移上述提取液至 200 mL 容量瓶中，加入 5 mL 106 g/L 亚铁氰化钾溶液，摇匀，再加入 5 mL 220 g/L 乙酸锌溶液，以沉淀蛋白质。加水至刻度，摇匀，记录 $V_0$。放置 30 min，除去上层脂肪，上清液用滤纸过滤，弃去初滤液 30 mL，滤液备用 | | |

| 任务 | 具体实施 | | 要求 |
|---|---|---|---|
| | 实施步骤 | 实验记录 | |
| 亚硝酸盐的测定 | 吸取 40.0 mL 上述滤液于 50 mL 带塞比色管中，记录 $V_1$。另吸取 0.00 mL、0.20 mL、0.40 mL、0.60 mL、0.80 mL、1.00 mL、1.50 mL、2.00 mL、2.50 mL 亚硝酸钠标准使用液（相当于 0.0 μg、1.0 μg、2.0 μg、3.0 μg、4.0 μg、5.0 μg、7.5 μg、100 μg、12.5 μg 亚硝酸钠），分别置于 50 mL 带塞比色管中。于标准管与试样管中分别加入 2 mL 4 g/L 对氨基苯磺酸溶液，混匀，静置 3～5 min 后各加入 1 mL 2 g/L 盐酸萘乙二胺溶液，加水至刻度，混匀，静置 15 min，用 1 cm 比色杯，以零管调节零点，于波长 538 nm 处测吸光度，绘制标准曲线比较，记录 $m_1$。同时做试剂空白实验 | $V_1$：测定用样液体积，mL；$m_1$：测定用样液中亚硝酸钠的质量，μg $V_1$： $m_1$： | 1. 认识分光光度计的基本结构，正确使用分光光度计，并进行简单的日常维护。 2. 正确配制标准溶液，绘制标准曲线。 3. 能正确使用镉柱，对试样溶液进行还原。 4. 能根据标准曲线测定样液中亚硝酸钠的质量。 5. 计算结果正确，按照要求进行数据修约。 6. 计算结果保留两位有效数字 |
| 硝酸盐的测定 | 镉柱还原：（1）先以 25 mL 氨缓冲液的稀释液冲洗镉柱，流速控制在 3～5 mL/min（以滴定管代替的可控制在 2～3 mL/min）。（2）吸取 20 mL 滤液于 50 mL 烧杯中，记录 $V_5$。加 5 mL 的 pH 值 9.6～9.7 氨缓冲溶液，混合后注入储液漏斗，使流经镉柱还原，当储液杯中的样液流尽后，加 15 mL 水冲洗烧杯，再倒入储液杯中。冲洗水流完后再用 15 mL 水重复 1 次。当第二次冲洗水快流尽时，将储液杯装满水，以最大流速过柱。当容量瓶中的洗提液接近 100 mL 时，取出容量瓶，用水定容刻度，混匀，记录 $V_4$ | $V_4$：经镉柱还原后样液总体积，mL； $V_5$：经镉柱还原后样液的测定用体积，mL $V_4$： $V_5$： | |
| | 亚硝酸钠总量的测定：吸取 10～20 mL 还原后的样液于 50 mL 比色管中，记录 $V_3$。吸取 0.00 mL、0.20 mL、0.40 mL、0.60 mL、0.80 mL、1.00 mL、1.50 mL、2.00 mL、2.50 mL 亚硝酸钠标准使用液（相当于 0.0 μg、1.0 μg、2.0 μg、3.0 μg、4.0 μg、5.0 μg、7.5 μg、100 μg、12.5 μg 亚硝酸钠），分别置于 50 mL 带塞比色管中。于标准管与试样管中分别加入 2 mL 4 g/L 对氨基苯磺酸溶液，混匀，静置 3～5 min 后各加入 1 mL 2 g/L 盐酸萘乙二胺溶液，加水至刻度，混匀，静置 15 min，用 1 cm 比色杯，以零管调节零点，于波长 538 nm 处测吸光度，绘制标准曲线比较，记录 $m_2$。同时做试剂空白实验 | $V_3$：测总亚硝酸钠的测定用样液体积，mL； $m_2$：经镉粉还原后测得总亚硝酸钠的质量，μg $V_3$： $m_2$： | |
| | 根据公式，计算试样中亚硝酸盐含量： $$X_1 = \frac{m_1 \times 1\,000}{m_0 \times \dfrac{v_1}{v_0} \times 1\,000}$$ 式中：1 000——转换系数 | $X_1$：试样中亚硝酸钠的含量，mg/kg $X_1$： | |
| | 根据公式，计算试样中硝酸盐（以硝酸钠计）含量： $$X_2 = \left( \frac{m_2 \times 1\,000}{m_0 \times \dfrac{V_3}{V_2} \times \dfrac{V_5}{V_4} \times 1\,000} - X_1 \right) \times 1.232$$ 式中：1 000——转换系数；1.232——亚硝酸钠换算成硝酸钠的系数 | $X_2$：试样中硝酸钠的含量，mg/kg $X_2$： | |

| 任务 | 具体实施 | | 要求 |
|------|------|------|------|
| | 实施步骤 | 实验记录 | |
| 结束工作 | 结束后倒掉废液, 清理台面, 洗净用具并归位。清洗比色皿, 正确安放分光光度计 | | 1. 实验室安全操作。<br>2. 团队进行工作总结 |

## ◎ 检查与评价

学生完成本项目的学习, 通过学生自评、小组互评以检查自己对本任务学习的掌握情况。指导教师在整个教学过程中, 关注每个小组的检测过程及小组成员的动手能力, 并对小组成员动手能力进行评价, 学生对所学的各项任务进行抽签决定考核的内容。将具体的检查与评价填入表 3 – 16。

表 3 – 16　食品中亚硝酸盐与硝酸盐含量测定任务实施评价表

| 项目 | 考核标准 | 分值/分 | 学生自评 | 小组互评 | 教师评价 |
|------|----------|---------|----------|----------|----------|
| 方案设计与准备 | 认真负责、一丝不苟进行资料查阅, 确定检测依据 | 2 | | | |
| | 协同合作, 设计方案并合理分工 | 5 | | | |
| | 相互沟通, 完成方案诊改 | 3 | | | |
| | 正确清洗及检查仪器 | 5 | | | |
| | 合理领取药品 | 5 | | | |
| | 准确进行溶液的配制 | 5 | | | |
| 试样处理 | 正确取样 | 5 | | | |
| | 根据试样类型, 正确选择试样制备方法, 完成样品处理 | 5 | | | |
| 样品测定 | 根据试样类型, 正确完成试样提取 | 10 | | | |
| | 正确设置仪器参考条件 | 5 | | | |
| | 绘制标准曲线 | 10 | | | |
| | 测定试样溶液及空白试剂, 数据记录正确、完整 | 10 | | | |
| | 正确识别标准图谱 | 5 | | | |
| | 计算结果正确, 按照要求进行数据修约 | 5 | | | |
| | 规范编制检测报告 | 5 | | | |
| 结束工作 | 结束后倒掉废液, 清理台面, 洗净用具并归位 | 5 | | | |
| | 冲洗管路及色谱柱, 规范操作 | 5 | | | |
| | 合理分工, 按时完成工作任务 | 5 | | | |

1. 填空题

(1) 硝酸盐与亚硝酸盐作为防腐与保鲜剂，可_____，但也对人体带来了危害。

(2) 由于亚硝酸盐具有较强的毒性，食入_____g 的亚硝酸盐即可引起急性中毒。

(3) 食品中亚硝酸盐与硝酸盐测定的依据是_____。标准中规定了食品中亚硝酸盐和硝酸盐的测定方法。

(4) 离子色谱法测定食品中亚硝酸盐含量，绘制标准曲线时，以_____为横坐标，以_____为纵坐标。

2. 简答题

(1) 如何配制亚硝酸盐和硝酸盐混合标准使用液？

(2) 一般试样的洗脱梯度是多少？

(3) 试样中测得的硝酸根离子含量怎样换算成硝酸盐（按硝酸钠计）含量？

# 项目15 食品甜味剂的测定

**知识目标**

1. 掌握食品甜味剂的定义及在食品中的应用。

2. 了解食品甜味剂的分类。

3. 掌握食品甜味剂测定的操作标准、意义、原理、方法及注意事项。

4. 能正确理解气相色谱仪的基本原理。

5. 掌握标准系列工作溶液的配制方法。

6. 掌握试样衍生化的基本方法。

**能力目标**

1. 能够正确查阅食品甜味剂检测相关标准，并正确选用检测方法。

2. 能够整理分析资料并设计检测方案。

3. 能根据样品特性选择适宜的处理方法，对待测成分进行提取。

4. 能准确配制标准系列工作溶液，绘制工作曲线。

5. 能够识别气相色谱仪的基本结构，并对其进行日常维护。

6. 能够对实验结果进行记录、分析和处理，并编制报告。

7. 能够正确处理实验废弃物，建立环保意识，自觉遵守安全操作规程。

**素养目标**

1. 树立崇德向善、诚实守信、爱岗敬业的职业精神，培养精益求精的工匠精神。

2. 强化操作的规范性，养成严谨的科学态度。

3. 培养学生安全操作、节约环保的实验习惯。

# 任务  食品中甜蜜素的测定

## 案例导入

听歌曲《草原三杯酒》，品味酒中的深情厚谊。"草原三杯酒"是草原上迎接客人的传统习俗，三杯分别敬天、敬地、敬先祖。醇香的白酒略有甜甜的口味，但是酒中的甜味主要来源于粮食发酵产生的醇类，特别是多元醇，这些多元醇不仅产生甜味，而且都是黏稠体，可以使白酒口味软绵、醇厚。国家标准对于固态法白酒有明确规定——"未添加食用酒精及非白酒发酵产生的呈香、呈味、呈色物质"。甜蜜素仅可以添加到配制酒中，配制酒又被称为调制酒，是混合的酒品，包括酒和酒之间的勾兑配制，也包括酒与非乙醇物质进行配制。一般传统白酒不允许添加甜蜜素等人工合成非自身发酵物质。

## 问题启发

你知道关于白酒中检出甜蜜素的事件吗？甜蜜素是什么？在食品中有什么作用？在白酒中是否允许添加甜蜜素？如何进行检测？

## 食品安全检测知识

### 一、食品甜味剂

#### 1. 甜味剂及分类

甜味剂是指赋予食品以甜味，提高食品品质，满足人们对食品需求的食品添加剂。世界上使用的食品甜味剂很多，有几种不同的分类方法：按其来源可分为天然甜味剂和人工合成甜味剂；按其营养价值分为营养性甜味剂和非营养性甜味剂；按其化学结构和性质分为糖类甜味剂和非糖类甜味剂；按其甜度可分为低甜度甜味剂和高甜度甜味剂。

糖类甜味剂主要包括蔗糖、果糖、淀粉糖、糖醇，以及寡果糖、异麦芽酮糖等。蔗糖、果糖和淀粉糖通常视为食品原料，在我国不作为食品添加剂。糖醇类的甜度与蔗糖差不多，因其热值较低，或因其和葡萄糖有不同的代谢过程而有某些特殊的用途，一般被列为食品添加剂，主要品种有山梨糖醇、甘露糖醇、麦芽糖醇、木糖醇等。非糖类甜味剂包括天然甜味剂和人工合成甜味剂，一般甜度很高，用量极少，热值很小，有些又不参与代谢过程，常称为非营养性甜味剂或低热值甜味剂，是甜味剂的重要品种。

天然甜味剂的主要产品有：甜菊糖、甘草、甘草酸二钠、甘草酸三钠(钾)、竹芋甜素等。人工合成甜味剂的主要产品有：糖精、糖精钠、环己基氨基磺酸钠(甜蜜素)、天冬氨酰苯丙氨酸甲酯(甜味素或阿斯巴甜)、乙酰磺胺酸钾(安赛蜜)、三氯蔗糖等。

营养甜味剂是指某甜味剂与蔗糖甜度相同时，其热值在蔗糖热值的2%以上。非营养型甜味剂是指热值低于蔗糖热值的2%。天然非营养型甜味剂日益受到重视，是甜味剂的发展趋势。

2. 食品甜味剂的功能

（1）甜度是许多食品的指标之一，为使食品、饮料具有适口的感觉，需要加入一定量的食品甜味剂。

（2）风味的调节和增强。甜味剂可使产品获得好的风味，又可保留新鲜的味道。

（3）风味的形成。甜味和许多食品的风味是相互补充的，许多产品的味道就是由风味物质和食品甜味剂的结合而产生的，所以许多食品都加入食品甜味剂。

从市场需求和对食品甜味剂的研究来看，食品甜味剂的发展趋势主要有两个方面：一是高甜度甜味剂，具有甜度高、热量低、不易发生龋齿、安全性高等优点，并且此类甜味剂多为非糖类物质，在代谢过程中不受胰岛素控制，不会引起肥胖症和血压升高，适合糖尿病、肥胖症患者作为甜味剂替代品；二是功能性甜味剂（现阶段主要以低聚糖为主），不仅具有低热量、稳定性高、安全无毒等特性，还有促进益生菌繁殖、抑制有害菌生长的独特功能。

## 二、食品中甜蜜素测定的意义

甜蜜素，化学名称为环己烷氨基磺酸钠，是一种常用的甜味剂。属于非营养型转化成甜味剂，甜度是蔗糖的 30～40 倍，而价格仅为蔗糖的 1/3，而且它不像人工合成甜味剂那样加入量稍多时有涩味，因而作为全球实用性的食品添加剂能用于健康饮品、果汁、冰激凌、小点心及果干中，还可以用于酱产品、护肤产品、糖浆、糖衣、洁牙粉、漱口水、唇膏等。糖尿病患者、肥胖症患者可用其取代糖。消费者如果经常食用甜蜜素含量超标的饮料或其他食品，就会因摄入过量对人体的肝脏和神经系统造成危害，特别是谢排毒能力较弱的老人、孕妇、小孩更明显。若经常性过多服食，可对人体肝脏和神经中枢系统导致严重影响。GB 2760—2024《食品安全国家标准 食品添加剂使用标准》中对甜蜜素的添加量有严格的限量要求，为了避免食品生产中出现甜蜜素的超范围或超量使用，保障人民身体健康，甜蜜素的检测具有十分重要的现实意义。

## 三、食品中甜蜜素测定的方法

GB 5009.97—2023《食品安全国家标准 食品中环己基氨基磺酸盐的测定》中规定了食品中环己基氨基磺酸盐的测定方法。标准中气相色谱法适用于食品（蒸馏酒、发酵酒、配制酒、料酒及其他含乙醇的食品除外）中环己基氨基磺酸盐的测定。液相色谱法适用于食品中环己基氨基磺酸盐的测定。液相色谱 - 质谱/质谱法适用于食品中环己基氨基磺酸盐的测定。

## 四、食品中甜蜜素测定的注意事项

（1）气相色谱法测定甜蜜素时，试样处理中先将离心管放在冰浴中，再加入试样和溶液，且要时常摇动。

（2）衍生化时先加亚硝酸钠溶液，在加完亚硝酸钠之后需要先摇匀，再加入硫酸溶液。

（3）温度对环己基氨基磺酸钠的反应影响很大，一定要在冰浴中处理标准液和样品，而且处理完后的溶液也要放在冰浴中。

（4）气相色谱法测定甜蜜素时，用两个峰面积之和进行定量。

（5）气相色谱法测定甜蜜素时，取样量 2 g，本方法检出限为 0.01 g/kg，定量限为 0.03 g/kg。

# 工作任务　气相色谱法测定食品中的甜蜜素

## 一、检测依据

检测依据为 GB 5009.97—2023《食品安全国家标准　食品中环己基氨基磺酸盐的测定》。食品中的环己基氨基磺酸盐经水提取，在硫酸介质中与亚硝酸钠反应，生成环己醇亚硝酸酯和环己醇，用正庚烷萃取后，用气相色谱－氢火焰离子化检测器测定，外标法定量。

## 二、任务准备

### （一）试剂

除非另有说明，本方法所用试剂均为分析纯，水为 GB/T 6682 规定的一级水。

（1）亚硝酸钠溶液(50 g/L)：称取 50 g 亚硝酸钠，溶于水并稀释至 1 000 mL，混匀。

（2）硫酸溶液(200 g/L)：量取 108 mL 硫酸小心缓缓加入 800 mL 水中，不断搅拌避免局部过热，冷却后加水稀释至 1 000 mL，混匀。

（3）环己基氨基磺酸标准储备液(6 mg/mL)：准确称取适量环己基氨基磺酸钠标准品(精确至 0.1 mg)于 100 mL 容量瓶中，用水溶解并定容至刻度，混匀(环己基氨基磺酸钠折算为环己基氨基磺酸的换算系数为 0.890 7)。将溶液转移至棕色玻璃容器中，4 ℃下避光保存，有效期 12 个月。

（4）环己基氨基磺酸标准中间液(1 200 μg/mL)：准确吸取环己基氨基磺酸标准储备液 10 mL 于 50 mL 容量瓶中，用水定容至刻度，混匀。将溶液转移至棕色玻璃容器中，4 ℃下避光保存，有效期 6 个月。

### （二）标准品

环己基氨基磺酸钠标准品：纯度大于或等于99%。

### （三）仪器与设备

（1）气相色谱仪：配有氢火焰离子化检测器(FID)。

（2）涡旋振荡器。

（3）高速离心机。

（4）超声波发生器。

（5）粉碎机。

（6）研磨机。

（7）匀浆机。

（8）恒温水浴装置。

（9）分析天平：感量 1 mg、0.1 mg。

## 三、检测程序

气相色谱法测定食品中环己基氨基磺酸盐的检测程序见图 3 – 11。

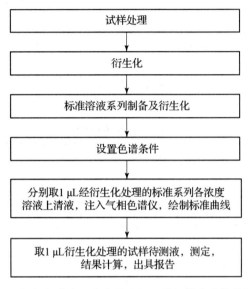

图 3 – 11　气相色谱法测定食品中环己基氨基磺酸盐的检测程序

## 四、任务实施

### 1. 方案制定及准备

通过相关知识学习，解读国标，小组完成检测方案的设计（表 3 – 17），并依据方案完成任务准备。

表 3 – 17　检测方案设计

| 组长 | | 组员 | |
|---|---|---|---|
| 学习项目 | | 学习时间 | |
| 依据标准 | | | |
| 准备内容 | 仪器和设备<br>（规格、数量） | | |
| | 试剂和耗材<br>（规格、浓度、数量） | | |
| | 样品 | | |

| 任务分工 | 姓名 | 具体工作 |
|---|---|---|
| | | |
| | | |
| | | |
| | | |
| 具体步骤 | | |

## 2. 检测过程

根据表 3 -18 实施检测。

表 3 -18  检测过程

| 任务 | 具体实施 | | 要求 |
|---|---|---|---|
| | 实施步骤 | 实验记录 | |
| 试样处理 | 试样制备及提取：<br>(1)液体样品摇匀(含二氧化碳的试样,超声除去气泡后摇匀),称取 2 g 试样(精确至 0.001 g)于离心管中,记录 m。加入 20 mL 水,涡旋 5 min,超声提取 10 min,混匀后放置至温备用。<br>(2)巧克力、奶油、奶酪、乳粉、调味面制品、油腐乳、油豆豉、肉及肉制品、水产品罐头等含较高油脂样品：取适量试样, -18 ℃冷冻后,粉碎机粉碎并搅拌均匀。称取 2 g 试样(精确至 0.001 g)于离心管中,加入 20 mL 石油醚,涡旋 5 min,超声 10 min, 5 000/min 离心 3 min,弃去石油醚层,再加入 20 mL 石油醚提取 1 次,弃去石油醚层, 60 ℃ ±2 ℃水浴挥去残留石油醚,加入 20 mL 水(巧克力、奶油、奶酪、乳粉等试样需在水浴锅中 60 ℃ ±2 ℃加热 20 min),涡旋 5 min,超声提取 30 min,混匀后放至室温备用。<br>(3)果冻、糖果、米粉、淀粉制品等样品：取适量试样,用研磨机或粉碎机粉碎并搅拌均匀。称取 2 g 试样(精确至 0.001 g)于离心管中,加入 20 mL 水(米粉、淀粉制品等试样需再加入 0.2 g 淀粉酶),混合均匀后, 60 ℃ ±2 ℃水浴加热 20 min,涡旋 5 min,超声提取 10 min,混匀后放至室温备用。<br>(4)其他固体、半固体样品：称取 2 g 试样(精确至 0.001 g)于离心管中,加入 20 mL 水,涡旋 5 min,超声提取 30 min,混匀后放至室温备用 | $m$:试样质量, g;<br>$V$:加入正庚烷体积, mL | 1. 桌面整齐,着工作服,仪表整洁。<br>2. 试样处理时要混合均匀。<br>3. 准确判断试样类型,处理方法得当。<br>4. 正确使用吸量管、容量瓶等玻璃仪器;规范使用电子天平,正确进行天平检查及维护。 |

| 任务 | 具体实施 | | 要求 |
|---|---|---|---|
| | 实施步骤 | 实验记录 | |
| 试样处理 | 衍生化：将装有试样提取液的离心管置于冰浴10 min后，依次加入10 mL正庚烷、5 mL亚硝酸钠溶液（50 g/L）、5 mL硫酸溶液（200 g/L），混匀，于冰浴中放置30 min，其间振摇3～5次，取出后涡旋3 min，于4 ℃条件下9 000 r/min离心3 min（如出现乳化现象，可缓慢滴加无水乙醇，同时轻摇离心管，直至破乳，于4 ℃条件下9 000 r/min离心3 min），取上清液过有机相微孔滤膜，供上机测定 | $m$：_____<br>$V$：_____ | 5. 正确规范进行试样衍生化。<br>6. 提取充分，避免污染 |
| 标准系列工作液的制备及衍生化 | 分别准确移取0.05 mL、0.10 mL、0.25 mL、0.50 mL、1.00 mL、2.5 mL、5.0 mL环己基氨基磺酸标准中间液（1 200 μg/mL）于离心管中，用水稀释至20 mL，同样品测定步骤衍生化。此时正庚烷中待测物的浓度分别相当于6 μg/mL、12 μg/mL、30 μg/mL、60 μg/mL、120 μg/mL、300 μg/mL、600 μg/mL，临用现配 | 记录标准工作液浓度，制作标签 | 1. 准确移取环己基氨基磺酸标准溶液，制备标准系列工作液。<br>2. 明确配制好的标准工作液的浓度，制作标签 |
| 试样测定 | 设置色谱条件：<br>（1）色谱柱：内涂50%苯基－50%甲基聚硅氧烷的中等极性毛细管柱，30 m×0.32 mm×0.25 μm或同等性能的色谱柱。<br>（2）柱温升温程序：初温50 ℃保持3 min，10 ℃/min升温至70 ℃保持0.5 min，30 ℃/min升温至220 ℃保持3 min。<br>（3）进样口温度：230 ℃。<br>（4）进样量：1 μL。<br>（5）进样方式：分流进样，分流比为1∶5。<br>（6）检测器：氢火焰离子化检测器（FID），温度为260 ℃。<br>（7）载气：高纯氮气，流速为2.0 mL/min。<br>（8）氢气：32 mL/min；空气300 mL/min<br><br>色谱分析：分别吸取1 μL经衍生化处理的标准系列各浓度溶液上清液，注入气相色谱仪中，可测得不同浓度被测物的响应峰面积，以浓度为横坐标，以环己醇亚硝酸酯和环己醇两峰面积之和为纵坐标，绘制标准曲线，环己基氨基磺酸标准溶液（600 μg/mL）衍生物气相色谱图见图3－12。<br>在完全相同的条件下进样1 μL经衍生化处理的试样待测液上清液，保留时间定性，测得峰面积，根据标准曲线得到样液中的组分浓度，记录$c$。试样上清液响应值若超出线性范围，应用正庚烷稀释后再进样分析。同时做空白实验 | $\rho$：由标准曲线计算出待测溶液中环己基氨基磺酸的质量浓度，μg/mL<br>$\rho$：_____ | 1. 准确设置色谱条件。<br>2. 准确吸取1 μL经衍生化处理的标准系列各浓度溶液上清液，测定，绘制标准曲线。<br>3. 能准确识别环己基氨基磺酸标准色谱图。<br>4. 能根据标准曲线对样品溶液进行定量。<br>5. 计算结果正确，按照要求进行数据修约。<br>6. 计算结果保留三位有效数字。<br>7. 精密度：在重复性条件下获得的两次独立测定结果的绝对差值不得超过算术平均值的10% |
| | 根据公式，计算试样中环己基氨基磺酸的含量：<br>$$X = \frac{\rho \times V \times 1\,000}{m \times 1\,000 \times 1\,000} \times f$$ | $X$：试样中环己基氨基磺酸的含量，g/kg<br>$X$：_____ | |
| 结束工作 | 结束后倒掉废液，清理台面，洗净用具并归位。检查气相色谱仪各项参数，使其保持最佳运行状态 | | 1. 实验室安全操作。<br>2. 团队进行工作总结 |

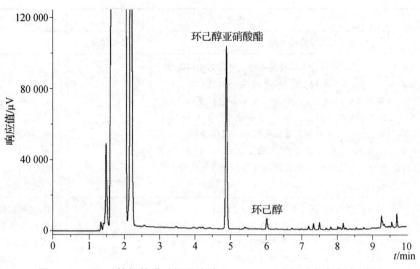

图3-12 环己基氨基磺酸标准溶液(600 μg/mL)衍生物气相色谱图

### 检查与评价

学生完成本项目的学习，通过自评、小组互评以检查自己对本任务学习的掌握情况。指导教师在整个教学过程中，关注每个小组的检测过程及小组成员的动手能力，并对小组成员动手能力进行评价，学生对所学的各项任务进行抽签决定考核的内容。将具体的检查与评价填入表3-19。

表3-19 食品中环己基氨基磺酸钠含量测定任务实施评价表

| 项目 | 考核内容 | 分值/分 | 学生自评 | 小组互评 | 教师评价 |
|---|---|---|---|---|---|
| 方案设计与准备 | 认真负责、一丝不苟进行资料查阅，确定检测依据 | 2 | | | |
| | 协同合作，设计方案并合理分工 | 5 | | | |
| | 相互沟通，完成方案诊改 | 3 | | | |
| | 正确清洗及检查仪器 | 5 | | | |
| | 合理领取药品 | 5 | | | |
| | 准确进行溶液的配制 | 5 | | | |
| | 正确取样 | 5 | | | |
| 试样处理 | 根据试样类型，正确选择试样制备方法，完成样品处理 | 5 | | | |
| | 规范操作进行样品衍生化 | 5 | | | |
| 试样测定 | 正确配制标准系列工作溶液 | 5 | | | |
| | 设置仪器参考条件 | 5 | | | |
| | 准确绘制标准曲线 | 10 | | | |
| | 规范进行试样溶液测定 | 10 | | | |

| 项目 | 考核内容 | 分值/分 | 学生自评 | 小组互评 | 教师评价 |
|------|---------|--------|---------|---------|---------|
| 试样测定 | 正确识别图谱，数据记录正确、完整 | 5 | | | |
| | 正确计算结果，按照要求进行数据修约 | 5 | | | |
| | 规范编制检测报告 | 5 | | | |
| 结束工作 | 结束后倒掉废液、清理台面、洗净用具并归位 | 5 | | | |
| | 仪器归位，规范操作 | 5 | | | |
| | 合理分工，按时完成工作任务 | 5 | | | |

## ◎ 学习思考

1. 填空题

（1）气相色谱仪法测定甜蜜素时，需要使用附_____检测器的气相色谱仪。

（2）气相色谱仪法测定甜蜜素时的测定条件为，汽化温度_____℃；检测温度_____℃；流速：氮气_____mL/min；氢气_____mL/min；空气_____mL/min。

（3）气相色谱法测定甜蜜素时，使用的正庚烷需使用_____级别。

（4）GB 5009.97—2023 气相色谱法测定甜蜜素，结果保留_____位。有效数字。

（5）气相色谱法测定甜蜜素时，进样方式为_____，分流比为_____。

2. 简答题

（1）什么是甜蜜素？

（2）食品中甜蜜素测定的依据是什么？

（3）气相色谱法适用什么样品中甜蜜素的测定？

# 项目 16　食品膨松剂的测定

知识目标

1. 掌握食品膨松剂的定义及分类。
2. 了解食品膨松剂的作用机理。
3. 掌握食品中膨松剂测定的操作标准、意义、原理、方法及注意事项。
4. 能正确查阅 GB 2760—2024 中关于食品中膨松剂的使用范围及最大使用量和残留量。

能力目标

1. 能够正确查阅食品膨松剂检测相关标准，并正确选用检测方法。
2. 能够整理分析资料并设计检测方案。
3. 能根据样品特性选择适宜的处理方法。
4. 能准确配制标准系列工作溶液，绘制工作曲线。
5. 能够识别分光光度计的基本结构，并对其进行简单的日常维护。
6. 能够对实验结果进行记录、分析和处理，并编制报告。
7. 能够正确处理实验废弃物，建立环保意识，自觉遵守安全操作规程。

素养目标

1. 强调操作的规范性，养成科学严谨的态度。
2. 培养团队协作意识，提升集体荣誉感。
3. 培养学生安全操作、节约环保的实验习惯。

## 任务　食品中铝的测定

◎ 案例导入

　　专家指出，面粉及面制品是我国膳食铝的主要来源。天然食物的铝一般含量很低，人体食物中所摄入的铝，主要来自含铝食品添加剂，也就是钾明矾(硫酸铝钾)和铵明矾(硫酸铝铵)。明矾可改善食物的口感。按传统工艺，炸油条、炸油饼、炸虾片之类的油炸食品都要加入明矾，这样可以产生二氧化碳，让面食在受热后膨大。有研究发现，油条要想达到最佳的膨大效果，添加明矾的量会远远超过安全量。除了油条、油饼之外，很多商家在制作蛋糕、馒头、包子、发糕、玉米饼和许多松软多孔的糕点小吃类食品时，也会用泡打粉，泡打粉的主要成分就是碳酸氢钠和明矾。

## ◎ 问题启发

常吃油条会出现老年痴呆症吗？硫酸铝钾在油条中起什么作用？在油条中是否允许添加硫酸铝钾？国标中对硫酸铝钾的添加量有要求吗？其检测方法是什么？

## ◎ 食品安全检测知识

### 一、食品膨松剂

#### （一）食品膨松剂的概念

食品膨松剂又称食品膨发剂、食品疏松剂，是在面包、饼干、糕点的焙烤过程中使面坯起发的食品添加剂。通常在和面时加入，受热分解后产生气体，形成均匀、致密的多性组织，使制品具有松软或疏脆的特点。

#### （二）食品膨松剂的分类

膨松剂可分为生物膨松剂（酵母）和化学膨松剂两大类。生物膨松剂主要是指鲜酵母、活性干酵母、活性即发干酵母等。化学膨松剂分为单一成分膨松剂和复合膨松剂两类。

##### 1. 单一成分膨松剂

常用单一成分膨松剂（碱性）为碳酸氢钠和碳酸氢铵。碳酸氢钠，俗称"小苏打"、重碱、酸式碳酸钠，形状为白色小晶体，无臭、味碱、易溶于水，在水中的溶解度小于碳酸钠。在潮湿空气或热空气中，碳酸氢钠缓慢分解，生成二氧化碳和水。温度加热到270 ℃时，碳酸氢钠完全分解，失去全部二氧化碳，遇酸强烈分解产生二氧化碳。由于钠离子为人体正常需要，一般认为无毒，ADI 不作特殊规定。碳酸氢铵，又称食臭粉、酸式碳酸铵，为白色粉末状结晶，有氨臭，对热不稳定。在食品加工过程中，在食品中残留量不多，因氨气相对密度较小，因而比碳酸氢钠作用大，上冲力较大，故多与碳酸氢钠合用，互补缺陷。ADI 不作特殊规定，因自身的局限性对热不稳定，生成的二氧化碳和氨气皆易挥发，易使制品内部及表面呈大空洞。

##### 2. 复合膨松剂

复合膨松剂俗称发酵粉、泡打粉、发泡粉。复合膨松剂一般由三部分组成：碱性剂、酸性剂和填充剂。碱性剂（碳酸盐）也称膨松盐，主要是碳酸盐和碳酸氢盐，常用的是碳酸氢钠，用量大 20% ~ 40%，其作用是产生二氧化碳气体。酸性剂（酸性盐或有机酸），也称膨松酸，主要是硫酸铝钾、酒石酸氢钾等，常用的是硫酸铝钾（明矾），用量 35% ~ 50%，其作用是与碳酸盐发生反应产生二氧化碳气体，能降低制品的碱性，调整食品酸碱度，去除异味，并控制反应速度，充分提高膨松剂的效能。

（1）钾明矾，又称十二水硫酸铝钾、明矾，作为酸性盐，它可中和碱性膨松剂，产生二氧化碳和中性盐，并且能控制产气的速度，降低膨松剂残留物的碱性。钾明矾为无色透明坚硬的大块结晶或结晶性粉末，无臭，可溶于水；过量使用可致呕吐、腹泻。钾明矾加热至200 ℃可失去结晶水而成为白色粉末的烧明矾。

（2）铵明矾，又称硫酸铝铵、铵矾、铝铵矾，常用作发酵粉加工、粉条加工等。

（3）磷酸盐，是具有多功能性、使用广泛的食品添加剂，在食品加工中广泛用于各种肉、禽、蛋、水产品、乳制品、谷物产品、饮料、果蔬、油脂以及改性淀粉，添加后对制品品质有明显的改善作用。磷酸盐在食品加工工艺中并不直接产生气体，在焙烤食品中作为复合膨松剂中的酸式盐，与碳酸盐等作用产生气体，制成中速发酵粉，能改善面团的流变特性，具有产气均匀、膨松度好、产品中气孔大小均一等优点。磷酸盐还有络合、缓冲、乳化、与蛋白质作用，可调节 pH 值(使酵母保持最高活性)及补充营养素等。

（4）酒石酸氢钾，为白色结晶性粉末，无臭，有清凉的酸味，难溶于水和乙醇，溶于热水，在食品行业用作啤酒发泡剂。

3. 填充剂

填充剂主要有淀粉、食盐等，用量为10%～40%，其作用是控制和调节二氧化碳气体产生的速度，使气泡产生均匀，延长膨松剂的保存性，防止吸潮、失效，还能改善面团的工艺性能，增强面筋的强韧性和延伸性，亦能防止面团因失水而干燥。

复合膨松剂可根据碱式盐的组成和反应速度分类。复合膨松剂依碱性原料可分为三类。

（1）单一剂式复合膨松剂，即以碳酸氢钠与酸性盐作用而产生二氧化碳气体。

（2）二剂式复合膨松剂，以碳酸氢钠与其他会产生二氧化碳气体的膨松剂原料和酸性盐一起作用而产生二氧化碳气体。

（3）氨系复合膨松剂，除能产生二氧化碳气体外，还会产生氨气。

## 二、食品中铝测定的意义

目前，我国生产并用于面粉加工的主要是由食用碱(碳酸盐)、明矾(硫酸铝钾)、淀粉和食盐等配制而成的复合膨松剂，也是目前实际应用最多的膨松剂。明矾中含有铝，在生产中若控制不严格可导致铝超标，引发老年痴呆症，造成脑、心、肝、肾和免疫功能的损害。GB 2760—2024《食品安全国家标准　食品添加剂使用标准》规定，以面粉为原料，经蒸、炸、烘烤加工制成的面制食品中，铝的残留量应小于或等于 100 mg/kg。目前，食品安全成为全社会关注的焦点，食品中铝含量超标早已成为国家、学者关注的话题，许多学者开始研发高效、安全、方便的无铝膨松剂，从而规避铝盐对人体健康的危害。

## 三、食品中铝测定的方法

GB 5009.182—2017《食品安全国家标准　食品中铝的测定》规定了食品中铝含量测定的方法。分光光度法适用于检测使用含铝食品添加剂的食品中的铝。分光光度法、电感耦合等离子体质谱法、电感耦合等离子体发射光谱法和石墨炉原子吸收光谱法适用于检测食品中的铝。

## 三、食品中铝测定的注意事项

（1）分光光度法测定铝含量时，所用的玻璃器皿要用硝酸(1＋5)浸泡24 h以上，然后用自来水冲洗，并用纯水冲后晾干备用，保证洁净、无铝污染。

（2）在采样和试样制备过程中，应注意不污染试样，避免使用含铝器具。

（3）分光光度法测定食品中的铝，当称样量为1 g（或1 mL），定容体积为50 mL时，检出限为8 mg/kg（或8 mg/L），定量限为25 mg/kg（或25 mg/L）。

# 工作任务　分光光度法测定食品中的铝

## 一、检测依据

检测依据为 GB 5009.182—2017《食品安全国家标准　食品中铝的测定》。样品经处理后，在乙二胺－盐酸缓冲液中（pH 值 6.7~7.0），聚乙二醇辛基苯醚（TritonX－100）和溴代十六烷基吡啶（CPB）的存在下，三价铝离子与铬天青S反应生成蓝绿色的四元胶束，于620 nm波长处测定吸光度值并与标准系列比较定量。

食品中铝的测定

## 二、任务准备

### （一）试剂

除非另有说明，本方法所用试剂均为分析纯，实验用水为 GB/T 6682 规定的三级水。

（1）盐酸（1＋1）：量取50 mL盐酸（优级纯）与50 mL水混合均匀。

（2）硫酸溶液（1%）：吸取1 mL硫酸（优级纯）缓缓加入80 mL水中，放冷后用水稀释至100 mL，混匀。

（3）对硝基苯酚乙醇溶液（1 g/L）：称取0.1 g对硝基苯酚，溶于100 mL无水乙醇中，混匀。

（4）硝酸（5%）：量取5 mL硝酸（优级纯），加水定容至100 mL，混匀。

（5）硝酸（2.5%）：量取2.5 mL硝酸（优级纯），加水定容至100 mL，混匀。

（6）氨水溶液（1＋1）：量取10 mL氨水（优级纯），加入10 mL水中，均匀。

（7）硝酸溶液（2＋98）：量取2 mL硝酸（优级纯）与98 mL水混合均匀。

（8）乙醇溶液（1＋1）：量取50 mL无水乙醇（优级纯）溶于50 mL水中，均匀。

（9）铬天青S溶液（1 g/L）：称取0.1 g铬天青S，溶于100 mL乙醇溶液（1＋1）中，混匀。

（10）Triton X－100 溶液（3%）：吸取3 mL Triton X－100 置于100 mL容量瓶中，加水定容至刻度，混匀。

（11）CPB溶液（3 g/L）：称取0.3 g CPB溶于15 mL无水乙醇中，加水稀释至100 mL，混匀。

（12）乙二胺溶液（1＋2）：量取10 mL乙二胺缓慢加入20 mL水中，混匀。

（13）乙二胺－盐酸缓冲溶液（pH 值 6.7~7.0）：量取100 mL乙二胺沿玻棒缓慢加入200 mL水中，待冷却后再沿玻棒缓慢加入190 mL盐酸，混匀，若pH值大于7.0或pH值小于6.7时可分别用盐酸(1+1)或乙二胺溶液(1+2)调节pH值。

(14)抗坏血酸溶液(10 g/L)：称取1 g抗坏血酸,用水溶解并定容至100 mL混匀。临用时现配。

(15)铝标准中间液(100 mg/L)：准确吸取1.00 mL铝标准溶液于10 mL容量瓶中,加硝酸溶液(5%)定容至刻度线,混匀。

(16)铝标准使用液：准确吸取1.00 mL铝标准中间液,置于100 mL容量瓶中,用硝酸溶液(5%)稀释至刻度,混匀。

(二)标准品

铝标准溶液：1 000 mg/L。或经国家认证授予标准物质证书的一定浓度的铝标准溶液。

(三)仪器

所有玻璃仪器均需要以硝酸(1+5)浸泡24 h以上,用自来水反复冲洗,最后用水冲洗晾干后方可使用。

(1)分光光度计。

(2)分析天平：感量1 mg。

(3)可调式控温电热炉或电热板。

(4)酸度计(±0.1pH)。

(5)恒温干燥箱。

## 三、检测程序

分光光度法测定食品中铝的检测程序见图3-13。

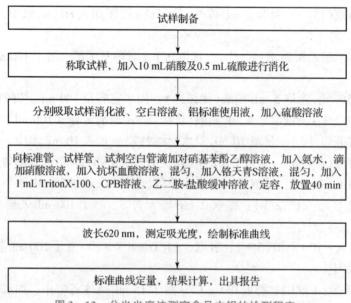

图3-13 分光光度法测定食品中铝的检测程序

## 四、任务实施

### 1. 方案制定及准备

通过相关知识学习，解读国标，小组完成检测方案的设计（表3-20），并依据方案完成任务准备。

表3-20  检测方案设计

| 组长 | | 组员 | |
|---|---|---|---|
| 学习项目 | | 学习时间 | |
| 依据标准 | | | |
| 准备内容 | 仪器和设备<br>（规格、数量） | | |
| | 试剂和耗材<br>（规格、浓度、数量） | | |
| | 样品 | | |
| 任务分工 | 姓名 | 具体工作 | |
| | | | |
| | | | |
| | | | |
| 具体步骤 | | | |

### 2. 检测过程

根据表3-21实施检测。

表3-21  检测过程

| 任务 | 具体实施 | | 要求 |
|---|---|---|---|
| | 实施步骤 | 实验记录 | |
| 试样制备 | 面制品、豆制品、虾味片、烘焙食品等样品粉碎均匀后，取约30 g置85℃恒温干燥箱中干燥4 h | 样品的名称、采集时间、数量、采样人员等采样信息 | 1. 桌面整齐，着工作服，仪表整洁。<br>2. 样品混合均匀，处理方法得当。<br>3. 在采样和试样制备过程中，应注意不使样品污染，应避免使用含铝器具 |

| 任务 | 具体实施 | | 要求 |
|------|---------|--|------|
| | 实施步骤 | 实验记录 | |
| 试样消解 | 称取试样0.2~3 g(精确至0.001 g)或准确移取液体试样0.500~5.00 mL，记录m。置于硬质玻璃消化管或锥形瓶中，加入10 mL硝酸，0.5 mL硫酸，在可调式控温电炉子或电热板上加热，推荐条件为100 ℃加热1 h，升温至150 ℃加热1 h，再升温至180 ℃加热2 h，然后升温至200 ℃，若变棕黑色，再补加硝酸消化，直至管口冒白烟，消化液呈无色透明或略带黄色。取出冷却，用水转移定容至50 mL容量瓶中，混匀备用，记录V₁。同时做试剂空白实验 | m：试样称样量或移取体积，g或mL；<br>V₁：试样消化液总体积，mL<br><br>m：_____<br>V₁：_____ | 1. 正确使用吸量管、容量瓶等玻璃仪器；规范使用电子天平，正确进行天平检查及维护。<br>2. 正确进行样品消解，确保消解充分。 |
| 显色反应及比色测定 | 分别吸取1.00 mL试样消化液、空白溶液分别置于25 mL具塞比色管中，加水至10 mL刻度，记录V₂。另取25 mL具塞比色管7支，分别加入铝标准使用液0 mL、0.500 mL、1.00 mL、2.00 mL、3.00 mL、4.00 mL、5.00 mL(该系列标准溶液中铝的质量分别为0 μg、0.500 μg、1.00 μg、2.00 μg、3.00 μg、4.00 μg、5.00 μg)，得到m₁、m₀。依次向各管中加入硫酸溶液(1%)1 mL，加水至10 mL刻度 | m₁：测定用试样液消化液中铝的质量，μg；<br>m₀：空白溶液中铝的质量，μg；<br>V₂：测定用试样消化液体积，mL<br><br>m₁：_____<br>m₀：_____<br>V₂：_____ | 1. 正确使用分光光度计，掌握仪器操作及维护的方法。<br>2. 正确配制标准溶液，绘制标准曲线。<br>3. 能根据标准曲线对样品溶液进行定量。<br>4. 计算结果正确，按照要求进行数据修约。<br>5. 计算结果保留三位有效数字。<br>6. 精密度：在重复性条件下获得的两次独立测定结果的绝对差值不得超过算术平均值的10% |
| | 向标准管、试样管、试剂空白管中滴加1滴对硝基苯酚乙醇溶液，混匀，滴加氨水(1+1)至浅黄色，滴加硝酸溶液(2.5%)至黄色刚刚消失，再多加1 mL。加入1 mL抗坏血酸溶液(10 g/L)，混匀后，加入3 mL铬天青S溶液(1 g/L)，混匀后，加入1 mL Triton X-100(3%)、3 mL CPB溶液(3 g/L)、3 mL乙二胺-盐酸溶液，加水定容至25.0 mL混匀，放置40 min | | |
| | 于620 nm波长处，用1 cm比色皿以空白溶液为参比测定吸光度值。以标准系列溶液中铝的质量为横坐标，以相应的吸光度值为纵坐标，绘制标准曲线。根据试样消化液吸光度值与标准曲线比较定量 | | |
| | 根据公式，计算试样中铝的含量：<br><br>$$X = \frac{(m_1 - m_0) \times V_1}{m \times V_2}$$ | X：试样中铝的含量，mg/kg或mg/L<br><br>X：_____ | |
| 结束工作 | 结束后倒掉废液，清理台面，洗净用具并归位 | 清洗比色皿，仪器归位 | 1. 实验室安全操作。<br>2. 团队进行工作总结 |

## 🎯 检查与评价

学生完成本项目的学习，通过学生自评、小组互评以检查自己对本任务学习的掌握情况。指导教师在整个教学过程中，关注每个小组的检测过程及小组成员的动手能力，并对小组成员动手能力进行评价，学生对所学的各项任务进行抽签决定考核的内容。将具体的检查与评价填入表 3-22。

**表 3-22  食品中铝含量测定任务实施评价表**

| 项目 | 考核内容 | 分值/分 | 学生自评 | 小组互评 | 教师评价 |
|---|---|---|---|---|---|
| 方案设计与准备 | 认真负责、一丝不苟进行资料查阅，确定检测依据 | 2 | | | |
| | 协同合作，设计方案并合理分工 | 5 | | | |
| | 相互沟通，完成方案诊改 | 3 | | | |
| | 正确清洗及检查仪器 | 5 | | | |
| | 合理领取药品 | 5 | | | |
| | 准确进行溶液的配制 | 5 | | | |
| | 正确取样 | 5 | | | |
| 试样制备与消解 | 正确选择试样消解条件，规范完成试样消解 | 5 | | | |
| | 规范操作进行消解液定容 | 5 | | | |
| 试样测定 | 正确配制标准系列工作溶液 | 5 | | | |
| | 正确选择波长，规范使用分光光度计 | 10 | | | |
| | 准确绘制标准曲线 | 10 | | | |
| | 规范进行试样溶液测定 | 5 | | | |
| | 正确识别图谱，数据记录正确、完整 | 5 | | | |
| | 正确计算结果，按照要求进行数据修约 | 5 | | | |
| | 规范编制检测报告 | 5 | | | |
| 结束工作 | 结束后倒掉废液、清理台面、洗净用具并归位 | 5 | | | |
| | 清洗比色皿，规范操作 | 5 | | | |
| | 合理分工，按时完成工作任务 | 5 | | | |

## 🎯 学习思考

1. 填空题

（1）铝的含量单位为＿＿＿＿＿＿。

（2）GB 5009.182—2017 分光光度法测定食品中铅的含量时，使用的硝酸为＿＿＿＿＿＿级别。

（3）样品处理中，加入大量强酸的目的是＿＿＿＿＿＿。

（4）铝标准溶液经显色处理后，呈_____色。

（5）用_____ cm 比色杯，于分光光度计上，于_____ nm 波长处测其吸光度。

2. 简答题

（1）什么是硫酸铝钾？

（2）GB 2760—2024《食品安全国家标准　食品添加剂使用标准》如何规定铝的残留量？

（3）食品中铝的测定依据是什么？

# 食品有毒有害物质检测操作及规范

# 项目 17　食品中农药残留量的检测

**知识目标**

1. 熟悉有机氯农药的定义、种类及测定意义。
2. 正确解读和使用 GB 2763—2021《食品安全国家标准　食品中农药最大残留限量》。
3. 掌握食品中农药残留量的测定的操作标准、意义、原理、方法及注意事项。
4. 能正确理解气相色谱仪的基本原理及标准曲线相关系数，明晰影响曲线相关系数的主要因素。
5. 掌握有机磷、有机氯、菊酯类农药混合标准系列工作溶液的配制方法。

**能力目标**

1. 能够正确查阅食品中农药残留量检测相关标准，并正确选用检测方法。
2. 能够整理分析资料并设计检测方案。
3. 能够根据样品特性选择适宜的处理方法。
4. 能够准确配制混合标准溶液，绘制工作曲线。
5. 能够识别气相色谱仪的基本结构，并对其进行日常维护。
6. 能够对实验结果进行记录、分析和处理，并编制报告。
7. 能够正确处理实验废弃物，建立环保意识，自觉遵守安全操作规程。

**素养目标**

1. 强化操作的规范性，养成严谨的科学态度。
2. 培养学生安全操作、节约环保的实验习惯。

# 任务　食品中有机氯农药多组分残留量的测定

## 案例导入

　　有机氯农药属于高残留有毒农药，其中六六六、DDT 等我国早已禁用，即使在全球大部分国家停止生产和使用这类农药数十年之后，也仍能从南极企鹅的体内发现 DDT 的身影，足见其强大的积蓄能力和稳定性。果蔬及粮、谷、薯、茶、烟草都可残留有机氯，禽、鱼、蛋、奶等动物性食物污染率高于植物性食物，而且不会因其储藏、加工、烹调而减少，很容易进入人体积蓄。拟除虫菊酯杀虫剂主要用于防治棉田、菜地、果树和茶叶上的农业害虫及卫生害虫，也用于渔业生产上杀灭寄生虫。拟除虫菊酯类农药因其高效低毒而得到广泛使用，是传统有机磷农药的替代品，这类农药也都具有一定毒性，尤其对鱼类毒性很高，且有一定蓄积性。

## ◎ 问题启发

什么是有机氯农药？常见的有机氯农药有哪些？蔬菜、水果中允许使用的有机氯农药有哪些？食品中有机氯农药的测定有何意义？

## ◎ 食品安全检测知识

### 一、有机氯农药

有机氯农药是具有杀虫活性的氯代烃的总称。通常分为三种主要的类型，即 DDT 及其类似物、六六六(也称 BHC，工业品是多种异构体的混合物，其中，生物活性组分 $\gamma$-BHC 仅占 15% 左右，其余均为无效组分)和环戊二烯衍生物。这三类不同的氯代烃均为神经毒性物质，脂溶性很强，不溶或微溶于水，在生物体内的蓄积具有高度选择性，多储存于机体脂肪组织或脂肪多的部位，在碱性环境中易分解失效。

常见的有机氯农药有 DDT、六六六、林丹(99% $\gamma$-BHC)、氯丹、硫丹、毒杀芬、七氯、艾氏剂、狄氏剂、异狄氏剂等。

### 二、有机氯农药残留量检测的意义

由于这类农药具有较高的杀虫活性，杀虫谱广，对温血动物的毒性较低，持续性较长，加之生产方法简单、价格低廉，因此，这类杀虫剂在世界上相继投入大规模的生产和使用。因为农药的大量使用，导致自然条件下农药不能完全降解，仍有部分残留在农作物机体与环境中，当人体食用农药残留量大于最大摄入量的农作物时，就会对人体健康造成影响，甚至引起中毒事件。为控制这类农药残留物对食品的污染，GB 2763—2021《食品安全国家标准　食品中农药最大残留限量》中明确规定，食品中有机氯农药限值为：粮食、蔬菜、水果中六六六不超过 0.05 mg/kg，茶叶中六六六不超过 0.2 mg/kg；水果、蔬菜中 DDT 不超过 0.05 mg/kg(胡萝卜 0.2 mg/kg)；生乳中六六六、DDT 均不超过 0.02 mg/kg 等。

### 三、食品中有机氯农药多组分残留量测定的方法

GB/T 5009.19-2008《食品中有机氯农药多组分残留量的测定》中毛细管柱气相色谱-电子捕获检测器法适用于肉类、蛋类、乳类动物性食品和植物(含油脂)中 $\alpha$-HCH、六氯苯、$\beta$-HCH、$\gamma$-HCH、五氯硝基苯、$\delta$-HCH、五氯苯胺、七氯、五氯苯基硫醚、艾氏剂、氧氯丹、环氧七氯、反式氯丹、$\alpha$-硫丹、顺式氯丹、$p,p'$-滴滴伊(DDE)、狄氏剂、异狄氏剂、$\beta$-硫丹、$p,p'$-DDD、$o,p'$-DDT、异狄氏剂醛、硫丹硫酸盐、$p,p'$-DDT、

异狄氏剂酮、灭蚁灵的分析。填充柱气相色谱－电子捕获检测器法适用于各类食品中HCH、DDT残留量的测定。

### 四、食品中有机氯农药多组分残留量测定的注意事项

(1) 如样品中其他成分有干扰，可适当改变色谱条件，但也需进行空白实验。

(2) 本实验所用器皿应严格清洗(不能残存卤素离子)，以防影响检测结果。

(3) 检测条件：最好使用程序升温，以保证出峰峰形较好。

(4) 进样口的清洗：内衬管的清洗，用铬酸洗液浸泡 2~3 h，用丙酮超声，再用二氯二甲基硅烷进行硅烷化 24 h，然后用甲醇浸泡 2 h。在内衬管中不添加石英棉会降低分解率。

(5) 有机氯农药净化可以分为两种情况：①只做六六六和 DDT 时测定，宜采用浓硫酸磺化法进行净化，但是含脂肪量较高的样品可以用佛罗里硅土净化(能有效地除去脂肪)。②当目标物含有异狄氏剂等容易被浓硫酸分解的物质时，可以用层析柱净化，常用的是佛罗里硅土柱；如果测定植物样品，最好使用凝胶渗透色谱净化，以消除干扰。

(6) 有机氯农药的标样相对比较稳定，一般在高浓度($10^{-6}$ 以上)下储存的时间较长(半年以上)；异狄氏剂在低浓度下很容易分解为异狄氏剂醛和酮，因此，异狄氏剂使用前应该测定其是否已经分解。

(7) 采用填充柱气相色谱－电子捕获检测器法测定的检出限：取样量 2 g，最终体积为 5 mL，进样体积为 10 μL 时，$\alpha$－HCH、$\beta$－HCH、$\gamma$－HCH、$\delta$－HCH 依次为 0.038 μg/kg、0.16 μg/kg、0.047 μg/kg、0.070 μg/kg；$p,p'$－DDE、$o,p'$－DDT、$p,p'$－DDD、$o,p'$－DDT 依次为 0.23 μg/kg、0.50 μg/kg、1.8 μg/kg、2.1 μg/kg。

# 工作任务　毛细管柱气相色谱－电子捕获检测器法测定食品中的有机氯农药多组分残留量

### 一、检测依据

检测依据为 GB/T 5009.19—2008《食品安全国家标准　食品中有机氯农药多组分残留量的测定》。毛细管柱气相色谱－电子捕获检测器法检测原理：试样中有机氯农药组分经有机溶剂提取、凝胶色谱层析净化，用毛细管柱气相色谱分离，电子捕获检测器检测，以保留时间定性，外标法定量。

食品中有机氯农药
多组分残留量的测定

### 二、任务准备

(一) 试剂

(1) 丙酮：分析纯，重蒸。

（2）石油醚：沸程为 30～60 ℃，分析纯，重蒸。

（3）乙酸乙酯：分析纯，重蒸。

（4）环己烷：分析纯，重蒸。

（5）正己烷：分析纯，重蒸。

（6）氯化钠：分析纯。

（7）无水硫酸钠：分析纯，将无水硫酸钠置干燥箱中，于 120 ℃ 干燥 4 h，冷却后，密闭保存。

（8）聚苯乙烯凝胶（Bio－Beads S－X$_3$）：200～400 目，或同类产品。

（9）标准溶液的配制：分别准确称取或量取农药标准品适量，用少量苯溶解，再用正己烷稀释成一定浓度的标准储备溶液。量取适量标准储备溶液，用正己烷稀释为系列混合标准溶液。

（10）标准品：农药标准品主要有 $\alpha$－六六六、六氯苯、$\beta$－六六六、$\gamma$－六六六、五氯硝基苯、$\delta$－六六六、五氯苯胺、七氯、五氯苯基硫醚、艾氏剂、氧氯丹、环氧七氯、反氯丹、$\alpha$－硫丹、顺氯丹、$p,p'$－滴滴伊（$p,p'$－DDE）、狄氏剂、异狄氏剂、$\beta$－硫丹、$p,p'$－滴滴滴（$p,p'$－DDD）、$o,p'$－滴滴涕（$o,p'$－DDT）、异狄氏剂醛、硫丹硫酸盐、$p,p'$－滴滴涕（$p,p'$－DDT）、异狄氏剂酮、灭蚁灵，纯度均应不低于 98%。

（二）仪器

（1）气相色谱仪（GC）：配有电子捕获检测器（ECD）。

（2）凝胶净化柱：长 30 cm，内径 2.3～2.5 cm，具活塞玻璃层析柱，柱底垫少许玻璃棉。用洗脱剂乙酸乙酯－环己烷（1＋1）浸泡的凝胶，以湿法装入柱中，柱床高约 26 cm，凝胶始终保持在洗脱剂中。

（3）全自动凝胶色谱系统：带有固定波长（254 nm）的紫外检测器，供选择使用。

（4）旋转蒸发仪。

（5）组织匀浆器。

（6）振荡器。

（7）氮气浓缩器。

（8）分析天平：感量 1 mg。

三、检 测 程 序

毛细管柱气相色谱－电子捕获检测器法测定食品中有机氯农药多组分残留量的检测程序见图 4－1。

四、任 务 实 施

1. 方案制定及准备

通过相关知识学习，解读国标，小组完成检测方案的设计（表 4－1），并依据方案完成任务准备。

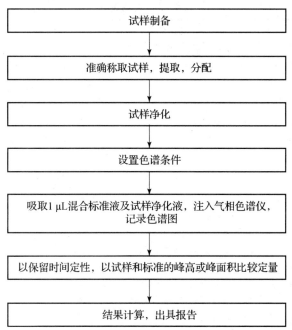

图 4 – 1　毛细管柱气相色谱 – 电子捕获检测器法测定食品中有机氯农药多组分残留量的检测程序

表 4 – 1　检测方案设计

| 组长 | | | 组员 | |
|---|---|---|---|---|
| 学习项目 | | | 学习时间 | |
| 依据标准 | | | | |
| 准备内容 | 仪器和设备<br>（规格、数量） | | | |
| | 试剂和耗材<br>（规格、浓度、数量） | | | |
| | 样品 | | | |
| 任务分工 | 姓名 | | 具体工作 | |
| | | | | |
| | | | | |
| | | | | |
| 具体步骤 | | | | |

2. 检测过程

根据表 4 – 2 实施检测。

表 4 – 2  检测过程

| 任务 | 具体实施 | | 要求 |
|---|---|---|---|
| | 实施步骤 | 实验记录 | |
| 试样制备 | 蛋品去壳，制成匀浆 | 样品的名称、采集时间、数量、采样人员等采样信息 | 1. 桌面整齐，着工作服，仪表整洁。 2. 样品混合均匀，保存方法得当 |
| | 肉品去筋后切成小块，制成肉糜 | | |
| | 乳品混匀待用 | | |
| 试样提取与分配 | 蛋类：称取试样 20 g(精确到 0.01 g)，记录 $m$，置于 200 mL 具塞锥形瓶中，加水 5 mL(视试样水分含量加水，使总水量约为 20 g。通常鲜蛋水分含量约为 75%，加水 5 mL 即可)，再加入 40 mL 丙酮，振摇 30 min 后，加入氯化钠 6 g，充分摇匀，再加入 30 mL 石油醚，振摇 30 min。静置分层后，将有机相全部转移至 100 mL 具塞锥形瓶中经无水硫酸钠干燥，并量取 35 mL 于旋转蒸发仪中，浓缩至约 1 mL，加入 2 mL 乙酸乙酯 – 环己烷(1 + 1，体积比)溶液再浓缩，如此重复 3 次，浓缩至约 1 mL，供凝胶色谱层析净化使用，或将浓缩液转移至全自动凝胶渗透色谱系统配套的进样试管中，用乙酸乙酯 – 环己烷(1 + 1，体积比)溶液洗涤旋转蒸发仪数次，将洗涤液合并至试管中，定容至 10 mL | $m$：试样质量，g $m$：_____ | 1. 正确使用吸量管、容量瓶等玻璃仪器及电子天平。 2. 正确进行天平检查、使用、维护。 3. 正确规范使用旋转蒸发仪。 4. 正确规范进行样品处理 |
| | 肉类：称取试样 20 g(精确到 0.01 g)，记录 $m$，加水 15 mL(视试样水分含量加水，使总水量约为 20 g)。加入 40 mL 丙酮，振摇 30 min。以下按照蛋类试样的提取、分配步骤处理 | | |
| | 乳类：称取试样 20 g(精确到 0.01 g)，记录 $m$，鲜乳不需要加水，直接加入丙酮提取。以下按照蛋类试样的提取、分配步骤处理 | | |
| | 大豆油：称取试样 1 g(精确到 0.01 g)，记录 $m$，直接加入 30 mL 石油醚，振摇 30 min 后，将有机相全部转移至旋转蒸发瓶中，浓缩至 1 mL，加入 2 mL 乙酸乙酯 – 环己烷(1 + 1)溶液再浓缩，如此重复 3 次，浓缩至约 1 mL，供凝胶色谱层析净化使用，或将浓缩液转移至全自动凝胶渗透色谱系统配套的进样试管中，用乙酸乙酯 – 环己烷(1 + 1)溶液洗涤旋转蒸发瓶数次，将洗涤液合并至试管中，定容至 10 mL | | |
| | 植物类：称取试样匀浆 20 g，记录 $m$，加水 5 mL(视试样水分含量加水，使总水量约为 20 g)，加入丙酮 40 mL，振荡 30 min，加入氯化钠 6 g，摇匀。加入石油醚 30 mL，再振荡 30 min，以下按照蛋类试样的提取、分配步骤处理 | | |

| 任务 | 具体实施 | | 要求 |
|------|---------|---------|------|
| | 实施步骤 | 实验记录 | |
| 试样净化（选择手动或全自动净化方法的任何一种进行） | 手动凝胶色谱柱净化：将试样浓缩液经凝胶柱以乙酸乙酯－环己烷(1＋1)溶液洗脱，弃去 0～35 mL 流分，收集 35～70 mL 流分。将其旋转蒸发浓缩至约 1 mL，再经凝胶柱净化收集 35～70 mL 流分，蒸发浓缩，用氮气吹除溶剂，用正己烷定容至 1 mL，记录 $V_2$、$f$，留待气相色谱分析 | $V_2$：样液最后定容体积，mL<br>$f$：稀释因子<br>$V_2$：＿＿＿<br>$f$：＿＿＿ | 氮吹时注意水浴温度 |
| | 全自动凝胶渗透色谱系统净化：试样由 5 mL 试样环注入凝胶渗透色谱(GPC)柱，泵流速 5.0 mL/min，以乙酸乙酯－环己烷(1＋1)溶液洗脱，弃去 0～7.5 min 流分，收集 7.5～15 min 流分，15～20 min 冲洗凝胶渗透色谱柱。将收集的流分旋转蒸发浓缩至约 1 mL，用氮气吹至近干，用正己烷定容至 1 mL，记录 $V_2$、$f$，留待气相色谱分析 | | |
| 试样测定 | 设置色谱条件：<br>(1)色谱柱：DM－5 石英弹性毛细管柱，长 30 m、内径 0.32 mm、膜厚 0.25 μm；或等效柱。<br>(2)柱温：程序升温。<br>(3)进样口温度：280 ℃。不分流进样，进样量 1 μL。<br>(4)检测器：电子捕获检测器(ECD)，温度 300 ℃。<br>(5)载气流速：氮气($N_2$)，1 mL/min；尾吹，25 mL/min。<br>(6)柱前压：0.5 MPa | 观察记录色谱图上显示的保留时间 | 1. 正确使用气相色谱仪，掌握仪器操作及维护的方法。<br>2. 能根据出峰时间准确识别各种有机氯农药的色谱峰。<br>3. 能根据标准的峰高或峰面积比较对试样溶液进行定量。<br>4. 计算结果正确，按照要求进行数据修约。<br>5. 计算结果保留 2 位有效数字。<br>6. 精密度：在重复条件下获得的两次独立测定结果的绝对差值不得超过算术平均值的20% |
| | 色谱分析：分别吸取 1 μL 混合标准液及试样净化液，记录 $V_1$。注入气相色谱仪，记录色谱图，以保留时间定性，以试样和标准的峰高或峰面积比较定量。有机氯农药混合标准溶液色谱图见图 4－2。 | $V_1$：样液进样体积，μL<br>$V_1$：＿＿＿ | |
| | 根据公式，计算试样中各农药的含量：<br>$$X = \frac{m_1 \times V_1 \times f \times 1\,000}{m \times V_2 \times 1\,000}$$ | $X$：试样中各农药的含量，mg/kg<br>$m_1$：被测样液中各农药的含量，g<br>$X$：＿＿＿<br>$m_1$：＿＿＿ | |
| 结束工作 | 结束后倒掉废液，清理台面，洗净用具并归位。柱温降到室温，关闭载气，关机 | | 1. 实验室安全操作。<br>2. 团队进行工作总结 |

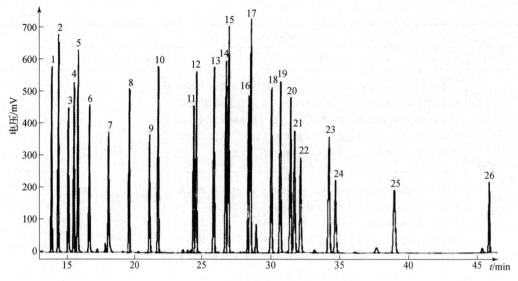

图 4-2  有机氯农药混合标准溶液色谱图

出峰顺序：1—$\alpha$-六六六；2—六氯苯；3—$\beta$-六六六；4—$\gamma$-六六六；5—五氯硝基苯；6—$\delta$-六六六；7—五氯苯胺；8—七氯；9—五氯苯基硫醚；10—艾氏剂；11—氧氯丹；12—环氧七氯；13—反氯丹；14—$\alpha$-硫丹；15—顺氯丹；16—$p,p'$-滴滴伊；17—狄氏剂；18—异狄氏剂；19—$\beta$-硫丹；20—$p,p'$-滴滴滴；21—$o,p'$-滴滴涕；22—异狄氏剂醛；23—硫丹硫酸盐；24—$p,p'$-滴滴涕；25—异狄氏剂酮；26—灭蚁灵

# 知识拓展  填充柱气相色谱–电子捕获检测器法测定食品中的有机氯农药多组分残留量

## 一、检测依据

检测依据为 GB/T 5009.19—2008《食品安全国家标准  食品中有机氯农药多组分残留量的测定》。填充柱气相色谱–电子捕获检测器法测定原理：试样中六六六、滴滴涕经提取、净化后用气相色谱法测定，与标准比较定量。电子捕获检测器对于负电极强的化合物具有极高的灵敏度，利用这一特点，可分别测出痕量的六六六、DDT。不同异构体和代谢物可同时分别测定。

## 二、任务准备

### (一) 试剂

(1) 丙酮：分析纯，重蒸。

(2) 正己烷：分析纯，重蒸。

(3) 石油醚：沸程为 30~60 ℃，分析纯，重蒸。

(4) 苯：分析纯。

(5) 硫酸：优级纯。

(6) 无水硫酸钠：分析纯。

（7）硫酸钠溶液(20 g/L)。

（8）农药标准品：六六六($\alpha$ – HCH、$\beta$ – HCH、$\gamma$ – HCH 和 $\delta$ – HCH)纯度大于99%，滴滴涕($p,p'$ – DDE、$o,p'$ – DDT、$p,p'$ – DDD 和 $p,p'$ – DDT)纯度大于99%。

（9）农药标准储备液：精密称取 $\alpha$ – HCH、$\beta$ – HCH、$\gamma$ – HCH、$\delta$ – HCH、$p,p'$ – DDE、$o,p'$ – DDT、$p,p'$ – DDD 和 $p,p'$ – DDT 各 10 mg，溶于苯中，分别移于 100mL 容量瓶中，以苯稀释至刻度，混匀，浓度为 100 mg/L，储存于冰箱中。

（10）农药混合标准工作液：分别量取上述各标准储备液于同一容量瓶中，以正己烷稀释至刻度。$\alpha$ – HCH、$\gamma$ – HCH 和 $\delta$ – HCH 的浓度为 0.005 mg/L，$\beta$ – HCH 和 $p,p'$ – DDE 的浓度为 0.01 mg/L，$o,p'$ – DDT 的浓度为 0.05 mg/L，$p,p'$ – DDD 的浓度为 0.02 mg/L，$p,p'$ – DDT 的浓度为 0.1 mg/L。

(二) 仪器

（1）气相色谱仪：具电子捕获检测器。

（2）旋转蒸发仪。

（3）氮气浓缩器。

（4）匀浆机。

（5）调速多用振荡器。

（6）离心机。

（7）植物样本粉碎机。

（8）分析天平：感量 1 mg。

三、检测过程

根据表 4 – 3 实施检测。

表 4 – 3　检测过程

| 任务 | 具体实施 | | 要求 |
|---|---|---|---|
| | 实施步骤 | 实验记录 | |
| 试样制备 | 谷类制成粉末，其制品制成匀浆 <br><br> 蔬菜、水果及其制品制成匀浆 <br><br> 蛋品去壳制成匀浆 <br><br> 肉品去皮、筋后，切成小块，制成肉糜 <br><br> 鲜乳混匀待用 <br><br> 食用油混匀待用 | 样品的名称、采集时间、数量、采样人员等采样信息。 | 1. 桌面整齐，着工作服，仪表整洁。 <br> 2. 样品混合均匀，保存方法得当 |
| 试样提取 | 称取具有代表性的各类食品试样匀浆 20 g，记录 $m_2$。加水 5 mL(视样品水分含量加水，使总水量约为 20 mL)，加丙酮 40 mL，振荡 30 min，加氯化钠 6 g，摇匀。加石油醚 30 mL，再振荡 30 min，静置分层。取上清液 35 mL 经无水硫酸钠脱水，于旋转蒸发器中浓缩至近干，以石油醚定容至 5 mL，记录 $V_1$。加 0.5 mL 浓硫酸净化，振摇 0.5 min，于 3 000 r/min 离心 15 min。取上清液进行 GC 分析 | $m_2$：被测试样的取样量，g | 1. 正确使用吸量管、容量瓶等玻璃仪器及电子天平。 |

| 任务 | 具体实施 | | 要求 |
|------|---------|---|------|
| | 实施步骤 | 实验记录 | |
| 试样提取 | 称取具有代表性的 2 g 粉末试样，记录 $m_2$。加石油醚 20 mL，振荡 30 min，过滤，浓缩，定容至 5 mL，记录 $V_1$。加 0.5 mL 浓硫酸净化，振摇 0.5 min，于 3 000 r/min 离心 15 min。取上清液进行 GC 分析 | $V_1$：被测试样的稀释体积，mL<br>$m_2$：——<br>$V_1$：—— | 2. 正确进行天平检查、使用、维护。<br>3. 正确规范使用旋转蒸发仪。<br>4. 正确规范进行样品处理 |
| | 称取具有代表性的食用油试样 0.5 g，记录 $m_2$。以石油醚溶解于 10 mL 刻度试管中，定容至刻度，记录 $V_1$。加 1.0 mL 浓硫酸净化，振摇 0.5 min，于 3 000 r/min 离心 15 min。取上清液进行 GC 分析 | | |
| 试样测定 | 设置色谱条件：<br>(1)色谱柱：填充柱，内径 3 mm，长 2 m 的玻璃柱，内装涂以 1.5% OV - 17 和 2% QF - 1 混合固定液的 80~100 目硅藻土。<br>(2)载气：高纯氮，流速 110 mL/min。<br>(3)柱温：185 ℃<br>(4)检测器温度：225 ℃，进样口温度 195 ℃。<br>(5)进样量：1~10 μL，外标法定量 | 观察记录色谱图上显示的保留时间 | 1. 正确使用气相色谱仪，掌握仪器操作及维护的方法。<br>2. 能根据出峰时间准确识别各种有机氯农药的色谱峰。<br>3. 能根据标准的峰高或峰面积比较对样品溶液进行定量。<br>4. 计算结果正确，按照要求进行数据修约。<br>5. 计算结果保留 2 位有效数字。<br>6. 精密度：在重复性条件下获得的两次独立测定结果的绝对值不得超过算术平均值的 15% |
| | 色谱分析：分别吸取 1 μL，混合标准液及试样净化液注入气相色谱仪，记录 $V_2$。以保留时间定性，以试样和标准的峰高或峰面积比较定量，记录 $A_1$、$A_2$。有机氯农药混合标准溶液色谱图见图 4 - 3 | $V_2$：被测定试样的进样体积，μL<br>$A_1$：被测定试样各组分的峰值（峰高或面积）<br>$A_2$：各农药组分标准的峰值（峰高或峰面积）<br>$V_2$：——<br>$A_1$：——<br>$A_2$：—— | |
| | 根据公式，计算试样中六六六、滴滴涕及其异构体或代谢物的单一含量：<br><br>$$X = \frac{A_1}{A_2} \times \frac{m_1}{m_2} \times \frac{V_1}{V_2} \times \frac{1\,000}{1\,000}$$ | $X$：试样中六六六、滴滴涕及其异构体或代谢物的单一含量，mg/kg<br>$m_1$：单一农药标准溶液的含量，ng<br>$X$：——<br>$m_1$：—— | |
| 结束工作 | 结束后倒掉废液、清理台面、洗净用具并归位。柱温降到室温，关闭载气，关机 | | 1. 实验室安全操作。<br>2. 团队工作总结 |

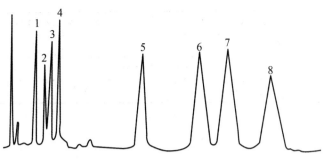

**图 4-3　有机氯农药混合标准溶液色谱图**

出峰顺序：1—$\alpha$-HCH；2—$\beta$-HCH；3—$\gamma$-HCH；4—$\delta$-HCH；5—$p,p'$-DDE；6—$o,p'$-DDT；7—$p,p'$-DDD；8—$p,p'$-DDT。

## ◎ 检查与评价

学生完成本项目的学习，通过学生自评、小组互评以检查自己对本任务学习的掌握情况。指导教师在整个教学过程中，关注每个小组的检测过程及小组成员的动手能力，并对小组成员动手能力进行评价，学生对所学的各项任务进行抽签决定考核的内容。将具体的检查与评价填入表 4-4。

**表 4-4　食品中有机氯农药多组分残留量的测定任务实施评价表**

| 项目 | 评价标准 | 分值/分 | 学生自评 | 小组互评 | 教师评价 |
|---|---|---|---|---|---|
| 方案设计与准备 | 认真负责、一丝不苟进行资料查阅，确定检测依据 | 5 | | | |
| | 协同合作，设计方案并合理分工 | 5 | | | |
| | 相互沟通，完成方案诊改 | 5 | | | |
| | 正确清洗及检查仪器 | 5 | | | |
| | 合理领取药品 | 5 | | | |
| | 正确取样 | 5 | | | |
| 试样制备 | 根据试样类型选择正确方法进行试样制备 | 5 | | | |
| | 根据试样类型选择正确方法进行试样提取 | 5 | | | |
| | 根据试样类型选择正确方法进行试样净化 | 5 | | | |
| | 正确使用旋转蒸发仪 | 5 | | | |
| | 规范清洗氮吹仪针头，正确设置氮吹速度 | 5 | | | |
| 试样测定 | 正确设置仪器参考条件 | 5 | | | |
| | 规范进行试样溶液测定 | 5 | | | |
| | 正确识别图谱，数据记录正确、完整 | 10 | | | |
| | 正确计算结果，按照要求进行数据修约 | 5 | | | |
| | 规范编制检测报告 | 5 | | | |

| 项目 | 评价标准 | 分值/分 | 学生自评 | 小组互评 | 教师评价 |
|------|---------|--------|---------|---------|---------|
| 结束工作 | 关闭仪器，切断电源 | 5 | | | |
| | 结束后倒掉废液，清洗仪器设备，正确归位。规范操作 | 5 | | | |
| | 合理分工，按时完成工作任务 | 5 | | | |

## 学习思考

1. 填空题

(1) 测定中所使用的无水硫酸钠级别为_____纯，将无水硫酸钠置干燥箱中，于_____℃干燥_____h，冷却后，密闭保存。

(2) 如样品中其他成分有干扰，可适当改变_____，但也需进行空白实验。

(3) 有机氯农药的标样相对比较稳定，一般在高浓度_____下储存的时间较长(半年以上)。

(4) 有机氯农药是具有杀虫活性的_____的总称。

(5) 含脂肪量较高的样品可以用_____净化，能有效地除去脂肪。

2. 简答题

(1) 测定食品中有机氯农药多组分残留量的依据是什么？

(2) 气相色谱法测定食品中有机氯农药多组分残留量的色谱条件如何设置？

(3) 测定乳类有机氯农药多组分残留量时，应如何对样品进行处理？

# 项目 18　有毒有害物质的检测

**知识目标**

1. 正确解读和使用 GB 2762—2022《食品安全国家标准　食品中污染物限量》、GB 2761—2022《食品安全国家标准　食品中真菌毒素限量》。

2. 掌握食品中苯并(a)芘的测定操作标准、意义、原理、方法及注意事项。

3. 掌握食品中黄曲霉毒素 M 族的测定操作标准、意义、原理、方法及注意事项。

4. 能明晰影响标准曲线相关系数的主要因素。

**能力目标**

1. 能够正确查阅有毒有害物质检测相关标准，正确选择检测方法。

2. 能够整理分析资料并设计检测方案。

3. 能够根据样品特性选择适宜的处理方法。

4. 能够根据检验依据准确配制系列标准溶液，绘制工作曲线。

5. 能够对高效液相色谱仪、气相色谱仪进行日常维护。

6. 能够对实验结果进行记录、分析和处理，并编制报告。

7. 能够正确处理实验废弃物，建立环保意识，自觉遵守安全操作规程。

**素养目标**

1. 激发求知欲，在学习中逐步培养熟练的动手能力、严谨的工作态度和规范意识。

2. 培养学生安全操作、节约环保的实验习惯。

3. 强化对主流价值观的认识，从而提高食品岗位职业素养。

## 任务 1　食品中苯并(a)芘的测定

### ◎ 案例导入

苯并芘是多环芳烃的典型代表，也是公认的强致癌物，主要有苯并(a)芘和苯并(e)

芘两类。苯并芘在石油、煤炭、香烟、汽车尾气等烟气中就有，在熏制、烘烤、煎炸食品中也大量存在，最容易在高温条件下产生。

## ◎ 问题启发

什么是苯并(a)芘？哪些食品在加工过程中易形成苯并(a)芘？对于熏制、烘烤和煎炸等食品而言，该类食品中的苯并(a)芘来源于哪些方面？如何检测食品中的苯并(a)芘含量？

## ◎ 食品安全检测知识

### 一、苯并(a)芘

苯并(a)芘又称3,4-苯并芘，是一种由五个苯环构成的多环芳烃。常温下苯并(a)芘为浅黄色针状结晶，性质稳定，熔点179～180 ℃，在水中的溶解度为0.004～0.012 mg/L，微溶于乙醇、甲醇，易溶于苯、甲苯、二甲苯、丙酮、乙醚、氯仿等有机溶剂。在有机溶剂中，用波长365 nm紫外线照射时，可产生典型的紫色荧光。苯并(a)芘在碱性条件下较稳定，在常温下不与浓硫酸作用，但能溶于浓硫酸；能与硝酸、过氯酸、氯磺酸起化学反应，人们可利用这一性质来消除苯并(a)芘。

### 二、食品中苯并(a)芘来源

加工过程中苯并(a)芘对食品的污染主要是针对熏制、烘烤和煎炸等食品而言的，该类食品中的苯并(a)芘一方面来源于煤、煤气等不完全燃烧，另一方面来源于食品中的脂肪、胆固醇等成分的高温热解或热聚。据研究报道，在烤制过程中动物食品所滴下的油滴中苯并(a)芘含量是动物食品本身的10～70倍。当食品经烟熏或烘烤而发生烤焦或炭化时，苯并(a)芘生成量随着温度的上升而急剧增加。当淀粉在加热至390 ℃时可产生0.7 μg/kg的苯并(a)芘，加热至650 ℃时可产生17 μg/kg的苯并(a)芘；葡萄糖、脂肪酸加热至650 ℃可分别产生7 mg/kg和88 mg/kg的苯并(a)芘。

另外，输送原料或产品的橡胶管道，包装糖果、棒冰、面包等用的蜡纸，食品加工机械用的润滑油等都可能含有苯并(a)芘，因此可能使得某些食品在加工环节中被污染。

人们生活常用的煤、石油、天然气、木材等，当不完全燃烧时都会产生苯并(a)芘；沥青中苯并(a)芘含量为2.5%～3.5%，烧沥青和喷洒沥青时会有大量苯并(a)芘散发在空气中，这些都可能对环境造成污染，进而污染原料食品。

### 三、食品中苯并(a)芘测定的意义

苯并(a)芘是已发现的200多种多环芳烃中最主要的环境和食品污染物，是一种常见的高活性间接致癌物和突变原。在食品加工中，主要因加工过程温度过高或者加工时间过长产生。为控制苯并(a)芘残留物对食品的污染，GB 2762—2022《食品安全国家标准 食品中污染物限量》中明确规定其限量。苯并(a)芘在熏、烧、烤肉类及熏、烤水

产品中不超过 5.0 μg/kg，在稀奶油、奶油、无水奶油和油脂及其制品中不超过 10 μg/kg，在稻谷（以糙米计）、糙米、大米（粉）、小麦、小麦粉、玉米、玉米粉、玉米糁（渣）中不超过 2.0 μg/kg。

### 四、食品中苯并(a)芘测定的方法

GB 5009.27—2016《食品安全国家标准　食品中苯并(a)芘的测定》适用于谷物及其制品(稻谷、糙米、大米、小麦、小麦粉、玉米、玉米面、玉米渣、玉米片)、肉及肉制品(熏、烧、烤肉类)、水产动物及其制品(熏、烤水产品)、油脂及其制品中苯并(a)芘的测定。

### 五、食品中苯并(a)芘测定的注意事项

（1）空气中的水分对中性氧化铝柱的性能影响很大，打开柱子包装后应立即使用或密闭避光保存。

（2）由于不同品牌分子印迹柱的质量存在差异，建议对质控样品进行测试，或做加标回收试验，以验证是否满足要求。

（3）苯并(a)芘是一种已知的致癌物质，测定时应特别注意安全防护。测定应在通风橱中进行并戴手套，尽量减少暴露。如果皮肤被污染了，应采用10%次氯酸钠水溶液浸泡和洗刷，在紫外光下观察皮肤上有无蓝紫色斑点，一直洗到斑点消失为止。

（4）试样制备时一定要取可食用部分，去除杂质，固体样品要均匀打碎或绞碎，保存。

（5）若样品为人造黄油等含水油脂制品，则会出现乳化现象，需要 4 000 r/min 离心 5 min，转移出正己烷层待净化。

（6）液相色谱法测定食品中苯并(a)芘，方法检出限为 0.2 μg/kg，定量限为 0.5 μg/kg。

# 工作任务　液相色谱法测定食品中的苯并(a)芘

### 一、检测依据

检测依据为 GB 5009.27—2016《食品安全国家标准　食品中苯并(a)芘的测定》。试样经过有机溶剂提取，中性氧化铝或分子印迹小柱净化，浓缩至干，乙腈溶解，反相液相色谱分离，荧光检测器检测，根据色谱峰的保留时间定性，外标法定量。

食品中苯并
(a)芘的测定

## 二、任务准备

### (一) 试剂

除非另有说明，本任务所用试剂均为分析纯，水为 GB/T 6682 规定的一级水。

(1) 正己烷：色谱纯。

(2) 二氯甲烷：色谱纯。

(3) 苯并(a)芘标准储备液(100 μg/mL)：准确称取苯并(a)芘 1 mg(精确到 0.01 mg)于 10 mL 容量瓶中，用甲苯(色谱纯)溶解，定容。避光保存在 0~5 ℃的冰箱中，保存期 1 年。

(4) 苯并(a)芘标准中间液(1.0 μg/mL)：吸取 0.10 mL 苯并(a)芘标准储备液(100 μg/mL)，用乙腈(色谱纯)定容到 10 mL。避光保存在 0~5 ℃的冰箱中，保存期 1 个月。

(5) 苯并(a)芘标准工作液：把苯并(a)芘标准中间液(1.0 μg/mL)用乙腈稀释得到 0.5 ng/mL、1.0 ng/mL、5.0 ng/mL、10.0 ng/mL、20.0 ng/mL 的校准曲线溶液，临用现配。

(6) 中性氧化铝柱：填料粒径 75~150 μm，22 g，60 mL。

(7) 苯并(a)芘分子印迹柱：500 mg，6 mL。

(8) 微孔滤膜：0.45 μm。

### (二) 标准品

苯并(a)芘：CAS 50-32-8，纯度大于或等于 99.0%，或经国家认证并授予标准物质证书的标准物质。

### (三) 仪器

(1) 液相色谱仪：配有荧光检测器。

(2) 分析天平：感量为 0.01 mg 和 1 mg。

(3) 粉碎机。

(4) 组织匀浆机。

(5) 离心机：转速大于或等于 4 000 r/min。

(6) 涡旋振荡器。

(7) 超声波振荡器。

(8) 旋转蒸发仪或氮气吹干仪。

(9) 固相萃取装置。

## 三、检测程序

液相色谱法测定食品中苯并(a)芘的检测程序见图 4-4。

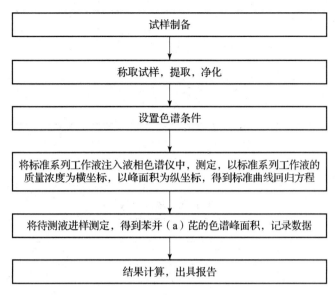

图 4 - 4　液相色谱法测定食品中苯并(a)芘的检测程序

# 四、任务实施

## 1. 方案制定及准备

通过相关知识学习,解读国标,小组完成检测方案的设计(表 4 - 5),并依据方案完成任务准备。

表 4 - 5　检测方案设计

| 组长 | | 组员 | |
|---|---|---|---|
| 学习项目 | | 学习时间 | |
| 依据标准 | | | |
| 准备内容 | 仪器和设备<br>(规格、数量) | | |
| | 试剂和耗材<br>(规格、浓度、数量) | | |
| | 样品 | | |
| 任务分工 | 姓名 | 具体工作 | |
| | | | |
| | | | |
| | | | |

| 具体步骤 | | | |
|---|---|---|---|
| | | | |

## 2. 检测过程

根据表4-6实施检测。

表4-6 检测过程

| 任务 | 具体实施 | | 要求 |
|---|---|---|---|
| | 实施步骤 | 实验记录 | |
| 试样制备 | 谷物及其制品预处理：去除杂质、磨碎均匀的样品储存于洁净的样品瓶中，并标明标记，于室温下或按产品包装要求的保存条件保存备用<br><br>熏、烧、烤肉类及熏、烤水产品预处理：肉去骨、鱼去刺、贝去壳，把可食部分绞碎均匀，储存于洁净的样品瓶中，并标明标记，于 -18~-16 ℃冰箱中保存备用 | 样品的名称、采集时间、数量、采样人员等采样信息 | 1. 桌面整洁，着工作服，仪表整洁。<br>2. 样品混合均匀，保存方法得当。<br>3. 正确使用匀浆机、研磨机对需要粉碎的样品进行处理 |
| 试样提取净化 | 谷物及其制品：<br>(1)提取：称取1 g(精确到0.001 g)试样，记录 $m$，加入5 mL 正己烷，涡旋混合 0.5 min，40 ℃下超声提取 10 min，4 000 r/min 离心 5 min，转移出上清液。再加入5mL 正己烷重复提取一次。合并上清液，用下列两种净化方法之一进行净化。<br>(2)净化方法 1：采用中性氧化铝柱，用 30 mL 正己烷活化柱子，待液面降至柱床时，关闭底部旋塞。将待净化液转移进柱子，打开旋塞，以 1 mL/min 的速度收集净化液到茄形瓶，再转入 50 mL 正己烷洗脱，继续收集净化液。将净化液在 40 ℃下旋转蒸至约 1 mL，转移至色谱仪进样小瓶，在40 ℃氮气流下浓缩至近干。用 1 mL 正己烷清洗茄形瓶，将洗涤液再次转移至色谱仪进样小瓶并浓缩至干。准确吸取1 mL 乙腈到色谱仪进样小瓶，记录 $V$，涡旋复溶0.5 min，过微孔滤膜后供液相色谱测定。<br>(3)净化方法 2：采用苯并(a)芘分子印迹柱，依次用5 mL 二氯甲烷及 5 mL 正己烷活化柱子。将待净化液转移进柱子，待液面降至柱床时，用 6 mL 正己烷淋洗柱子，弃去流出液。用 6 mL 二氯甲烷洗脱并收集净化液到试管中。将净化液在 40 ℃下氮气吹干，准确吸取 1 mL 乙腈，记录 $V$ 涡旋复溶0.5 min，过微孔滤膜后供液相色谱测定 | $m$：试样质量，g<br>$V$：试样定容体积，mL | 1. 正确使用具塞离心管等玻璃仪器；规范使用电子天平，正确进行天平检查及维护。<br>2. 规范使用涡旋振荡器进行试样混合。<br>3. 若样品为人造黄油等含水油脂制品，则会出现乳化现象，需要 4 000 r/min 离心 5 min，转移出正己烷层待净化。 |

| 任务 | 具体实施 | | 要求 |
|---|---|---|---|
| | 实施步骤 | 实验记录 | |
| 试样提取净化 | 熏、烧、烤肉类及熏、烤水产品：<br>(1)提取：同谷物及其制品。<br>(2)净化方法1：正己烷洗脱液体积为70 mL，其余操作同谷物及其制品。<br>(3)净化方法2：同谷物及其制品<br><br>油脂及其制品：<br>(1)提取：称取0.4 g(精确到0.001 g)试样，记录$m$，加入5 mL正己烷，涡旋混合0.5 min，待净化。<br>(2)净化方法1：最后用0.4 mL乙腈涡旋复溶试样，其余操作同谷物及其制品。<br>(3)净化方法2：最后用0.4 mL乙腈涡旋复溶试样，其余操作同谷物及其制品 | $m$:_____<br>$V$:_____ | 4. 规范使用离心机，正确转速进行试样离心。<br>5. 正确规范进行试样处理。<br>6. 不同试样的前处理需要同时做试样空白实验 |
| 试样测定 | 设置色谱条件：<br>(1)色谱柱：$C_{18}$柱，250 mm×4.6 mm，粒径5 μm，或性能相当者。<br>(2)流动相：乙腈+水=88+12。<br>(3)流速：1.0 mL/min。<br>(4)荧光检测器：激发波长384 nm，发射波长406 nm。<br>(5)柱温：35 ℃。<br>(6)进样量：20 μL | 1. 观察记录色谱图上显示的保留时间。<br>2. 通过保留时间，确定苯并(a)芘。<br>3. 观察记录色谱图上的峰面积 | 1. 正确使用液相色谱仪，掌握仪器操作及维护的方法。<br>2. 正确配制标准溶液，绘制标准曲线。<br>3. 能准确识别苯并(a)芘的色谱峰。<br>4. 能根据标准曲线对样品溶液进行定量。<br>5. 计算结果正确，按照要求进行数据修约。<br>6. 计算结果保留到小数点后一位。<br>7. 精密度：在重复性条件下获得的两次独立测定结果的绝对值不得超过算数平均值的20% |
| | 将标准系列工作液分别注入液相色谱仪中，测定相应的色谱峰，以标准系列工作液的浓度为横坐标，以峰面积为纵坐标，得到标准曲线回归方程。苯并(a)芘标准溶液的液相色谱图见图4-5 | | |
| | 将待测液进样测定，得到苯并(a)芘色谱峰面积。根据标准曲线回归方程计算试样溶液中苯并(a)芘的浓度，记录$\rho$ | $\rho$：由标准曲线得出的样液中待测物的浓度，mg/L<br>$\rho$：_____ | |
| | 根据公式，计算试样中苯并(a)芘的含量：<br>$$X = \frac{\rho \times V}{m} \times \frac{1\ 000}{1\ 000}$$<br>式中：<br>1 000——由ng/g换算成μg/kg的换算因子 | $X$：样品中待测组分含量，μg/kg<br>$X$：_____ | |
| 结束工作 | 结束后倒掉废液、清理台面、洗净用具并归位。<br>冲洗管路及色谱柱，使液相色谱仪保持最佳运行状态 | | 1. 实验室安全操作。<br>2. 团队进行工作总结 |

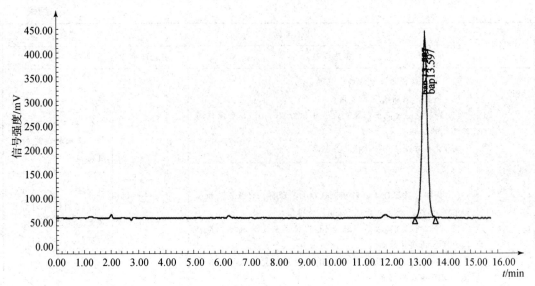

图4-5　苯并(a)芘标准溶液的液相色谱图

## ◎ 检查与评价

学生完成本项目的学习，通过学生自评、小组互评以检查自己对本任务学习的掌握情况。指导教师在整个教学过程中，关注每个小组的检测过程及小组成员的动手能力，并对小组成员动手能力进行评价，学生对所学的各项任务进行抽签决定考核的内容。将具体的检查与评价填入表4-7。

表4-7　食品中食品中苯并(a)芘的测定任务实施评价表

| 项目 | 评价标准 | 分值/分 | 学生自评 | 小组互评 | 教师评价 |
|---|---|---|---|---|---|
| 方案设计与准备 | 认真负责、一丝不苟进行资料查阅，确定检测依据 | 5 | | | |
| | 协同合作，设计方案并合理分工 | 5 | | | |
| | 相互沟通，完成方案诊改 | 5 | | | |
| | 正确清洗及检查仪器 | 5 | | | |
| | 合理领取药品 | 5 | | | |
| | 正确取样 | 5 | | | |
| 试样制备 | 根据试样类型选择正确方法进行试样制备 | 5 | | | |
| | 根据试样类型选择正确方法进行试液提取净化 | 5 | | | |
| | 规范使用涡旋振荡器 | 5 | | | |
| | 规范清洗氮吹仪针头，正确设置氮吹速度 | 5 | | | |
| 试样测定 | 正确设置仪器参考条件 | 5 | | | |
| | 准确绘制标准曲线 | 5 | | | |
| | 规范进行试样溶液测定 | 10 | | | |

| 项目 | 评价标准 | 分值/分 | 学生自评 | 小组互评 | 教师评价 |
|------|---------|--------|---------|---------|---------|
| 试样测定 | 正确识别图谱，数据记录正确、完整 | 5 | | | |
| | 正确计算结果，按照要求进行数据修约 | 5 | | | |
| | 规范编制检测报告 | 5 | | | |
| 结束工作 | 关闭仪器，切断电源 | 5 | | | |
| | 结束后倒掉废液，清洗仪器设备，正确归位。规范操作 | 5 | | | |
| | 合理分工，按时完成工作任务 | 5 | | | |

## 学习思考

1. 填空题

(1) 苯并(a)芘是一种已知的_____物质，测定时应特别注意安全防护。

(2) 苯并(a)芘测定时，如皮肤被污染了，应采用_____溶液浸泡和洗刷，在_____下观察皮肤上有无蓝紫色斑点，一直洗到斑点消失为止。

(3) 试样制备时，不同样品的前处理需要同时做_____实验。

(4) 食品中苯并(a)芘测定的依据是_____。

(5) 若样品为人造黄油等含水油脂制品，则会出现_____现象，需要 4 000 r/min 离心 5 min，转移出正己烷层待净化。

2. 简答题

(1) 制备好的样品如何保存？

(2) 熏烤肉类样品如何提取、净化？

(3) 液相色谱法是如何对食品中苯并(a)芘进行定性、定量分析的？

# 任务 2　食品中黄曲霉毒素 M 族的测定

## 案例导入

黄曲霉毒素是黄曲霉和寄生曲霉等某些菌株产生的双呋喃环类毒素，是自然界中已经发现的理化性质最稳定的一类霉菌毒素。黄曲霉毒素的产生需要一定的条件，不同的菌株产毒能力差异很大，除基质以外，温度、相对湿度、空气均是黄曲霉毒素生长繁殖及产毒的必要条件。研究者发现黄曲霉和寄生曲霉的最佳生长条件为 33~38 ℃，pH 值为 5.0 和 $A_w$（水分活性）为 0.99。温度在 24~28 ℃，相对湿度在 80% 以上，黄曲霉菌产毒量最高。1962 年鉴定并证明了黄曲霉毒素为强致癌物。黄曲霉毒素主要污染粮油及其制品，各种植物性与动物性食品也能被污染。黄曲霉菌很容易在水分含量较高（水分含量低于 12% 则不能繁殖）的禾谷类作物、油料作物籽实及其加工副产品中寄生繁殖和产生毒素，使其发霉变质，人们通过误食这些食品或其加工副产品，又经消化道吸收毒素进入人体而中毒。2017 年 10 月 27 日，世界卫生组织国际癌症研究机构公布的致癌物清单，黄曲霉毒素在 1 类致癌物清单中。

## ◎ 问题启发

食品中常见的霉菌毒素有哪些？什么是黄曲霉毒素？黄曲霉毒素的主要污染对象是什么？如何检测食品中的黄曲霉毒素？

## ◎ 食品安全检测知识

### 一、霉菌毒素的种类

霉菌是一些丝状真菌的通称，在自然界分布很广，几乎无处不有，主要生长在不通风、阴暗、潮湿和温度较高的环境中。霉菌可非常容易地生长在各种食品上并产生危害性很强的霉菌毒素。目前已知的霉菌毒素有 200 余种，与食品关系较为密切的有黄曲霉毒素、赭曲霉毒素、杂色曲霉素、岛青霉素、黄天精、橘青霉素、展青霉素、单端孢霉素类、玉米赤霉烯酮、丁烯酸内酯等。已知有 5 种毒素可致癌，它们是黄曲霉毒素（B、G、M）、黄天精、环氯素、杂色曲霉素和展青霉素。

霉菌污染食品可使食品的食用价值降低，甚至使之完全不能食用，造成巨大的经济损失。据统计全世界每年平均有 2% 的谷物由于霉变不能食用。霉菌毒素导致的中毒大多通过被霉菌污染的粮食、油料作物及发酵食品等引起。霉菌毒素多数有较强的耐热性，一般的烹调加热方法不能使其破坏。当人体摄入的霉菌毒素量达到一定程度后，可引起中毒。霉菌中毒往往表现为明显的地方性和季节性，临床表现较为复杂，有急性中毒、慢性中毒及致癌、致畸和致突变等。

### 二、黄曲霉毒素

黄曲霉毒素（AFT）是黄曲霉菌和寄生曲霉菌的代谢产物。目前已发现的 20 多种。根据其在波长 365 nm 紫外光下呈现不同颜色的荧光，可分成 B（蓝紫色荧光）和 G（黄绿色荧光）两大组；又根据其 $Rf$ 值不同，分为 $B_1$、$B_2$、$G_1$、$G_2$、$M_1$、$M_2$ 等。人及动物摄入黄曲霉毒素 $B_1$ 和 $B_2$ 后，在乳汁和尿液中可检出其代谢产物黄曲霉毒素 $M_1$ 和 $M_2$。

黄曲霉毒素在水中的溶解度很低，易溶解在油和一些有机溶剂中，如氯仿、甲醇、乙醇等，但不溶于乙醚、石油醚、己烷。黄曲霉毒素耐热，100 ℃，20 h 也不能将其全部破坏，在普通烹调加工的温度下破坏很少，在 280 ℃ 时发生裂解。其结构式都有一内酯环，内酯环被打开则荧光消失，毒性消除。在水溶液中，毒素的内酯环很容易与氧化剂起反应，特别是与碱性试剂反应，可部分水解。

世界各国的农产品普遍遭受过黄曲霉毒素的污染，黄曲霉毒素在食品中的污染大大超过了其他几种霉菌毒素的总和。主要污染的品种是粮油及其制品，如花生、花生油、玉米、大米及棉籽等。

### 三、食品中黄曲霉毒素 M 族测定的方法

GB 5009.24—2016《食品安全国家标准　食品中黄曲霉毒素 M 族的测定》中规定了食品中黄曲霉毒素 $M_1$ 和黄曲霉毒素 $M_2$（简称"AFT $M_1$"和"AFT $M_2$"）的测定方法。同位素稀释液相色谱 – 串联质谱法适用于乳、乳制品和含乳特殊膳食用食品中 AFT $M_1$ 和 AFT $M_2$ 的测定，高效液相色谱法适用范围与同位素稀释液相色谱 – 串联质谱法一致。酶联免疫吸附筛查法适用于乳、乳制品和含乳特殊膳食用食品中 AFT $M_1$ 的筛查测定。

### 四、食品中黄曲霉毒素 M 族测定的注意事项

（1）使用不同厂商的免疫亲和柱，在样品的上样、淋洗和洗脱的操作方面可能略有不同，应该按照供应商所提供的操作说明书要求进行操作。

（2）整个分析操作过程应在指定区域内进行。该区域应避光（直射阳光），具备相对独立的操作台和废弃物存放装置。在整个实验过程中，操作者应按照接触剧毒物的要求采取相应的保护措施。

（3）混合标准工作液（AFT $M_1$ 和 AFT $M_2$）需密封后避光 4 ℃下保存。

（4）同位素稀释液相色谱 – 串联质谱法测定食品中黄曲霉毒素 M 族，称取液态乳、酸奶 4 g 时，AFT $M_1$ 检出限为 0.005 $\mu g/kg$，AFT $M_2$ 检出限为 0.005 $\mu g/kg$，AFT $M_1$ 定量限为 0.015 $\mu g/kg$，AFT $M_2$ 定量限为 0.015 $\mu g/kg$。称取乳粉、特殊膳食用食品、奶油和奶酪 1 g 时，AFT $M_1$ 检出限为 0.02 $\mu g/kg$，AFT $M_2$ 检出限为 0.02 $\mu g/kg$，AFT $M_1$ 定量限为 0.05 $\mu g/kg$，AFT $M_2$ 定量限为 0.05 $\mu g/kg$。

# 工作任务　同位素稀释液相色谱 – 串联质谱法测定食品中的黄曲霉毒素 M 族

### 一、检测依据

检测依据为 GB 5009.24—2016《食品安全国家标准　食品中黄曲霉毒素 M 族的测定》。试样中的黄曲霉毒素 $M_1$ 和黄曲霉毒素 $M_2$ 用甲醇 – 水溶液提取，上清液用水或磷酸盐缓冲液稀释后，经免疫亲和柱净化和富集，净化液浓缩、定容和过滤后经液相色谱分离，串联质谱检测，同位素内标法定量。

食品中黄曲霉毒素 M 族的测定

### 二、任务准备

#### （一）试剂

除非另有说明，本任务所用试剂均为分析纯，水为 GB/T 6682 规定的一级水。

（1）石油醚：沸程为 30～60 ℃。

（2）乙酸铵溶液（5 mmol/L）：称取 0.39 g 乙酸铵，溶于 1 000 mL 水中，混匀。

（3）乙腈-水溶液（25 + 75，体积比）：量取 250 mL 乙腈（色谱纯）加入 750 mL 水中，混匀。

（4）乙腈-甲醇溶液（50 + 50，体积比）：量取 500 mL 乙腈加入 500 mL 甲醇（色谱纯）中，混匀。

（5）磷酸盐缓冲溶液（以下简称 PBS）：称取 8.00 g 氯化钠、1.20 g 磷酸氢二钠（或 2.92 g 十二水磷酸氢二钠）、0.20 g 磷酸二氢钾、0.20 g 氯化钾，用 900 mL 水溶解后，用盐酸调节 pH 值至 7.4，再加水至 1 000 mL。

（6）标准储备溶液（10 μg/mL）：称取 AFT $M_1$ 和 AFT $M_2$ 各 1 mg（精确至 0.01 mg），分别用乙腈溶解并定容至 100 mL。将溶液转移至棕色试剂瓶中，在 -20 ℃下避光密封保存。

（7）混合标准储备溶液（1.0 μg/mL）：分别准确吸取 10 μg/mL AFT $M_1$ 和 AFT $M_2$ 标准储备液 1.00 mL 于同一 10 mL 容量瓶中，加乙腈稀释至刻度，得到 1.0 μg/mL 的混合标准液。此溶液密封后避光 4 ℃保存，有效期 3 个月。

（8）混合标准工作液（100 ng/mL）：准确吸取混合标准储备溶液（1.0 μg/mL）1.00 mL 至 10 mL 容量瓶中，乙腈定容。此溶液密封后避光 4 ℃下保存，有效期 3 个月。

（9）50 ng/mL 同位素内标工作液 1（$^{13}C_{17}$ - AFT $M_1$）：取 AFT $M_1$ 同位素内标（0.5 μg/mL）1 mL，用乙腈稀释至 10 mL。在 -20 ℃下保存，供测定液体样品时使用，有效期 3 个月。

（10）5 ng/mL 同位素内标工作液 2（$^{13}C_{17}$ - AFT $M_1$）：取 AFT $M_1$ 同位素内标（0.5 μg/mL）100 μL，用乙腈稀释至 10 mL。在 -20 ℃下保存，供测定固体样品时使用，有效期 3 个月。

（11）标准系列工作溶液：分别准确吸取标准工作液 5 μL、10 μL、50 μL、100 μL、200 μL、500 μL 至 10 mL 容量瓶中，加入 100 μL 50 ng/mL 的同位素内标工作液，用初始流动相定容至刻度，配制 AFT $M_1$ 和 AFT $M_2$ 的浓度均为 0.05 ng/mL、0.1 ng/mL、0.5 ng/mL、1.0 ng/mL、2.0 ng/mL、5.0 ng/mL 的系列标准溶液。

（二）标准品

（1）AFT $M_1$：CAS 6795 - 23 - 9，纯度大于或等于 98%，或经国家认证并授予标准物质证书的标准物质。

（2）AFT $M_2$：CAS 6885 - 57 - 0，纯度大于或等于 98%，或经国家认证并授予标准物质证书的标准物质。

（3）$^{13}C_{17}$ - AFT $M_1$ 同位素溶液：0.5 μg/mL。

（三）仪器

（1）分析天平：感量为 0.01 g、0.001 g 和 0.000 01 g。

（2）水浴锅：温控 50 ℃ ± 2 ℃。

（3）涡旋振荡器。

（4）超声波清洗器。

（5）离心机：转速大于或等于 6 000 r/min。

（6）旋转蒸发仪。

（7）固相萃取装置（带真空泵）。

（8）氮吹仪。

（9）液相色谱 – 串联质谱仪：带电喷雾离子源。

（10）圆孔筛：孔径 1~2 mm。

（11）玻璃纤维滤纸：快速，高载量，液体中颗粒保留 1.6 μm。

（12）一次性微孔滤头：带 0.22 μm 微孔滤膜（所选用滤膜应采用标准溶液检验确认无吸附现象，方可使用）。

（13）免疫亲和柱：柱容量大于或等于 100 ng。

注：每个批次的亲和柱在使用前都需进行质量验证。

## 三、检测程序

同位素稀释液相色谱 – 串联质谱法测定食品中黄曲霉毒素 M 族的检测程序见图 4 – 6。

## 四、任务实施

### 1. 方案制定及准备

通过相关知识学习，解读国标，小组完成检测方案的设计（表 4 – 8），并依据方案完成任务准备。

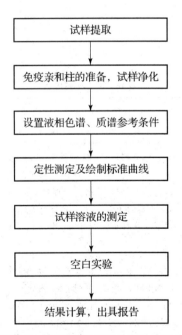

图 4 – 6　同位素稀释液相色谱 – 串联质谱法测定食品中黄曲霉毒素 M 族的检测程序

表 4 - 8　检测方案设计

| 组长 | | | 组员 | |
|---|---|---|---|---|
| 学习项目 | | | 学习时间 | |
| 依据标准 | | | | |
| 准备内容 | 仪器和设备<br>(规格、数量) | | | |
| | 试剂和耗材<br>(规格、浓度、数量) | | | |
| | 样品 | | | |
| 任务分工 | 姓名 | | 具体工作 | |
| | | | | |
| | | | | |
| | | | | |
| 具体步骤 | | | | |

2. 检测过程

根据表 4 - 9 实施检测。

表 4 - 9　检测过程

| 任务 | 具体实施 | | 要求 |
|---|---|---|---|
| | 实施步骤 | 实验记录 | |
| 试样提取 | 液态乳、酸奶：称取 4 g 混合均匀的试样(精确到 0.001 g)于 50 mL 离心管中，记录 $m$。加入 100 μL $^{13}C_{17}$ - AFT $M_1$ 内标溶液(5 ng/mL)振荡混匀后静置 30 min，加入 10 mL 甲醇，涡旋 3 min。置于 4 ℃、6 000 r/min 下离心 10 min 或经玻璃纤维滤纸过滤，将适量上清液或滤液转移至烧杯中，加 40 mL 水或 PBS 稀释，备用 | $m$：试样质量，g | 1. 整个分析操作过程应在指定区域内进行。该区域应避光(直射阳光)，具备相对独立的操作台和废弃物存放装置。<br>2. 规范使用涡旋振荡器进行试样混合。<br>3. 规范使用超声波发生器。 |
| | 乳粉、特殊膳食用食品：称取 1 g 试样(精确到 0.001 g)于 50 mL 离心管中，记录 $m$。加入 100 μL $^{13}C_{17}$ - AFT $M_1$ 内标溶液(5 ng/mL)振荡混匀后静置 30 min，加入 4 mL 50 ℃ 热水，涡旋混匀。如果乳粉不能完全溶解，将离心管置于 50 ℃ 的水浴中，将乳粉完全溶解后取出。待样液冷却至 20 ℃ 后，加入 10 mL 甲醇，涡旋 3 min。置于 4 ℃、6 000 r/min 下离心 10 min 或经玻璃纤维滤纸过滤，将适量上清液或滤液转移至烧杯中，加 40 mL 水或 PBS 稀释，备用 | | |

| 任务 | 具体实施 | | 要求 |
|---|---|---|---|
| | 实施步骤 | 实验记录 | |
| 试样提取 | 奶油：称取 1 g 样品（精确到 0.001 g）于 50 mL 离心管中，记录 m。加入 100 μL $^{13}C_{17}$–AFT $M_1$ 内标溶液（5 ng/mL）振荡混匀后静置 30 min，加入 8 mL 石油醚，待奶油溶解，再加 9 mL 水和 11 mL 甲醇，振荡 30 min，将全部液体移至分液漏斗中。加入 0.3 g 氯化钠充分摇动溶解，静置分层后，将下层移到圆底烧瓶中，旋转蒸发至 10 mL 以下，用 PBS 稀释至 30 mL | m：_____ | 4. 规范使用离心机，正确转速进行样品离心。 5. 正确顺序进行试样处理 |
| | 奶酪：称取 1 g 已切细、过孔径 1~2 mm 圆孔筛的混匀样品（精确到 0.001 g）于 50 mL 离心管中，记录 m。加入 100 μL $^{13}C_{17}$–AFT $M_1$ 内标溶液（5 ng/mL）振荡混匀后静置 30 min，加入 1 mL 水和 18 mL 甲醇，振荡 30 min，置于 4 ℃、6 000 r/min 下离心 10 min 或经玻璃纤维滤纸过滤，将适量上清液或滤液转移至圆底烧瓶中，旋转蒸发至 2 mL 以下，用 PBS 稀释至 30 mL | | |
| 试样净化 | 免疫亲和柱的准备：将低温下保存的免疫亲和柱恢复至室温 | V：试样经免疫亲和柱净化洗脱后的最终定容体积，mL V：_____ | 1. 为防止黄曲霉毒素 M 族受到破坏，操作过程在避光（直射阳光）条件下进行。 2. 正确使用固相萃取装置 |
| | 净化：免疫亲和柱内的液体放弃后，将上述样液移至 50 mL 注射器筒中，调节下滴流速为 1~3 mL/min。待样液完后，往注射器筒内加入 10 mL 水，以稳定流速淋洗免疫亲和柱。待水滴完后，用真空泵抽干亲和柱。脱离真空系统，在亲和柱下放置 10 mL 刻度试管，取下 50 mL 的注射器筒，加入 2×2 mL 乙腈（或甲醇）洗脱亲和柱，控制下滴速度为 1~3 mL/min，用真空泵抽干亲和柱，收集全部洗脱液至刻度试管中。在 50 ℃ 下用氮气缓缓地将洗脱液吹至近干，用初始流动相定容至 1.0 mL，记录 V，涡旋 30 s 溶解残留物，0.22 m 滤膜过滤，收集滤液于进样瓶中以备进样。 | | |
| 试样测定 | 设置色谱条件： (1) 液相色谱条件 液相色谱柱：$C_{18}$ 柱，100 mm×2.1 mm，1.7 μm，或相当者。 色谱柱柱温：40 ℃。 流动相：A 相，5 mmol/L 乙酸铵水溶液；B 相，乙腈–甲醇（50＋50，体积比）。梯度洗脱条件见表 4–10。 流速：0.3 mL/min。 进样体积：10 μL。 (2) 质谱参考条件 检测方式：多离子反应监测（MRM）。 离子源控制条件：见表 4–11。 质谱条件参数：见表 4–12。 液相色谱–质谱图和离子扫描图：见图 4–7~图 4–10 | 1. 记录液相色谱仪制作标准曲线和测定试液的实际色谱条件参数。 | 1. 在整个实验过程中，操作者应按照接触剧毒物的要求采取相应的保护措施。 |

| 任务 | 具体实施 | | 要求 |
|---|---|---|---|
| | 实施步骤 | 实验记录 | |
| 试样测定 | 定性测定：试样中目标化合物色谱峰的保留时间与相应标准色谱峰的保留时间相比较，变化范围应在 ±2.5% 之内。每种化合物的质谱定性离子必须出现，至少应包括 1 个母离子和 2 个子离子，而且同一检测批次，对于同一化合物，样品中目标化合物的 2 个子离子的相对丰度比与浓度相当的标准溶液相比，其允许偏差不超过表 4–13 规定的范围 | 2. 观察记录色谱图上显示的保留时间。<br>3. 观察记录色谱图上的峰面积 | 2. 正确使用液相色谱 – 串联质谱仪，掌握仪器操作及维护的方法。<br>3. 正确配制标准溶液，绘制标准曲线。<br>4. 能根据色谱峰的保留时间准确对目标物定性。<br>5. 能根据标准曲线对试样溶液进行定量。<br>6. 计算结果正确，按照要求进行数据修约。<br>7. 计算结果保留三位有效数字。<br>8. 在重复性条件下获得的两次独立测定结果的绝对值不得超过算数平均值的 20% |
| | 标准曲线的制作：在规定的液相色谱 – 串联质谱仪分析条件下，将标准系列溶液由低浓度到高浓度进样检测，以 AFT $M_1$ 和 AFT $M_2$ 色谱峰与内标色谱峰 $^{13}C_{17}$ – AFT $M_1$ 的峰面积比值 – 浓度作图，得到标准曲线回归方程，其线性相关系数应大于 0.99 | | |
| | 试样溶液的测定：取处理得到的待测溶液进样，内标法计算待测液中目标物质的质量浓度，记录 $f$、$\rho$。<br>空白试验：不称取试样，按同样步骤做空白实验。应确认不含有干扰待测组分的物质 | $f$：样液稀释因子<br>$\rho$：由标准曲线得出的样液中待测物的质量浓度，ng/mL<br>$f$：_____<br>$\rho$：_____ | |
| | 根据公式，计算试样中 AFT $M_1$ 或 AFT $M_2$ 的含量：<br>$$X = \frac{\rho \times V \times f \times 1\,000}{m \times 1\,000}$$<br>式中：<br>1 000——换算系数 | $X$：样品中待测组分含量，μg/kg；<br>$X$：_____ | |
| 结束工作 | 结束后倒掉废液、清理台面、洗净用具并归位。<br>质谱放空，冲洗管路及色谱柱，使液相色谱 – 串联质谱仪保持最佳运行状态 | | 1. 实验室安全操作。<br>2. 团队进行工作总结 |

**表 4–10　液相色谱梯度洗脱条件**

| 时间/min | 流动相 A/% | 流动相 B/% | 梯度变化曲线 |
|---|---|---|---|
| 0.0 | 68.0 | 32.0 | — |
| 0.5 | 68.0 | 32.0 | 1 |
| 4.2 | 55.0 | 45.0 | 6 |
| 5.0 | 0.0 | 100.0 | 6 |
| 5.7 | 0.0 | 100.0 | 1 |
| 6.0 | 68.0 | 32.0 | 6 |

**表 4 – 11　离子源控制条件**

| 电离方式 | ESI⁺ | 电离方式 | ESI⁺ |
|---|---|---|---|
| 毛细管电压/kV | 17.5 | 射频透镜 1 电压/V | 12.5 |
| 锥孔电压/V | 45 | 射频透镜 2 电压/V | 12.5 |
| 离子源温度/℃ | 120 | 脱溶剂气流量/(L/h) | 500 |
| 锥孔反吹气流量/(L/h) | 50 | 电子倍增电压/V | 650 |
| 脱溶剂气温度/℃ | 350 | — | — |

**表 4 – 12　质谱条件参数**

| 化合物名称 | 母离子（m/z） | 定量子离子（m/z） | 碰撞能量/eV | 定性子离子（m/z） | 碰撞能量/eV | 离子化方式 |
|---|---|---|---|---|---|---|
| AFT M₁ | 329 | 273 | 23 | 259 | 23 | ESI⁺ |
| ¹³C₁₇ – AFT M₁ | 346 | 317 | 23 | 288 | 24 | ESI⁺ |
| AFT M₂ | 331 | 275 | 23 | 261 | 22 | ESI⁺ |

**表 4 – 13　定性时相对离子丰度的最大允许偏差**

| 相对离子丰度/% | >50 | 20～50 | 10～20 | ≤10 |
|---|---|---|---|---|
| 允许相对偏差/% | ±20 | ±25 | ±30 | ±50 |

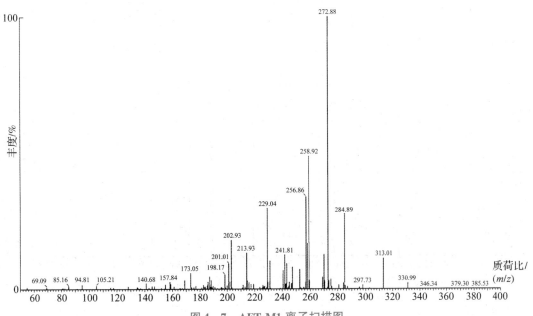

图 4 – 7　AFT M1 离子扫描图

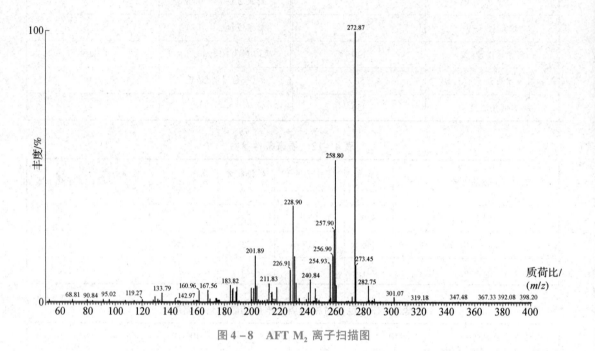

图 4-8　AFT M$_2$ 离子扫描图

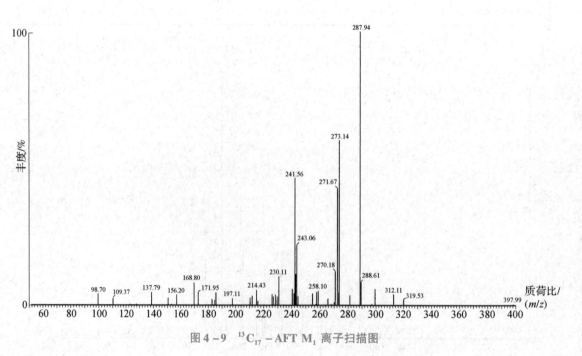

图 4-9　$^{13}C_{17}$-AFT M$_1$ 离子扫描图

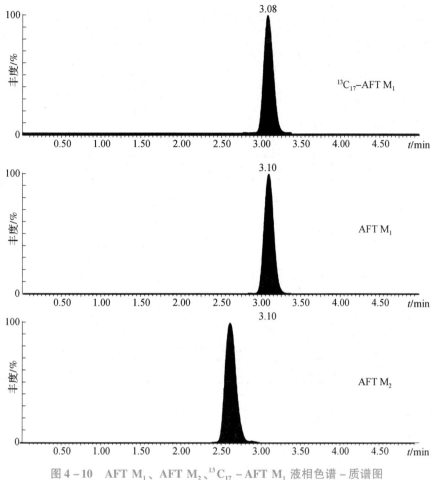

图 4 – 10　AFT $M_1$、AFT $M_2$、$^{13}C_{17}$ – AFT $M_1$ 液相色谱 – 质谱图

## 检查与评价

　　学生完成本项目的学习，通过学生自评、小组互评以检查自己对本任务学习的掌握情况。指导教师在整个教学过程中，关注每个小组的检测过程及小组成员的动手能力，并对小组成员动手能力进行评价，学生对所学的各项任务进行抽签决定考核的内容。将具体的检查与评价填入表 4 – 14。

表 4 – 14　食品中黄曲霉毒素 M 族的测定任务实施评价表

| 项目 | 评价标准 | 分值/分 | 学生自评 | 小组互评 | 教师评价 |
|---|---|---|---|---|---|
| 方案设计<br>与准备 | 认真负责、一丝不苟进行资料查阅，确定检测依据 | 5 | | | |
| | 协同合作，设计方案并合理分工 | 2 | | | |
| | 相互沟通，完成方案诊改 | 3 | | | |
| | 正确清洗及检查仪器 | 5 | | | |
| | 合理领取药品 | 5 | | | |
| | 正确取样 | 5 | | | |

| 项目 | 评价标准 | 分值/分 | 学生自评 | 小组互评 | 教师评价 |
|---|---|---|---|---|---|
| 试样提取与净化 | 根据样品类型选择正确方法进行试样提取 | 5 | | | |
| | 规范进行免疫亲和柱准备 | 5 | | | |
| | 正确调节下滴流速 | 5 | | | |
| | 规范使用真空泵抽干亲和柱 | 5 | | | |
| | 正确收集全部洗脱液 | 5 | | | |
| | 规范清洗氮吹仪针头，正确设置氮吹速度 | 5 | | | |
| 试样测定 | 正确设置仪器参考条件 | 5 | | | |
| | 准确绘制标准曲线 | 5 | | | |
| | 规范进行试样溶液测定 | 5 | | | |
| | 正确识别图谱，数据记录正确、完整 | 5 | | | |
| | 正确计算结果，按照要求进行数据修约 | 5 | | | |
| | 规范编制检测报告 | 5 | | | |
| 结束工作 | 关闭仪器，切断电源 | 5 | | | |
| | 结束后倒掉废液，清洗仪器设备，正确归位。规范操作 | 5 | | | |
| | 合理分工，按时完成工作任务 | 5 | | | |

## 🔵 学习思考

1. 填空题

(1) 食品中黄曲霉毒素的含量单位为_____。

(2) 该方法的计算结果保留_____位有效数字。

(3) 测定黄曲霉毒素 M 族时，液相色谱条件要求流动相采用_____和_____。

(4) 样品处理液上机分析前，需经_____μm 微孔滤膜进行过滤处理。

(5) 测定黄曲霉毒素 M 族时，操作过程在_____条件下进行。

2. 简答题

(1) 测定食品中黄曲霉毒素 M 族的依据是什么？标准中的方法有哪些？

(2) 液相色谱法测定黄曲霉毒素 M 族的色谱条件如何设置？

(3) 为防止黄曲霉毒素 M 族被破坏，相关操作应在什么条件下进行？

# 项目 19　食品中违禁物质检测

**知识目标**

1. 正确解读和使用《关于三聚氰胺在食品中的限量值的公告(卫生部公告 2011 年第 10 号)》《整顿办函〔2011〕11 号关于印发〈食品中可能违法添加的非食用物质和易滥用的食品添加剂品种名单(第五批)〉的通知》。

2. 掌握原料乳与乳制品中三聚氰胺的测定操作标准、意义、原理、方法及注意事项。

3. 掌握食品中苏丹红染料的测定操作标准、意义、原理、方法及注意事项。

4. 能明晰影响标准曲线相关系数的主要因素。

**能力目标**

1. 能够正确查阅食品中违禁物质检测相关标准，正确选检测方法。

2. 能够整理分析资料并设计检测方案。

3. 能够根据样品特性正确进行试样处理。

4. 能够根据检验依据准确配制系列标准溶液，绘制工作曲线。

5. 能够对高效液相色谱仪进行日常维护。

6. 能够对实验结果进行记录、分析和处理，并编制报告。

7. 能够正确处理实验废弃物，建立环保意识，自觉遵守安全操作规程。

**素养目标**

1. 培养学生的爱国情怀和发现与质疑、探索与创新的意识。

2. 强化对主流价值观的认识，增强文化自信，提高职业素养。

3. 加强社会主义职业道德与规范修养。

4. 自觉保持学习、工作环境的清洁有序，树立起"绿水青山就是金山银山"的意识，做到爱家、爱院、爱校、爱国。

## 任务 1　原料乳与乳制品中三聚氰胺的测定

◎ **案例导入**

2008 年，我国部分地区报告多例婴幼儿泌尿系统结石病例，调查发现患儿多有食用某品牌婴幼儿配方乳粉，经相关部门调查，某知名乳制品公司生产的婴幼儿配方乳粉受到三聚氰胺的污染。三聚氰胺是一种化工原料，可导致人体泌尿系统产生结石，而部分不法奶农为谋求私利，在原料乳中添加了三聚氰胺，造成了震惊全国的三聚氰胺毒奶事件。

## ◎ 问题启发

什么是三聚氰胺？食品中的三聚氰胺来源于哪些地方？是否只要食品中检测出三聚氰胺即会对人体产生危害？食品中检测出的三聚氰胺都是人为添加的吗？如何检测食品中的三聚氰胺？

## ◎ 食品安全检测知识

### 一、三聚氰胺

三聚氰胺俗称密胺、蛋白精，是一种三嗪类含氮杂环有机化合物，被用作化工原料。为白色单斜晶体，几乎无味，微溶于水。

三聚氰胺可用于塑料、涂料、黏合剂、食品包装材料的生产。其制成的树脂加热分解时会释放出大量氮气，可用作阻燃剂、减水剂等。

三聚氰胺不是食品原料，也不是食品添加剂，故不可用于食品加工或食品添加物，禁止人为添加到食品中。对在食品中人为添加三聚氰胺的，依法追究法律责任。资料表明，三聚氰胺可能从环境、食品包装材料等途径进入食品中，其含量很低。

### 二、食品中三聚氰胺测定的意义

根据《中华人民共和国食品安全法》及其实施条例规定，在总结乳与乳制品中三聚氰胺临时管理限量值公告(2008年第25号公告)实施情况基础上，考虑到国际食品法典委员会已提出食品中三聚氰胺限量标准，我国关于三聚氰胺在食品中的限量值的公告(公告2011年第10号)规定三聚氰胺在食品中的限量值如下：婴儿配方食品中三聚氰胺的限量值为1 mg/kg，其他食品中三聚氰胺的限量值为2.5 mg/kg，高于上述限量的食品一律不得销售。

### 三、食品中三聚氰胺测定的方法

GB/T 22388—2008《原料乳与乳制品中三聚氰胺检测方法》中规定了原料乳、乳制品及含乳制品中三聚氰胺的测定方法。液相色谱－质谱/质谱法、气相色谱－质谱联用法(包括气相色谱－质谱/质谱法)同时适用于原料乳、乳制品以及含乳制品中三聚氰胺的定性确证。

### 四、食品中三聚氰胺测定的注意事项

(1)对抽滤后的流动相进行超声脱气10～20 min，脱气后的流动相要小心振动尽量不引起气泡，以防止在洗脱过程中当流动相由色谱柱流至检测器时，因压力降低而产生气泡。

（2）分析完毕后，先关检测器，再用经过滤和脱气的适当溶剂清洗色谱系统，正相柱一般用正己烷，反相柱如使用过含盐流动相，则先用水（5%甲醇），然后用甲醇–水冲洗，各种冲洗剂一般冲洗 15～30 min，最后用甲醇保留色谱柱，特殊情况应延长冲洗时间。

（3）使用前仔细阅读色谱柱附带的说明书，注意适用范围，如 pH 值范围、流动相类型等；色谱柱长时间不用时，柱内应充满溶剂，两端封死保存。

（4）关机时，先关闭泵、检测器等，再关闭工作站，然后关机，最后自下而上关闭色谱仪各组件，关闭洗泵溶液的开关。

（5）高效液相色谱法测定原料乳与乳制品中三聚氰胺，定量限为 2 mg/kg。

# 工作任务　高效液相色谱法测定原料乳与乳制品中的三聚氰胺

## 一、检测依据

原料乳与乳制品中三聚氰胺的测定

检测依据为 GB/T 22388—2008《原料乳与乳制品中三聚氰胺检测方法》。高效液相色谱法测定原理：试样用三氯乙酸溶液–乙腈提取，经阳离子交换固相萃取柱净化后，用高效液相色谱测定，外标法定量。

## 二、任务准备

（一）试剂

除非另有说明，本任务所有试剂均为分析纯，水为 GB/T 6682 规定的一级水。

（1）乙腈：色谱纯。

（2）甲醇水溶液：准确量取 50 mL 甲醇（色谱纯）和 50 mL 水，混匀后备用。

（3）三氯乙酸溶液（1%）：准确称取 10 g 三氯乙酸于 1 L 容量瓶中，用水溶解并定容至刻度，混匀后备用。

（4）氨化甲醇溶液（5%）：准确量取 5 mL 氨水（含量为 25%～28%）和 95 mL 甲醇，混匀后备用。

（5）离子对试剂缓冲液：准确称取 2.10 g 柠檬酸和 2.16 g 辛烷磺酸钠（色谱纯），加入约 980 mL 水溶解，调节 pH 值至 3.0 后，定容至 1 L 备用。

（6）三聚氰胺标准储备液：准确称取 100 mg（精确到 0.1 mg）三聚氰胺标准品于 100 mL 容量瓶中，用甲醇水溶液溶解并定容至刻度，配制成浓度为 1 mg/mL 的标准储备液，于 4 ℃避光保存。

（7）阳离子交换固相萃取柱：混合型阳离子交换固相萃取柱，基质为苯磺酸化的聚苯乙烯–二乙烯基苯高聚物，填料质量为 60 mg，体积为 3 mL，或相当者。使用前依次用 3 mL 甲醇、5 mL 水活化。

（8）定性滤纸。

（9）海砂：化学纯，粒度 0.65～0.85 mm，二氧化硅（$SiO_2$）含量为99%。

（10）微孔滤膜：0.2 μm，有机相。

（11）氮气：纯度大于或等于99.999%。

**（二）标准品**

三聚氰胺标准品：CAS 108-78-01，纯度大于99.0%。

**（三）仪器**

（1）高效液相色谱仪：配有紫外检测器或二极管阵列检测器。

（2）分析天平：感量为 0.0001 g 和 0.01 g。

（3）离心机：转速大于或等于 4000 r/min。

（4）超声波水浴。

（5）固相萃取装置。

（6）氮吹仪。

（7）涡旋混合器。

（8）具塞塑料离心管：50 mL。

（9）研钵。

## 三、检测程序

液相色谱法测定原料乳与乳制品中三聚氰胺的检测程序见图4-11。

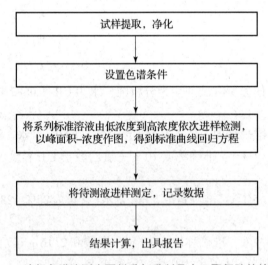

图4-11　液相色谱法测定原料乳与乳制品中三聚氰胺的检测程序

## 四、任务实施

### 1. 方案制定及准备

通过相关知识学习，解读国标，小组完成检测方案的设计（表4-15），并依据方案完成任务准备。

表 4-15 检测方案设计

| 组长 | | 组员 | |
|---|---|---|---|
| 学习项目 | | 学习时间 | |
| 依据标准 | | | |
| 准备内容 | 仪器和设备<br>(规格、数量) | | |
| | 试剂和耗材<br>(规格、浓度、数量) | | |
| | 样品 | | |
| 任务分工 | 姓名 | 具体工作 | |
| | | | |
| | | | |
| | | | |
| 具体步骤 | | | |

## 2. 检测过程

根据表 4-16 实施检测。

表 4-16 检测过程

| 任务 | 具体实施 | | 要求 |
|---|---|---|---|
| | 实施步骤 | 实验记录 | |
| 试样提取 | 液态奶、乳粉、酸奶、冰淇淋和奶糖等：称取 2 g(精确至 0.01 g)试样，记录 m。置于 50 mL 具塞塑料离心管中，加入 15 mL 三氯乙酸溶液和 5 mL 乙腈，超声提取 10 min，再振荡提取 10 min 后，以不低于 4 000 r/min 离心 10 min。上清液经三氯乙酸溶液润湿的滤纸过滤后，用三氯乙酸溶液定容至 25 mL，移取 5 mL 滤液，加入 5 mL 水混匀后作待净化液<br><br>奶酪、奶油和巧克力等：称取 2 g(精确至 0.01 g)试样，记录 m。置于研钵中，加入适量海砂(试样质量的 4~6 倍)研磨成干粉状，转移至 50 mL 具塞塑料离心管中，用 15 mL 三氯乙酸溶液分数次清洗研钵，清洗液转入离心管中，再往离心管中加入 5 mL 乙腈，余下操作同上述"超声提取 10 min……加入 5 mL 水混匀后作待净化液" | m：试样质量，g<br>m：_____ | 1. 正确使用具塞离心管等玻璃仪器；规范使用电子天平，正确进行天平检查及维护。<br>2. 规范使用超声波发生器。<br>3. 规范使用离心机，正确转速进行样品离心。<br>4. 正确顺序进行试样处理 |

| 任务 | 具体实施 | | 要求 |
|---|---|---|---|
| | 实施步骤 | 实验记录 | |
| 试样净化 | 将提取后的待净化液转移至固相萃取柱中。依次用 3 mL 水和 3 mL 甲醇洗涤，抽至近干后，用 6 mL 氯化甲醇溶液洗脱。整个固相萃取过程流速不超过 1 mL/min。洗脱液于 50 ℃ 下用氮气吹干，残留物(相当于 0.4 g 样品)用 1 mL 流动相定容，记录 $V$、$f$，涡旋混合 1 min，过微孔滤膜后，供高效液相色谱仪测定 | $V$：样液最终定容体积，mL<br>$f$：稀释倍数<br>$V$：_____<br>$f$：_____ | 1. 若样品中脂肪含量较高，可以用三氯乙酸溶液饱和的正己烷液 - 液分配除脂后再用固相萃取柱净化。<br>2. 规范使用氮吹仪。<br>3. 规范使用涡旋振荡器进行样品混合 |
| 试样测定 | 设置色谱条件：<br>(1)色谱柱：<br>①C$_8$ 柱，250 mm×4.6 mm[内径(i. d.)]，5 μm，或相当者。<br>②C$_{18}$ 柱，250 mm×4.6 mm[内径(i. d.)]，5 μm，或相当者。<br>(2)流动相：<br>①C$_8$ 柱，离子对试剂缓冲液 - 乙腈(85 + 15，体积比)，混匀。<br>②C$_{18}$ 柱，离子对试剂缓冲液 - 乙腈(90 + 10，体积比)，混匀。<br>(3)流速：1.0 mL/min。<br>(4)柱温：40 ℃。<br>(5)波长：240 nm。<br>(6)进样量：20 μL | 记录液相色谱仪制作标准曲线和测定试液的实际色谱条件参数 | 1. 正确使用液相色谱仪，掌握仪器操作及维护的方法。<br>2. 正确配制标准溶液，绘制标准曲线。<br>3. 能准确识别三聚氰胺的色谱峰。<br>4. 能根据标准曲线对试样溶液进行定量。<br>5. 按照要求进行数据修约。<br>6. 在重复性条件下获得的两次独立测定结果的绝对值不得超过算数平均值的10% |
| | 标准曲线的创作：<br>用流动相将三聚氰胺标准储备液逐级稀释得到浓度为 0.8 μg/mL、2 μg/mL、20 μg/mL、40 μg/mL、80 μg/mL 的标准工作液，按浓度由低到高进样检测，以峰面积 - 浓度作图，得到标准曲线回归方程，记录 $\rho$、$A_s$。基质匹配加标三聚氰胺样品的高效液相色谱图见图 4 - 12 | $\rho$：标准溶液中三聚氰胺的质量浓度，μg/mL<br>$A_s$：标准溶液中三聚氰胺的峰面积<br>$\rho$：_____<br>$A_s$：_____ | |
| | 定量测定：待测样液中三聚氰胺的响应值应在标准曲线线性范围内，超过线性范围则应稀释后再进样分析，记录 $A$ | $A$：样液中三聚氰胺的峰面积<br>$A$：_____ | |
| | 根据公式，计算试样中三聚氰胺的含量：<br>$$X = \frac{A \times c \times V \times 1\,000}{A_s \times m \times 1\,000} \times f$$ | $X$：试样中三聚氰胺的含量，mg/kg<br>$X$：_____ | |

| 任务 | 具体实施 | | 要求 |
|------|------|------|------|
| | 实施步骤 | 实验记录 | |
| 结束工作 | 结束后倒掉废液、清理台面、洗净用具并归位。冲洗管路及色谱柱，使液相谱仪保持最佳运行状态 | | 1. 实验室安全操作。<br>2. 团队工作总结 |

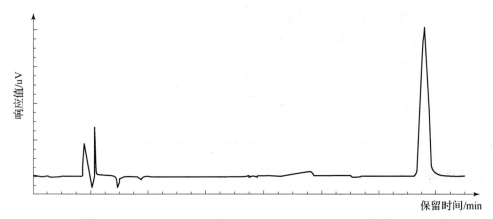

**图 4-12　基质匹配加标三聚氰胺样品的高效液相色谱图**

检测波长 240 nm，保留时间 13.6 min，$C_8$ 色谱柱

## 检查与评价

学生完成本项目的学习，通过学生自评、小组互评以检查自己对本任务学习的掌握情况。指导教师在整个教学过程中，关注每个小组的检测过程及小组成员的动手能力，并对小组成员动手能力进行评价，学生对所学的各项任务进行抽签决定考核的内容。将具体的检查与评价填入表 4-17。

**表 4-17　食品中三聚氰胺含量测定任务实施评价表**

| 项目 | 评价标准 | 分值/分 | 学生自评 | 小组互评 | 教师评价 |
|------|----------|---------|----------|----------|----------|
| 方案设计与准备 | 认真负责、一丝不苟进行资料查阅，确定检测依据 | 5 | | | |
| | 协同合作，设计方案并合理分工 | 5 | | | |
| | 相互沟通，完成方案诊改 | 5 | | | |
| | 正确清洗及检查仪器 | 5 | | | |
| | 合理领取药品 | 5 | | | |
| | 正确取样 | 5 | | | |
| 试样提取 | 根据样品类型选择正确方法进行试样提取 | 5 | | | |
| | 根据样品类型选择正确方法进行试液净化 | 5 | | | |
| | 规范使用超声波发生器 | 5 | | | |

| 项目 | 评价标准 | 分值/分 | 学生自评 | 小组互评 | 教师评价 |
|------|----------|---------|----------|----------|----------|
| 试样提取 | 规范使用离心机，正确转速进行试样离心 | 5 | | | |
| | 规范清洗氮吹仪针头，正确设置氮吹速度 | 5 | | | |
| 试样测定 | 正确设置仪器参考条件 | 5 | | | |
| | 准确绘制标准曲线 | 5 | | | |
| | 规范进行试样溶液测定 | 5 | | | |
| | 正确识别图谱，数据记录正确、完整 | 5 | | | |
| | 正确计算结果，按照要求进行数据修约 | 5 | | | |
| | 规范编制检测报告 | 5 | | | |
| 结束工作 | 关闭仪器，切断电源 | 5 | | | |
| | 结束后倒掉废液，清洗仪器设备，正确归位。规范操作 | 5 | | | |
| | 合理分工，按时完成工作任务 | 5 | | | |

### 🔘 学习思考

1. 填空题

（1）配制三聚氰胺标准储备液时，准确称取 100 mg（精确到 0.1 mg）三聚氰胺标准品于 100 mL ＿＿＿＿＿中，用＿＿＿＿＿溶解并定容至刻度，配制成浓度为＿＿＿＿＿mg/mL 的标准储备液，于＿＿＿＿＿℃避光保存。

（2）原料乳与乳制品中三聚氰胺检测依据的标准是＿＿＿＿＿。

（3）测定完毕，关机时，先关＿＿＿＿＿、＿＿＿＿＿等，再关闭＿＿＿＿＿，然后关机，最后自下而上关闭色谱仪各组件，关闭洗泵溶液的开关。

（4）高效液相色谱法测定时检测波长是＿＿＿＿＿，保留时间＿＿＿＿＿。

（5）高效液相色谱法测定时色谱设置的流速是＿＿＿＿＿mL/min，柱温是＿＿＿＿＿℃。

2. 简答题

（1）配制 5%氯化甲醇溶液应该使用多少甲醇和多少氨水？

（2）如何配制 1%三氯乙酸溶液？

（3）如何对酸奶样品进行提取和净化？

# 任务 2　食品中苏丹红染料的测定

### 🔘 案例导入

苏丹红是一种亲脂性偶氮化合物，难溶于水，易溶于乙醇、丙酮等有机溶剂，本是一种被广泛使用的工业染料，我们日常生活中所用的红色地蜡、红色鞋油中通常都含有苏丹红。经苏丹红染色后的食品颜色非常鲜艳且不易褪色。像辣椒粉、辣椒油、豆腐乳、红心禽蛋这样"越红越好卖"的食品，就成了一些不法食品生产者投放苏丹红的"灾区"。有效的预防措施是随时进行检查，将可能受到苏丹红污染的食品杜绝在人们的消费前，才能保证食品消费的安全。

## ◉ 问题启发

什么是苏丹红？苏丹红是食品添加剂吗？苏丹红对人体健康有什么危害？如何检测食品中的苏丹红？

## ◉ 食品安全检测知识

### 一、苏丹红

苏丹红是一类人工合成的化学染色剂，常用作油蜡、机油等的增色剂及皮革、地板等的增光剂。苏丹红并非食品添加剂，但由于其化学性质稳定，染色效果好，一些不法企业为了牟取利益，将其添加到食品中以使食品长期保持鲜红颜色，其中尤以辣椒制品最为普遍。

### 二、食品中苏丹红测定的意义

苏丹红是一种人工色素，在食品中非天然存在，如果食品中的苏丹红含量较高，达上千毫克，则苏丹红诱发动物肿瘤的机会就会上百倍增加，特别是由于苏丹红有些代谢产物是人类可能致癌物，目前对这些物质尚没有耐受摄入量，因此在食品中应禁用。因此检测食品中苏丹红可以减少苏丹红在食品中滥用事件，更好地保障人们的生命健康安全。

### 三、食品中苏丹红测定的方法

GB/T 19681—2005《食品中苏丹红染料的检测方法 高效液相色谱法》中规定了食品中苏丹红Ⅰ、苏丹红Ⅱ、苏丹红Ⅲ、苏丹红Ⅳ的高效液相色谱测定方法。

### 四、食品中苏丹红测定的注意事项

（1）测定过程中使用的流动相均需色谱纯度，水用 20 MΩ·cm 的去离子水。

（2）不同厂家和不同批号氧化铝的活度有差异，须根据具体购置的氧化铝产品略作调整，活度的调整采用标准溶液过柱，将 1 μg/mL 的苏丹红的混合标准溶液 1 mL 加到柱中，用 5% 丙酮正己烷溶液 60 mL 完全洗脱为准，4 种苏丹红在层析柱上的流出顺序为苏丹红Ⅱ、苏丹红Ⅳ、苏丹红Ⅰ、苏丹红Ⅲ，可根据每种苏丹红的回收率作出判断。

（3）分析完毕后，先关检测器，再用经过滤和脱气的适当溶剂清洗色谱系统，正相柱一般用正己烷，反相柱如使用过含盐流动相，则先用水(5%甲醇)，然后用甲醇－水冲洗，各种冲洗剂一般冲洗 15~30 min，最后用甲醇保留色谱柱，特殊情况应延长冲洗时间。

（4）使用前仔细阅读色谱柱附带的说明书，注意适用范围，如 pH 值范围、流动相类型等，延长色谱柱使用寿命。

# 工作任务 高效液相色谱法测定食品中的苏丹红

## 一、检测依据

检测依据为 GB/T 19681—2005《食品中苏丹红染料的检测方法 高效液相色谱法》。测定原理：试样经溶剂提取、固相萃取净化后，用反相高效液相色谱—紫外可见光检测器进行色谱分析，采用外标法定量。

食品中苏丹红
的测定

## 二、任务准备

### (一) 试剂

(1) 乙腈：色谱纯。

(2) 丙酮：色谱纯、分析纯。

(3) 甲酸：分析纯。

(4) 乙醚：分析纯。

(5) 正己烷：分析纯。

(6) 无水硫酸钠：分析纯。

(7) 层析柱管：1 cm(内径)×5 cm(高)的注射器管。

(8) 层析用氧化铝(中性 100~200 目)：105 ℃干燥 2 h，于干燥器中冷至室温，每 100 g 中加入 2 mL 水降活，混匀后密封，放置 12 h 后使用。

(9) 氧化铝层析柱：在层析柱管底部塞入一薄层脱脂棉，干法装入处理过的氧化铝至 3 cm 高，轻敲实后加一薄层脱脂棉，用 10 mL 正己烷预淋洗，洗净柱中杂质后，备用。

(10) 5%丙酮的正己烷液：吸取 50 mL 丙酮用正己烷定容至 1 L。

(11) 标准储备液：分别称取苏丹红Ⅰ、苏丹红Ⅱ、苏丹红Ⅲ及苏丹红Ⅳ各 10.0 mg(按实际含量折算)，用乙醚溶解后用正己烷定容至 250 mL。

### (二) 标准品

苏丹红Ⅰ、苏丹红Ⅱ、苏丹红Ⅲ、苏丹红Ⅳ：纯度大于或等于 95%。

### (三) 仪器

(1) 高效液相色谱仪：配有紫外可见光检测器。

(2) 分析天平：感量为 0.1 mg。

(3) 旋转蒸发仪。

(4) 均质机。

(5) 离心机。

(6) 0.45 μm 有机滤膜。

## 三、检测程序

高效液相色谱法测定食品中苏丹红染料的检测程序见图4－13。

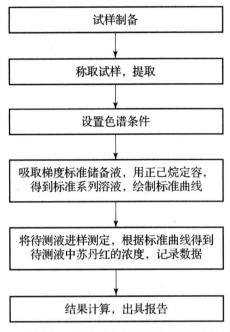

图4－13　高效液相色谱法测定食品中苏丹红染料的检测程序

## 四、任务实施

### 1. 方案制定及准备

通过相关知识学习，解读国标，小组完成检测方案的设计（表4－18），并依据方案完成任务准备。

表4－18　检测方案设计

| 组长 | | 组员 | |
|---|---|---|---|
| 学习项目 | | 学习时间 | |
| 依据标准 | | | |
| 准备内容 | 仪器和设备<br>（规格、数量） | | |
| | 试剂和耗材<br>（规格、浓度、数量） | | |
| | 样品 | | |

| | 姓名 | 具体工作 |
|---|---|---|
| 任务分工 | | |
| | | |
| | | |
| | | |
| 具体步骤 | | |

2. 检测过程

根据表 4-19 实施检测。

表 4-19 检测过程

| 任务 | 具体实施 | | 要求 |
|---|---|---|---|
| | 实施步骤 | 实验记录 | |
| 试样制备 | 将液体、浆状样品混合均匀，固体样品需细磨 | 样品的名称、采集时间、数量、采样人员等采样信息 | 1. 桌面整齐，着工作服，仪表整洁。<br>2. 样品混合均匀，保存方法得当。<br>3. 正确使用织匀浆机、研磨机对需要粉碎的样品进行处理 |
| 试样提取 | 红辣椒粉等粉状样品：称取 1~5 g(精确到 0.001 g)试样，记录 m。置于锥形瓶中，加入 10~30 mL 正己烷，超声 5 min，过滤，用 10 mL 正己烷洗涤残渣数次，至洗出液无色，合并正己烷液，用旋转蒸发仪浓缩至 5 mL 以下，慢慢加入氧化铝层析柱中，为保证层析效果，在柱中保持正己烷液面为 2 mm 左右时上样，在全程的层析过程中不应使柱干涸，用正己烷少量多次淋洗浓缩瓶，一并注入层析柱。控制氧化铝表层吸附的色素带宽宜小于 0.5 cm，待样液完全流出后，视试样中含油类杂质的多少用 10~30 mL 正己烷洗柱，直至流出液无色，弃去全部正己烷淋洗液，用含 5% 丙酮的正己烷液 60 mL 洗脱，收集、浓缩后，用丙酮转移并定容至 5 mL，记录 V，经 0.45 m 有机滤膜过滤后待测 | $m$：试样质量，g<br>$V$：试样定容体积，mL | 1. 规范使用电子天平，正确进行天平检查及维护。<br>2. 规范使用旋转蒸发仪进行试样提取。 |
| | 红辣椒油、火锅料、奶油等油状样品：称取 0.5~2 g(精确到 0.001 g)试样，记录 m。置于小烧杯中，加入适量正己烷溶解(1~10 mL)，难溶的试样可于正己烷中加温溶解。按红辣椒粉等粉状样品中"慢慢加入氧化铝层析柱中……过滤后待测"操作 | | |

| 任务 | 具体实施 | | 要求 |
|---|---|---|---|
| | 实施步骤 | 实验记录 | |
| 试样提取 | 辣椒酱、番茄沙司等水分含量较大的样品：称取 10～20 g(精确到 0.001 g)试样,记录 m。置于离心管中,加入 10～20 mL 水将其分散成糊状,含增稠剂的试样多加水,加入 30 mL 正己烷–丙酮(3+1,体积比),匀浆 5 min,3 000 r/min 离心 10 min,吸出正己烷层,于下层再加入 20 mL,2 次正己烷匀浆,离心,合并 3 次正己烷,加入无水硫酸钠 5 g 脱水,过滤后于旋转蒸发仪上蒸干并保持 5 min,用 5 mL 正己烷溶解残渣后,按红辣椒粉等粉状样品中"慢慢加入氧化铝层析柱中……过滤后待测"操作 | m:_____<br>V:_____ | 3. 规范使用离心机,正确转速进行样品离心。<br>4. 正确顺序进行样品处理 |
| | 香肠等肉制品：称取粉碎试样 10～20 g(标准至 0.001 g),记录 m。置于锥形瓶中,加入 60 mL 正己烷充分匀浆 5 min,滤出清液,再以 20 mL,2 次正己烷均浆,过滤。合并 3 次滤液,加入 5 g 无水硫酸钠脱水,过滤后于旋转蒸发仪上蒸至 5 mL 以下,按红辣椒粉等粉状样品中"慢慢加入氧化铝层析柱中……过滤后待测"操作 | | |
| 试样测定 | 设置色谱条件：<br>(1)色谱柱：Zorbax SB–$C_{18}$,4.6 mm × 150 mm,3.5 μm(或相当型号色谱柱)。<br>(2)流动相：①溶剂 A,0.1% 甲酸的水溶液：乙腈 = 85∶15;②溶剂 B,0.1% 甲酸的乙腈溶液：丙酮 = 80∶20。<br>(3)梯度洗脱：流速 1 mL/min。<br>(4)柱温：30 ℃。<br>(5)检测波长：苏丹红Ⅰ,478 nm;苏丹红Ⅱ、苏丹红Ⅲ、苏丹红Ⅳ,520 nm;于苏丹红Ⅰ出峰后切换。<br>(6)进样量：10 μL。<br>(7)梯度条件：见表 4–20 | 记录液相色谱仪制作标准曲线和测定试液的实际色谱条件参数。 | 1. 正确使用液相色谱仪,掌握仪器操作及维护的方法。<br>2. 正确配制标准溶液,绘制标准曲线。<br>3. 能准确识别苏丹红Ⅰ、苏丹红Ⅱ、苏丹红Ⅲ、苏丹红Ⅳ的色谱峰。<br>4. 能根据标准曲线对样品溶液进行定量。<br>5. 计算结果正确,按照要求进行数据修约 |
| | 标准曲线的制、作吸取标准储备液 0 mL、0.1 mL、0.2 mL、0.4 mL、0.8 mL、1.6 mL,用正己烷定容至 25 mL,此标准系列的质量浓度为 0 μg/mL、0.16 μg/mL、0.32 μg/mL、0.64 μg/mL、1.28 μg/mL、2.56 μg/mL,绘制标准曲线,记录 ρ | ρ：由标准曲线得出的样液中苏丹红的浓度,μg/mL<br>ρ:_____ | |
| | 试样溶液的测定：将试样溶液注入液相色谱仪中,得到峰面积,根据标准曲线得到待测液中苏丹红的浓度 | | |
| | 根据公式,计算试样中苏丹红的含量：<br>$$R = \frac{c \times V}{M}$$ | R：样品中待测组分含量,mg/kg<br>R:_____ | |

续表

| 任务 | 具体实施 | | 要求 |
|------|---------|---------|------|
| | 实施步骤 | 实验记录 | |
| 结束工作 | 结束后倒掉废液、清理台面、洗净用具并归位。<br>冲洗管路及色谱柱，使液相色谱仪保持最佳运行状态 | | 1. 实验室安全操作<br>2. 团队进行工作总结 |

表4-20 梯度条件

| 时间/min | 流动相 | | 曲线 |
|---------|-------|-------|------|
| | 溶剂 A/%，0.1%甲酸的水溶液：乙腈<br>（85：15） | 溶剂 B/%，0.1%甲酸的乙腈溶液：丙酮<br>（80：20） | |
| 0 | 25 | 75 | 线性 |
| 10.0 | 25 | 75 | 线性 |
| 25.0 | 0 | 100 | 线性 |
| 32.0 | 0 | 100 | 线性 |
| 35.0 | 25 | 75 | 线性 |
| 40.0 | 25 | 75 | 线性 |

## 检查与评价

学生完成本项目的学习，通过学生自评、小组互评以检查自己对本任务学习的掌握情况。指导教师在整个教学过程中，关注每个小组的检测过程及小组成员的动手能力，并对小组成员动手能力进行评价，学生对所学的各项任务进行抽签决定考核的内容。将具体的检查与评价填入表4-21。

表4-21 食品中苏丹红染料测定任务实施评价表

| 项目 | 评价标准 | 分值 | 学生自评 | 小组互评 | 教师评价 |
|------|---------|------|---------|---------|---------|
| 方案设计与准备 | 认真负责、一丝不苟进行资料查阅，确定检测依据 | 5 | | | |
| | 协同合作，设计方案并合理分工 | 5 | | | |
| | 相互沟通，完成方案诊改 | 5 | | | |
| | 正确清洗及检查仪器 | 5 | | | |
| | 合理领取药品 | 5 | | | |
| | 正确取样 | 5 | | | |
| 试样制备 | 根据样品类型选择正确方法进行试样制备 | 5 | | | |
| | 根据样品类型选择正确方法进行试样提取 | 5 | | | |
| | 规范使用旋转蒸发仪 | 5 | | | |
| | 规范使用离心机，正确转速进行试样离心 | 5 | | | |

| 项目 | 评价标准 | 分值 | 学生自评 | 小组互评 | 教师评价 |
|------|----------|------|----------|----------|----------|
| 试样测定 | 正确设置仪器参考条件 | 5 | | | |
| | 准确绘制标准曲线 | 5 | | | |
| | 规范进行试样溶液测定 | 5 | | | |
| | 正确识别图谱，数据记录正确、完整 | 10 | | | |
| | 正确计算结果，按照要求进行数据修约 | 5 | | | |
| | 规范编制检测报告 | 5 | | | |
| 结束工作 | 关闭仪器，切断电源 | 5 | | | |
| | 结束后倒掉废液，清洗仪器设备，正确归位。规范操作 | 5 | | | |
| | 合理分工，按时完成工作任务 | 5 | | | |

## ◉ 学习思考

1. 填空题

（1）食品中苏丹红染料检测依据的标准是_____，所使用的方法是_____。

（2）本方法流动相均需_____纯度，水用 20 MΩ·cm 的去离子水。

（3）脱气后的流动相要小心振动尽量不引起_____。

（4）阅读色谱柱附带的说明书时，注意_____，如 pH 值范围、流动相类型等。

（5）4 种苏丹红在层析柱上的流出顺序为_____、_____、_____、_____。

2. 简答题

（1）使用高效液相色谱检测苏丹红 Ⅰ 时的色谱条件如何设置？

（2）氧化铝的作用是什么？

（3）请写出使用高效液相色谱仪的开机顺序。

# 参 考 文 献

[1]陈江萍. 食品微生物检测实训教程[M]. 杭州：浙江大学出版社，2011.
[2]何国庆，张伟. 食品微生物检验技术[M]. 北京：中国计量出版社，中国标准出版社，2013.
[3]王世平. 食品安全检测技术[M]. 北京：中国农业大学出版社，2009.
[4]王硕，王俊平. 食品安全检测技术[M]. 北京：化学工业出版社，2016.
[5]于志伟，袁静宇. 食品营养分析与检测[M]. 北京：海洋出版社，2014.
[6]王淑艳，袁静宇. 食品营养与检测作业指导书[M]. 北京：科学出版社，2018.
[7]王芳，袁静宇. 检验基础与分析技术作业指导书[M]. 北京：科学出版社，2021.